普通高等教育"十二五"部委级规划教材(本科)

生态纺织品与环保染化助剂

施亦东　编著

中国纺织出版社

内 容 提 要

本书通过介绍生态纺织品的相关法律法规和标准、清洁生产和生态设计的基本概念,提高学生的生态环保意识和认识纺织品国际贸易中面临的"绿色壁垒",针对当前纺织品生产加工和消费中存在的问题,提出应对策略,介绍了新型染料和纺织助剂的生态开发趋势。希望向学生和阅读该书的读者传播节约资源、保护环境、使用清洁能源、安全生产、绿色消费的理念和知识。

本书适合用作纺织及轻化专业的教材,也可供相关学科和领域的师生、工程技术人员及科研人员阅读、参考。

图书在版编目(CIP)数据

生态纺织品与环保染化助剂/施亦东编著. —北京:中国纺织出版社,2014.2(2020.2重印)

普通高等教育"十二五"部委级规划教材.本科
ISBN 978 – 7 – 5180 – 0245 – 0

Ⅰ.①生…　Ⅱ.①施…　Ⅲ.①生态纺织品—印染助剂—高等学校—教材　Ⅳ.①TSI ②TQ610.4

中国版本图书馆 CIP 数据核字(2013)第 299383 号

策划编辑:范雨昕　　责任校对:梁　颖
责任设计:何　建　　责任印制:何　艳

中国纺织出版社出版发行
地址:北京市朝阳区百子湾东里 A407 号楼　邮政编码:100124
销售电话:010—67004422　传真:010—87155801
http://www.c-textilep.com
E-mail:faxing@c-textilep.com
官方微博 http://weibo.com/2119887771
北京虎彩文化传播有限公司印刷　各地新华书店经销
2014 年 2 月第 1 版　2020年2月第2次印刷
开本:787×1092　1/16　印张:11.25
字数:231 千字　定价:35.00 元

出版者的话

《国家中长期教育改革和发展规划纲要》中提出"全面提高高等教育质量","提高人才培养质量"。教高〔2007〕1号文件"关于实施高等学校本科教学质量与教学改革工程的意见"中,明确了"继续推进国家精品课程建设","积极推进网络教育资源开发和共享平台建设,建设面向全国高校的精品课程和立体化教材的数字化资源中心",对高等教育教材的质量和立体化模式都提出了更高、更具体的要求。

"着力培养信念执着、品德优良、知识丰富、本领过硬的高素质专业人才和拔尖创新人才",已成为当今本科教育的主题。教材建设作为教学的重要组成部分,如何适应新形势下我国教学改革要求,配合教育部"卓越工程师教育培养计划"的实施,满足应用型人才培养的需要,在人才培养中发挥作用,成为院校和出版人共同努力的目标。中国纺织服装教育协会协同中国纺织出版社,认真组织制订"十二五"部委级教材规划,组织专家对各院校上报的"十二五"规划教材选题进行认真评选,力求使教材出版与教学改革和课程建设发展相适应,充分体现教材的适用性、科学性、系统性和新颖性,使教材内容具有以下三个特点:

(1)围绕一个核心——育人目标。根据教育规律和课程设置特点,从提高学生分析问题、解决问题的能力入手,教材附有课程设置指导,并于章首介绍本章知识点、重点、难点及专业技能,增加相关学科的最新研究理论、研究热点或历史背景,章后附形式多样的思考题等,提高教材的可读性,增加学生学习兴趣和自学能力,提升学生科技素养和人文素养。

(2)突出一个环节——实践环节。教材出版突出应用性学科的特点,注重理论与生产实践的结合,有针对性地设置教材内容,增加实践、实验内容,并通过多媒体等形式,直观反映生产实践的最新成果。

(3)实现一个立体——开发立体化教材体系。充分利用现代教育技术手段,构建数字教育资源平台,开发教学课件、音像制品、素材库、试题库等多种立体化的配套教材,以直观的形式和丰富的表达充分展现教学内容。

教材出版是教育发展中的重要组成部分,为出版高质量的教材,出版社严格甄选作者,组织专家评审,并对出版全过程进行跟踪,及时了解教材编写进度、编写质量,力求做到作者权威、编辑专业、审读严格、精品出版。我们愿与院校一起,共同探讨、完善教材出版,不断推出精品教材,以适应我国高等教育的发展要求。

中国纺织出版社
教材出版中心

前言

当今环境问题越来越突出,极端天气、极端灾害的频繁出现,不断地给我们的生存发展敲响警钟。人类无法主宰自然,但是我们可以认识自然,适应和保护自然。

生态纺织品概念自首次提出以来,它以保护环境和保护人体健康为目的,通过生态纺织品标准的实施和标签的授权,促进了纺织行业的技术进步,进一步提高了人们的生态消费意识,在国际贸易中生态纺织品标签已成为重要的绿色标志。

随着全球经济的一体化和自由化,国际贸易中传统的关税壁垒正逐渐弱化,取而代之的是因各国在生产管理、产品技术水平的差异而形成的"贸易技术壁垒"。生态纺织品是"贸易技术壁垒"中涉及的热点问题之一,即所谓的"绿色壁垒"。我国是纺织服装产品的生产、消费与出口大国,建设以人为本、绿色环保、可持续发展的生态纺织系统,实现生态制造、生态消费、生态处理的环保目标,已成为整个纺织行业发展的方向。为此作为培养高等纺织从业人员的高等教育有责任和义务向在校学生较系统地传授生态纺织品的理念、国际及其各国有关生态纺织品的相关法律法规、技术标准、检测手段以及实现纺织品生态制造的清洁生产技术,培养具有生态环保意识的高素质人才。

本教材跟踪当前生态纺织品的最新动态,结合纺织品生产技术和染化助剂的研究发展趋势,介绍了生态纺织品相关的法律法规和标准,清洁生产和生态设计的基本概念,当前纺织生产中存在的主要生态问题,环保型生态纺织品原材料、染化助剂以及新型生态染整技术等。本课程是纺织工程和轻化工程学生在学习完成专业基础课程之后的提高课程。为了帮助学生更好地了解、掌握书中的基本内容和知识,在每章都附有学习指导和思考题,并给出了相应的参考文献。

本教材除作为纺织工程和轻化工程专业的教学用书外,还可作为纺织和轻化企业工程技术人员、管理人员的参考书籍。

本教材由四川大学轻纺与食品学院教师施亦东编著,硕士张杨杨参与了教材的部分编写工作。在编写过程中,作者参阅了许多有关生态纺织品的法律法规、清洁生产、生态设计和纺织专业书籍和文献,在此向相关的作者表示衷心的感谢。本教材的编写得到了四川大学立项建设教材经费的大力支持,在此一并表示感谢。

限于作者水平和本书的篇幅,书中不足及疏漏之处在所难免,诚挚地欢迎读者和同行批评指正。

编著者
2013 年 10 月

课程设置指导

课程名称:生态纺织品与环保染化助剂

总学时: 32 学时

适用专业: 纺织工程、轻化工程

课程性质: 本课程是纺织工程、轻化工程专业的专业课

课程目的:

1. 了解国内外与生态纺织品相关的法律法规。

2. 掌握生态纺织品认证的基本要求和主要标准。

3. 认识当前纺织品生产加工和消费中存在的生态问题和应对策略。

4. 掌握纤维材料、染料以及各种助剂的生态开发现状和趋势。

5. 了解新型纺织品加工生态技术。

课程教学的基本要求: 教学方式主要为理论教学,辅以课堂提问和讨论。章后附思考题,便于学生加深对教学内容的理解。

1. 课堂教学:结合与生态纺织品相关的事件和生态纺织品发展的实例,讲授基本概念和主要知识点。

2. 作业:每章布置一定量的思考题,尽量涉及各章的知识点。

3. 考试:期末安排一次考试,对教学效果进行全面考核。考试形式可采取闭卷或开卷笔试。

课程设置指导

教学学时分配

章　目	讲授内容	学时分配
第一章	绪论	2
第二章	生态纺织品标准与认证	5
第三章	纺织品的清洁生产和生态设计	4
第四章	纺织品生产中的生态问题	2
第五章	生态纤维的生产与开发	4
第六章	环保型染料	5
第七章	染整助剂的生态评估和环保型助剂的开发	5
第八章	新型生态染整加工技术	5
合计		32

目录

第一章　绪论

本章学习指导

1. 了解全球生态环境的现状,认识纺织品生产活动对生态环境的影响。
2. 掌握广义和狭义生态纺织品的概念。
3. 认识国际上与纺织品有关的生态安全要求的重要法规和标准。

第一节　人类与生态环境

一、生态环境的概念

所谓生态环境,国内外文献资料并无明确的定义,它是由以人类为中心的各种自然因素和社会因素构成的一个复杂的系统,是影响人类生存与发展的水资源、土地资源、生物资源以及气候资源数量与质量的总称,是由生物群落及非生物自然因素组成的各种生态系统所构成的整体,主要或完全由自然因素形成,并间接地、潜在地、长远地对人类的生存和发展产生影响。生态环境的破坏,最终会导致人类生活环境的恶化。

二、生态环境的现状

(一)大气环境

人类居住的地球被厚约720km的气体层所环绕,其中含氮气78%,氧气21%,另外,还有少量 CO_2、水蒸气、NO、臭氧和其他气体。这些气体的存在对于地球的生物十分重要,它们可吸收太阳的能量,维持地球的温度,为地球上的生物提供氧气,挡住来自外太空的各种射线。没有它们,地球就不可能有生命。

1. 臭氧层

臭氧层位于大气平流层内,距离地面约24km,臭氧是一种淡蓝色的气体。臭氧层能让阳光中的可见光通过,而吸收掉波长在306.3nm以下的有害紫外辐射,部分 UV – B 和全部 UV – C,只有长波紫外线 UV – A 和少量 UV – B 能辐射到达地面,所以人们称臭氧层为地球生命的"保护神"。同时,臭氧吸收阳光中的紫外线,将其转换为热能加热大气,由于这种作用大气温度结构在高度50km左右有一个峰,地球上空15~50km存在着升温层,大气的温度结构对于大气的循环具有重要的影响。在对流层上部和平流层底部,即在气温很低的这一高度,臭氧具有温室气体的作用。如果这一高度的臭氧减少，则会产生使地面气温下降的动力。

20世纪80年代科学家发现在南极上空的大气层中每年春天都会出现一个空洞，那里的臭氧比正常情况下减少。到90年代，南极和北极上空的臭氧空洞开始稳定扩大。近年由于臭氧的减少已导致人类以及动物皮肤癌发病率的上升。科学家认为氟氯烃类（CFCs）化合物是引起臭氧层破坏的主要原因。而氟氯烃类是冰箱空调制冷，聚苯乙烯箱包、气溶胶喷雾剂等常用的化合物。

2. 温室效应

温室效应又称"花房效应"，是大气保温效应的俗称。太阳和地球都是热的辐射体，而大气中的CO_2、水蒸气和其他气体，它们允许波长较短的太阳高能辐射透过到达地面，同时又能捕获地表向外放出的波长较长的低能红外辐射热，使地球保持温暖的状态，就像一层厚厚的玻璃使地球变成了一个大暖房，因其作用类似于栽培农作物的温室，故名温室效应。

如果大气不存在这种效应，地表平均温度就会下降到 $-23℃$，而非现在的 $15℃$，也就是说温室效应使地表温度提高了 $38℃$。但是，若温室效应不断加强，全球温度也必将逐年持续升高。CO_2 是数量最多的温室气体，约占大气总容量的 0.03%。除 CO_2 以外，能产生温室效应的气体还有甲烷、臭氧、氟氯烃以及水气等。在过去很长一段时期里，地球的温度一直较为恒定，是因为大气中的 CO_2 含量基本保持恒定，始终处于"边增长，边消耗"的动态平衡。大气中80%的 CO_2 来自人和动植物的呼吸，20%来自燃料的燃烧，而它们75%可被海洋、湖泊、河流等地面水和雨水吸收溶解，5%可通过植物的光合作用转化为有机物储藏起来。

随着人口的急剧增加，工业的迅速发展，呼吸产生的 CO_2 及煤炭、石油、天然气燃烧产生的 CO_2，远远高于过去的水平；又由于森林被大量砍伐，城市化进程加快，植被的破坏，大气中应被森林和植物吸收的 CO_2 没有被吸收；再加上地表水域逐渐缩小，降水量大大降低，也减少了水吸收溶解 CO_2 的量，CO_2 生成与转化的动态平衡遭到破坏，使大气中 CO_2 的含量逐年增加，温室效应不断增强，地球气温上升。据分析，如果 CO_2 含量比现在增加一倍，全球气温将升高 $3\sim5℃$，两极地区可能升高 $10℃$，气候将明显变暖。气温升高，将导致某些地区雨量增加，某些地区出现干旱，飓风力量增强，极端天气出现频率提高，自然灾害加剧。更令人担忧的是，由于气温升高，将使两极地区冰川融化，海平面升高，许多沿海城市、岛屿或低洼地区将面临海水上涨的威胁，甚至被海水吞没。20世纪60年代末，非洲撒哈拉牧区曾发生持续6年的干旱，由于缺少粮食和牧草，牲畜被宰杀，饥饿致死者超过150万人。这是"温室效应"给人类带来灾害的典型事例。因此，必须有效地控制大气中 CO_2 含量，控制人口增长，科学使用燃料，加强植树造林，绿化大地，防止温室效应给全球带来的巨大灾难。

3. 酸雨

酸雨是化石燃料燃烧产生的 SO_x 和 NO_x 等氧化物与大气中的水结合，以雨、雪、雾的形式从空中降下的结果。工业生产、民用生活燃烧的煤炭约含1%的杂质硫，在燃烧中将排放酸性气体 SO_2，燃烧产生的高温还能促使助燃的空气发生部分化学变化，氧气与氮气化合，排放酸性气体 NO_x，石油燃烧以及汽车尾气也会排放出氮氧化物。1872年，英国科学家史密斯分析了伦敦市雨水成分，发现它呈酸性，且农村雨水中含碳酸铵，酸性不大；郊区雨水含硫酸铵，略呈酸性；市区雨水含硫酸或酸性的硫酸盐，呈酸性。于是史密斯首先在他的著作《空气和降雨：化学气候学的开端》中提出"酸雨"这一专有名词。

氮氧化物的天然来源主要包括闪电、林火、火山活动和土壤中的微生物过程,广泛分布在全球,对某一地区的浓度不发生什么影响。人类活动排放到大气的 SO_2 及其氧化产物 SO_3,在下雨时可转化为亚硫酸、硫酸或亚硫酸盐、硫酸盐;NO_2 则可转化为硝酸、硝酸盐;再加上工业排放的氯化氢等酸性物质构成了酸雨的主要成分,除此之外还有碳酸。90%以上的酸雨是由人类排放的 SO_2 和 NO_2 生成。

酸雨的危害性很大,使河流、湖泊、地表水酸化,危及鱼类等水生生物的生存;增加地面水的重金属含量,腐蚀管道给饮用水造成威胁;造成土壤酸化,森林生产力下降,植被破坏;并且威胁人类的正常生活,如酸雨会刺激人眼红肿发炎,饮用酸化的水和食用酸性河水中的鱼类都会对人的健康造成危害。

(二)水环境

地球表面、岩石圈内、大气层中、地下水、土壤水、大气水和生物水,在地球上形成一个完整的水系统,称之为水圈。水圈中总计水量约 $1.386 \times 10^{18} m^3$,其中海洋水为 $1.338 \times 10^{18} m^3$,占总水量的 96.6%;陆地上水储量为 $4.0 \times 10^{16} m^3$,占总水量的 3.5%;大气中和生物体内的水仅为 $1.4 \times 10^{13} m^3$,占总水量的 0.001%。在陆地水储量中,只有 $3.503 \times 10^{16} m^3$ 为淡水,占总水量的 2.53%。而在这仅有的 2.53% 陆地淡水中,还包括 69.6% 的水以冰的形式存在于两极、冰雪和永久冻土层中,只有 30.4%,即 $1.065 \times 10^{16} m^3$ 的淡水存在于河流、湖泊、沼泽、土壤和地下 600m 的水层中,供人类使用。

随着社会的进步和世界经济的发展,特别是世界人口的迅猛增加和工业的高速发展,人类对水的需求增长得越来越快,导致全球性水资源短缺的日益加剧。20 世纪世界人口增加了近 3 倍,淡水消耗量增加了 6 倍,其中工业用水增加了 26 倍,而水资源总量基本保持不变,结果使得人均占有水量急剧下降,20 世纪末人均占有水量已减至 20 世纪初的 1/18。据报道,目前世界约有 1/3 人口面临供水紧张的威胁,预计到 2025 年,将有 2/3 的人可能遭受中度至高度的水荒。普遍的水位下降不仅造成水资源短缺,又造成沿海地区的海水侵蚀。许多大城市都存在饮用水的污染问题,硝酸盐污染、日益加重的重金属几乎影响所有地方的水质。全球淡水供应量不会增加,而人口在增加,水的污染在增加。1972 年的联合国人类环境会议指出:"石油危机之后的下一个危机就是水",1977 年的联合国水事会议再次向全世界发出警告:"水不久将成为一项严重的社会危机"。因此,保护和更有效地合理利用水资源,是世界各国政府面临的一项紧迫任务,也是任何一个水资源受益者的责任和义务。

(三)土壤荒漠化

沙漠被认为是"地球的癌症",居全球生态危机之首。据联合国公布的数字,全球沙漠化土地面积已达到 $3.6 \times 10^7 km^2$,占地球总面积的 1/4,110 个国家受到危害,10 亿多人口的生存受到威胁。

沙漠化的最主要原因是森林植被的破坏。森林是维持陆地自然生态系统平衡的重要组成部分,是地球的"生命之肺",具有涵养水源,防风固沙,改良土壤、防止水土流失、调节局部地区小气候、吸收 CO_2、放出 O_2 的作用,10000m^2 阔叶林每日可吸收 1t CO_2 放出 0.73t O_2,可供千人呼吸一天。科学家断言:假如森林从地球上消失,陆地90%的生物将灭绝,全球90%的淡水将流入大海,人类将无法生存。

(四)城市废弃物、噪声和辐射

由于人类活动的加剧和日益频繁,工业固体废弃物和城市垃圾量的日益增加,综合利用率低,处理能力赶不上排放量,不断增长的有毒有害废弃物,将成为潜在的危险。据统计,2000年仅北京三环、四环路之间就有高50m的垃圾山4500多座。全国城市生活垃圾每年为6000万吨,比十年前增加了一倍,但目前垃圾无害化处理平均不到5%,大量未经处理的工业废渣和城市垃圾堆存于城郊等地,成为严重的二次污染源。

在我国,城市的环境噪声多数处于高声级,其中交通噪声占32.7%,生活噪声占40.6%,工业及其他方面的噪声占26.7%。城市各功能区环境噪声普遍超标,并呈上升趋势。

随着电子、电器设备的大量使用,使存在于地球的电磁波大幅度增加,对人类的生产和生活产生巨大的影响。一定强度的电磁波辐射不仅影响一定范围内其他电子设备的正常工作,而且还会干扰人类的日常活动和身体健康。电磁波辐射会干扰电视和收音机信号的接收,影响正常的通信联络,更为严重的是长期受到电磁辐射会使人出现记忆衰退、失眠、多梦、脱发、乏力、头晕、心律不齐等症状。由于电磁波辐射无色、无味、无形,是一种用感官无法感知的污染,被喻为"隐形杀手"。

三、人类活动对环境的干扰和破坏

(一)自然资源的大量消耗

人类为了满足自身的生存和发展的需求,一直不断地进行农作物的耕种、狩猎、砍伐森林,开采煤炭、石油、天然气等,大量消耗着地球上的水资源、土地资源、矿产资源和生物资源,尤其是工业革命以后人类社会对自然资源的消耗速度呈上升趋势。按照目前世界石油消耗量的增长速度估计,全世界石油储备量在20～50年之后就会消耗80%。截至2009年底,以2009年的年开采速度计算,全球的石油尚可开采45.7年,煤炭储量可生产119年,天然气储量能满足62.8年,就算还有许多石油、煤和天然气未被探出,即使上述年限翻一番,其可开采年限也是极其有限的。土地是人类赖以生存的基础,在发展中国家土地资源为大约60%的人口提供生计,但在人口急剧增加的同时,可耕土地却在不断减少,而且人均可耕地正以较快的速度减少。世界上已有43个国家和地区缺水(占全球总面积的60%),约20亿人用水紧张,10亿人饮用超标水。再过30年,地球上的居民将遭受水资源不足之苦,而2.5%的地球人将挨饿,这是人类破坏生态系统造成的毁灭性后果。

(二)环境污染的加剧

人类的生活和生产活动,在消耗大量自然资源的同时,在进行原材料的提取、产品设计、工艺制造、产品使用和最终处置等过程中还会对空气、水及土壤产生不同程度的污染。全球每年排入大气层的气体,SO_2约1.6亿吨,CO_2约57亿吨,CH_4约2亿吨;排放的有害金属,铝200万吨,砷7.8吨,汞1.1万吨,铜5500吨,超出自然背景值的20～300倍。SO_2的过量排放导致酸雨发生频率增加,面积扩大,空气质量严重下降,全球有8亿人生活在空气污染的城市中;江河湖海的污染日趋严重,淡水匮乏使12亿人口生活在缺水城市,14亿人口在没有废水处理设施下生活;水质污染引发的疾病和致死亡已构成对人体健康的一大威胁;城市垃圾、污水、船舶废物、石油和工业污染、放射性废物等大量涌入海洋,每年有 200 亿吨污染物从河流进入海洋,约500 万吨垃圾被抛进海洋。

(三)扰动物质的全球循环

在全球生态系统中,物质通过物理、化学和生物过程,从周围的环境到生物体,再从生物体回到周围环境,就像仓库里储存的物质从一库流向另一库,处于不断运动的周期性循环中,这一过程称为全球系统的物质循环,又称为生物地球化学循环。在自然生态系统中,物质全球循环是缓慢的,并通过上述过程维持着动态平衡。而人类的活动,可以大规模地、迅速地使物质从自然环境的某一库流向另一库,使物质形态发生变化,物质在库与库之间的流通量加大,物质在某一库的停留时间变长或缩短,造成物质在生物地球化学循环中的动平衡受到严重的扰动。人类燃烧矿物燃料产生大量的 CO_2、SO_2 就破坏了 C、S 元素在全球生态系统中的动态平衡,而产生"温室效应"和"酸雨"。

而且随着社会和科技的进步,为了满足各种需求,人类已经能生产各种自然生态环境中没有的人造化学品。这些化学品进入生态环境后,干扰自然发生的物理、化学、生物过程,干扰有机体正常的生物化学过程,甚至威胁到人类自身的繁衍,但是人们对这些化学品的认识却十分有限。1996 年 Colborn 等人在《我们被盗窃的未来》中指出,由于人类滥用化学品,使自身的生育能力和生存面临灾难。实验证明,许多合成化学品具有干扰内分泌系统的作用,从而阻碍野生动物和人类的自然生长。

(四)纺织工业活动对环境的影响

纺织品生产是一个冗长复杂的过程。由于纤维来源的不同,最终产品用途的不同,纺织品的生产流程和生产工艺存在很大差异。在纺织品的整个生命周期中,从原材料初级生产、纺织品生产、使用回收,到最终处置,在不同阶段都会对自然环境产生影响,会对自然环境造成扰动和破坏。图 1-1 是纺织品生产、消费、废弃过程对地球环境的影响。

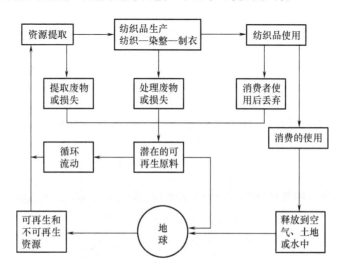

图 1-1 纺织工业活动对地球系统的影响

纺织品工业活动消耗的自然资源有棉、麻、丝、毛等天然纺织纤维原料,还有煤炭、石油、天然气等不可再生的矿物资源。天然纤维以自然界可再生资源为原料,进行循环生产,对自然环境不会造成毁灭性破坏。但是随着农牧业生产的工业化,农药、化肥、除草剂等的广泛应用,天然动植物在其饲养和种植过程会受到农药、化肥和除草剂的污染,使得生产的纺织品上残留有害、有毒物质,而对环境和人类造成危害。因此,发展生态农牧业是发展生态纺织品的关键。而煤炭、石油、天然气既是化学纤维生产的原料又是纺织工业生产的动力来源,它们是不可再生的资源,对它们的大量开采和使用,对自然环境的破坏巨大,是不可挽回的。因此,现阶段寻找替代品和对它们有计划的开采使用是全人类共同的使命。

纺织工业活动从原料到制成服装、装饰品和各种产成品,经历了纺纱、织布、练染、成品加工等多道工序。在这一过程中除了对纤维材料的消耗外,还需消耗大量的水和蒸汽,消耗浆料、染料、各种助剂和化学品,并在这一过程中排出废水、废气、废渣,污染环境危害人类自身,如纤维尘埃,染色废水,涂料印花时产生的挥发性气体等。因此,纺织工业活动作为人类社会生产活动之一,必然受到地球自然生态系统的发展及其规律的制约,必须不断地认识和遵循自然生态系统的规律,有节制地、合理地利用地球资源满足人类对纺织品的需求,减少废水、废气、废渣等对环境的干扰和破坏,使纺织工业的发展具有持续性。

第二节　纺织生态学及生态纺织品

一、纺织生态学

生态学是研究有机体与其赖以生存的环境相互作用、相互联系的一门科学。其中环境是有机体进行一切生命活动的载体。"环境"包括物理环境(温度、水、阳光等)和生态环境(相对有机体的、来自其他有机体的任何影响)。环境具有相对性,脱离主体去谈环境是没有意义的,而一般所说的环境是指以人为中心的环境,即所谓环人之境。传统生态学是研究生物个体以上水平(个体、种群、群落、生态系统)的生物与生物、生物与环境之间关系的科学。它是生物学的基础学科之一,同时又是唯一将研究对象扩大到生物体以外的科学。

人们把生态学的原理应用于社会生产实践,形成了农业生态学、城市生态学、产业生态学、景观生态学、污染生态学等应用生态学,以研究和指导社会生产实践中出现的问题,追求人类社会与自然生态系统的和谐发展,寻求经济效益、生态效益和社会效益的统一,最终实现人类社会的可持续发展。

纺织生态学又称生态纺织学,属于应用生态学的范畴,主要研究纺织品与人类、纺织品生产与人类和环境、纺织品与环境的相互关系。它包括纺织品生产生态学、纺织品消费生态学和纺织品处理生态学三部分。也就是说,纺织生态学是研究纺织品在生产、消费、废弃整个过程中对人类和自然环境影响的科学。它是一门综合性的学科,除了传统的物理、化学、工艺学等还涉及生物学、纳米科学、系统工程、信息技术以及社会学和经济学等学科。

（一）纺织品生产生态学

纺织品生产生态学研究纺织品生产过程对人类和环境的影响以及检测技术和控制方法。其包括劳动安全,对材料、水和能源的消耗,污水和垃圾处理以及粉尘和噪声污染。即从纤维种植、养殖、生产到产品加工的全过程,无有害物质排放到空气、土壤和水中,对环境无污染、同时也无有害物质残留在纺织品上对消费者造成危害。

（二）纺织品消费生态学

纺织品消费生态学研究纺织品在使用过程中(包括清洗、清洁和保养时)对环境的影响及检测方法,为纺织品的开发和生产指明方向;重点在于研究纺织品上哪些物质对人体有害,这些物质的含量如何检测,其含量控制在什么范围才不会对人体造成危害,从而制定出科学的法规和执行标准;研究在穿着和使用纺织品过程中,纺织材料和各种染化助剂对消费者健康或环境可能造成的损害等安全问题和消费心理,引导消费者正确认识和识别生态纺织品。

（三）纺织品处理生态学

纺织品处理生态学研究废弃纺织品对生态环境的影响及其检测技术和控制方法以及纺织品的回收再利用和处理。即从处理生态学的角度,研究废弃纺织品的回收和无污染处理方法和技术。控制纺织品可回收利用、自然降解,废物处理中不释放对环境有毒有害的物质。

二、生态纺织品

所谓生态纺织品是指从纺织生态学的要求出发,符合特定标准要求的产品。即从原料的获取到生产、销售、使用和废弃处理整个过程中,对环境或人体健康无害的纺织品。目前生态纺织品的认定标准有以下两种观点。

(1)一种观点是以欧洲"Eco – label"为代表的全生态概念。依据该标准,生态纺织品所用纤维在生长或生产过程中未受污染,也不会对环境造成污染,生态纺织品所用原料采用可再生资源或可利用的废弃物,不会造成生态平衡的失调和掠夺性资源开发;生态纺织品在失去使用价值后可回收再利用或在自然条件下可降解消化;生态纺织品在使用过程中应当对人体无害,甚至具有某些保健功能,这是广义生态纺织品的概念。

(2)一种观点是以德国、奥地利、瑞士和日本等 15 个知名的纺织品研究和检测机构联合设立的环保纺织品研究和检测协会(Oeko – Tex®)为代表的有限生态概念,认为生态纺织品的最终目标是在使用时不会对人体健康造成危害,主张对纺织品上的有害物质进行合理限定并建立相应的品质监控体系,这是狭义生态纺织品的概念,也就是在现有的科学知识下,经过测试不含有损害人类健康的物质,且具有相应标志的纺织品。

第一种观点是真正意义上的生态纺织品,但现阶段的科学技术水平还难以全面实现。第二种观点从现实条件和发展水平出发,只需对现有技术装备和生产工艺进行适当的改造和改进即可达到。

2000 年 1 月 27 日,国家环境保护总局批准并开始实施《生态纺织品》标准。表 1 – 1 是国际上与纺织品有关的生态安全要求的重要法规和标准。

表1-1　国际上与纺织品有关的生态安全要求的重要法规和标准

法规名称	适用范围	颁布国家或组织
REACH 法规	规定了地域、物品和完全排除、部分排除和豁免的适用范围	欧盟委员会
Oeko - Tex® Standard 100 Oeko - Tex® Standard 1000	各种有害物质	国际纺织生态学研究与检测协会
Eco - lable	纺织纤维、生产过程、化学药剂、产品	欧盟委员会
Intertek	所有的纺织品、皮革以及服装成品包括组成这些成品的各个加工阶段的半成品、纺织和非纺织辅料	Intertek Testing Services（天祥集团）
食品及日用消费品法	有害染料及助剂	德国
日本通产省 112 号法令《含有害物质家庭用品控制法》	甲醛	日本
德国危险品法	砷、锑、铅、锌、镉	德国
丹麦环境保护部第 472 号法令	镍	丹麦

REACH 法规，即《化学品注册、评估、许可和限制》(Registration, Evaluation, Authorization and Restriction of Chemicals)法规。是欧盟对进入其市场的所有化学品进行预防性管理的法规。已于 2007 年 6 月 1 日正式实施。

REACH 法规规定年产量或进口量超过 1t 的所有化学物质需要注册，年产量或进口量 10t 以上的化学物质还应提交化学安全报告。对具有一定危险特性并引起人们高度重视的化学物质的生产和进口进行授权，包括 CMR(致癌性、诱变性和生物毒性物质)，PBT(持久性、生物富积和毒性化学物质)，vPvB(高持久性、高度生物富集化学物质等)。如果认为某种物质或其配置品、制品的制造、投放市场或使用导致对人类健康和环境的风险不能被充分控制，将限制其在欧盟境内生产或进口。

三、纺织品生态性的评价指标

纺织品的生产和消费是一个系统过程，包括：纺织纤维的种植或生产→纺织生产加工→漂染、印花、整理→服装生产加工→消费和废弃。要求每一个环节都要符合生态环保的要求，即纺织原料资源的可再生性和可重复利用性；纺织生产加工过程对环境无污染；纺织品在穿着和使用过程中对环境和人体没有危害；纺织品废弃后能在环境中自然降解，不会对环境造成二次污染，具有"可回收、低污染、省能源"等特点。

纺织品的生态性评价就是以纺织品的整个生命周期为时间段进行的综合评价工程。它包括以下五个方面的评价指标。

（1）生命属性：纺织品（包括原料）生产者和消费者的人体健康是否受到危害；动植物和微生物，包括陆生和水生生物的生命是否受到影响或威胁。

（2）环境属性：在纺织品的整个生命周期内环境是否受到污染，生态环境是否受到破坏。

（3）能源属性：纺织品生产过程中的能源类型和能源清洁程度，再生能源（如锅炉用水的回收利用)的使用比例,能源消耗及利用率,产品回收处理能耗。

(4)资源属性:纺织品生产过程中材料的消耗、设备维修和折旧费、生产定员及工资福利、信息资源费等。

(5)经济属性:主要考虑产品环境污染而导致的设计费用、生产成本、使用费用、产品废气回收成本。

根据上述评价指标可定性地给出纺织品的生态级别,即全生态纺织品、生态纺织品、次生态纺织品、劣生态纺织品。全生态纺织品即上述五项指标均优于国家(或国际)有关的各项法规的技术要求及各项标准的极限值;生态纺织品即上述五项指标达到国家(或国际)有关的各项法规的技术要求及各项标准的极限值;次生态纺织品即上述五项指标基本(95%)达到国家(或国际)有关的各项法规的技术要求及各项标准的极限值;劣生态纺织品即上述五项指标接近(90%)达到国家(或国际)有关的各项法规的技术要求及各项标准的极限值,不存在严重危害人体健康和严重污染环境的项次。

思考题

1.根据已学知识讨论纺织工业活动对生态水系统可能造成的影响?

2.解释什么是纺织生态学和生态纺织品,它们研究的主要内容各是什么?

3.谈谈你对生态纺织品的认识,它对纺织工业可持续发展有何意义?

4.纺织工业生产中排放的哪些气体会破坏臭氧层,产生温室效应,造成酸雨?

5.土地的沙漠化和纺织工业生产有无关系?

参考文献

[1] 李素芹,苍大强,李宏.工业生态学[M].北京:冶金工业出版社,2007.

[2] 贺伟程.世界水资源.www.chinabaike.com.

[3] 乔映宾.石油危机之后,下一个危机便是水[J].中国石化,2006(6):15-17.

[4] 上海市纺织工程学会,上海纺织控股(集团)公司,东华大学《生态纺织的构建与评价》编委会.生态纺织的构建与评价[M].上海:东华大学出版社,2005.

[5] 王建平,陈荣圻.REACH法规与生态纺织品[M].北京:中国纺织出版社,2009.

[6] 张世源.生态纺织工程[M].北京:中国纺织出版社,2004.

第二章 生态纺织品标准与认证

本章学习指导

1. 了解国内外关于生态纺织品的相关标准和法规。

2. 熟悉并掌握 Oeko – Tex® Standard 100 标准的检测项目,获取授权的条件、申请步骤和标签的使用。

3. 掌握 Oeko – Tex® Standard 100 对婴幼儿产品的具体要求。

4. 掌握 GB 18401—2010 适用范围、适用对象和检测项目。

5. 学习了解 Oeko – Tex® Standard 100 标准各检测项目的检测方法和标准。

6. 了解国内外生态纺织品的认证机构。

第一节 生态纺织品认证标准与标签

一、国际生态纺织品认证标准

(一)生态纺织品标准 100(Oeko – Tex® Standard 100)

Oeko – Tex® Standard 100 是由国际环保纺织协会(Oeko – Tex Association)发布的有关纺织品上有害物质的限定值和检验规则的生态纺织技术要求。由奥地利纺织研究院于 1989 年首先提出并研究设计的一种标签,作为有害物质测试规范,强调纺织成品在使用过程中的生态性,即对消费者健康的保证。1991 年将其推出,1992 年 4 月 7 日正式公布第一版,在 1995 年 1 月、1997 年 2 月 1 日发布修订版,1999 年 12 月 21 日发布了 2000 年版,此后又经历了 2002 年版、2003 版、2004 版、2006 版、2008 版、2009 版、2010 版、2011 版以及目前最新的 2013 版。基本上每隔两年或一年都会有一个新版,并对前一版本作重要修订。2013 版 2013 年 1 月 3 日发布,对于新增或更加严厉的标准,三个月的过渡期之后,从 2013 年 4 月 1 日起在 Oeko – Tex® 认证过程中被严格执行。

Oeko – Tex® 标准为消费者在预防纺织品中有害化学物质对健康的危害方面提供了有效的保护,并成功地被应用于纺织服装生产、零售和分销系统的有害物质控制和质量管理体系中,是目前世界上最权威、影响最广的生态纺织品认证标签标准。标准主张对纺织品上的有害物质进行合理限定并建立相应的品质监控体系,持有 Oeko – Tex® 标签代表这些产品已经过 Oeko – Tex® Standard 100 安全性检验,并符合相应产品类别的要求,它是消费者购买纺织品时的一个重要选择依据。而且,Oeko-Tex® Standard 100 标准充分考虑了欧盟 REACH 法规针对有害物质的相关条款,涵盖了该法规高度关注物质(SVHC)候选名录中与纺织品相关的有害化学物质。

Oeko-Tex® Standard 100 标签有单语言(图 2-1)和多语言两种。该标签表明"根据 Oeko-Tex® Standard 100 对有害物质的测定,对此纺织品表示信任",并在标签上写明"按 Oeko-Tex® Standard 100 毒性检测确认合格的纺织品"。该标准仅指最终产品对人体健康无危害,不涉及生态环境保护、产品生命周期评价(LCA)。由于该标准贴近实际,容易被消费者和生产企业接受,具有较高的市场认同度。

图 2-1　Oeko-Tex® Standard 100 单语言标签

(二)生态纺织品标准 100 测试方法(Oeko-Tex® Standard 100 Testing Methods)

Oeko-Tex® Standard 100 测试方法是与 Oeko-Tex® Standard 100 相配套的,用于审核授权使用 Oeko-Tex® Standard 100 标签申请的检测项目和程序,对相关控制项目的检测方法作了统一的规定。2013 年 1 月 8 日发布的检测项目有 pH 值、甲醛、重金属、杀虫剂、苯酚类、增塑剂、有机锡化合物、PFOS(全氟辛烷磺酸盐)/PFOA(全氟辛酸)、富马酸二甲酯(DMFu)、对人类生态有毒害染料、氯化苯和氯化甲苯、稠环芳烃(PAH)、溶剂残留物、表面活性剂润湿剂的残留物、色牢度、挥发性化合物、可感觉气味的测试和石棉纤维的鉴别等 18 项。检测中一旦有任何一项检测项目的测试结果超出 Oeko-Tex® Standard 100 规定的限定值,正在进行或准备进行的所有其他测试应立即停止或取消。

(三)生态纺织品标准 1000(Oeko-Tex® Standard 1000)

1995 年,Oeko-Tex® 国际环保纺织协会制定发布了 Oeko-Tex® Standard 1000 标准和认证体系。该体系是一套基于 Oeko-Tex® Standard 100 认证,综合考虑纺织企业的质量管理,侧重考核纺织企业的环境管理,同时关注企业对社会责任履行状况的环境友好工厂认证评估的标准体系,其目标在于可持续性地改善企业的环保绩效和劳动条件。标准包括 A 部分和 B 部分。该体系的认证是通过对纺织品生产实地及生产产品进行环境污染评估,且独立地记录生产企业已采取的环保措施及基于此在环保方面所达到的水平,最终对纺织品制造的生产条件做出生产实地认证。认证范围可涵盖整个纺织生产链的生产设施。

标准 A 部分是对生产实地的认证要求,即着重考核纺织品生产过程的环保水平,生产生态对应的问题。内容表述了使用环保型生产的 Oeko – Tex® Standard 1000 注册生产实地标签的条件和要求,包括考核对自然资源的维系和保护;对环保的化学品助剂、染料和加工工艺的使用;对水和能源的消耗;对挥发物的控制和对废水废气的处理。通过认证的企业必须遵守涉及生产环境(安全生产、低噪声和少粉尘)和社会标准(禁止雇用童工、禁止歧视/强制劳动,按劳计酬等)方面的相关规范。在审查的框架内若一个公司的生产实地至少 90% 都获得了认证,那么这个公司就有权使用 Oeko – Tex® Standard 1000 的注册标签(图 2 – 2)。

标准 B 部分是对纺织产品的认证要求,确定了许可使用注册标签的条件和要求。如果某一家企业获得了 Oeko – Tex® Standard 1000 认证,并且他的产品已经获得了 Oeko – Tex® Standard 100 认证,在一定条件下,这些产品可以被授予 Oeko – Tex® Standard 100 plus 标签(图 2 – 3)。产品通过使用 Oeko – Tex® Standard 100 plus 标签,企业可以向消费者表明,他们的产品完全不伤害人体,而且完全是由环保的企业生产出来的,可以显示企业的环保成就。

图 2 – 2 Oeko – Tex® Standard 1000 标签   图 2 – 3 Oeko – Tex® Standard 100 plus 标签

由于 Oeko – Tex® Standard 1000 标准中覆盖了纺织产品的生态性能、企业质量管理、环境管理和社会标准等全方位指标,前几年,很少有亚洲地区的纺织企业接触该项认证。然而近年来,国际社会对企业的环保问题和社会责任尤为关注,仅是产品符合生态环保标准要求已不能满足国际买家的需求,众多国际大型采购商在产品达到有害物质检测要求的前提下,进一步对产品生产现场的环境管理、社会责任指标提出了明确要求。

国际社会对企业环保问题和社会责任的特别关注,引起了以中国为中心的亚洲区域纺织企业对 Oeko – Tex® Standard 1000 标准的重视。目前国内已有三家企业同时拥有 Oeko – Tex® Standard 1000 和 Oeko – Tex® Standard 100 plus 标签,它们是苏州丹龙纺织有限公司、山东海之杰纺织有限公司、浙江华孚色纺股份有限公司。

(四)生态纺织品标签 Eco – label(Eco – label to Textile Products)

这是一种全生态概念的标准。与 Oeko Tex® Standard 100 比较,Eco – label 在重视产品的生态安全性的同时,强调纺织品生产的生态性,强调纺织生产的原料——天然纤维的种植培育和化学纤维生产,以及纺纱织造、染整生产过程中未受污染,纺织生产过程对环境无污染,对人体健康无危害。标准涉及三个部分:"纺织纤维"、"加工过程及化学药剂"、"产品用途的适应性",不涉及生态纺织原料使用规定及废弃物处理的生态性。由于这一标准相当严格,目前完整意义上的生态纺织品寥寥无几,但这并不妨碍人们对真正意义上生态纺织品进行开发探索的追求,其标签如图2-4所示。

图2-4 Eco-label 生态纺织品标签

(五)Intertek 生态纺织标准

Intertek 集团作为全球最大的第三方检验、检测和认证专业机构之一,在全球纺织检测行业拥有近2/3的市场份额,Intertek 生态纺织产品认证标准是一种对产品及其生产系统的认证。从表面上看,Intertek 生态纺织产品认证在安全性能要求方面与 Eco-label 和 Oeko Tex® Standard 100 有很多相似之处,但其更多地借鉴了 ISO 9000 和 ISO 14000 体系认证的成功经验,它规定有严格的工厂审核程序,其标准涵盖了欧洲、美国等各个国家和地区有关生态产品的法律法规要求和全球各大买家对产品生态性能的要求。

新版 Intertek 生态纺织产品认证标准最大限度地反映了国际上,特别是欧盟对生态纺织品要求的最新变化趋势,同时兼顾了一些国际著名买家对纺织品生态安全性能的实际需求,其覆盖面进一步扩大,认证项目的选择更趋灵活,认证证书的实用性更强。它根据国际市场买家对品质的环保要求,通过"认证预审——现场评审——现场抽样——实验室检测"几个环节,将最终产品可能存在的环保质量问题,在生产源头及生产过程中就实现控制,有效降低风险,并控制成本。Intertek 生态产品认证的核心竞争力之一就是帮助企业真正提高产品的生态质量,从而提高产品的核心竞争力。Intertek 生态产品认证证书的获得,不仅仅是企业的荣誉证书,它更是企业具备一定的环保产品生产能力的权威证明。Intertek 生态产品认证通过认证前、认证中和认证后三位一体地帮助企业提高产品的生态质量和生态质量的稳定性。

(六)ISO 14000 国际环境管理体系标准

ISO 14000 环境管理标准和 ISO 9000 质量标准一样都是环境保护和经济发展的一种工具。

1996 年,由国际标准化组织(ISO)第 207 技术委员会(ISO/TC207),即国际环境管理标准化技术委员会负责制定,是一个国际通行的环境管理体系标准,广泛适用于各种存在环境问题的企业、公司、事业等各种行业。该标准旨在促进全球经济发展的同时,通过环境管理国际标准来协调全球环境问题,试图从全方位着手,通过标准化手段来有效地改善和保护环境,满足经济持续增长的需求。

ISO 14000 系列标准是企业建立环境管理体系和通过审查认证的准则。体系的核心思想是污染预防和生态的全过程控制,通过对能源、原材料的消耗和"三废"排放的鉴定及量化来评估一个产品、过程或活动对环境带来负担的客观方法。它不仅仅关注产品的质量,而且对组织的活动,产品和服务从原材料的选样、设计、加工、销售、运输、使用到最终废弃物的处理进行全过程的管理,极其符合现代管理组织理论、管理过程理论和管理效率理论。体系的建立和推行能使企业的环境管理发生质的变化,按 ISO 14000 标准建立的体系包括了产品从开发设计、工艺设计、材料采购、加工、销售到产品报废的全过程控制,它使环境管理贯穿到每个环节,使企业产生明显的环境效益,企业的环境管理组织与控制能力都有很大加强。作为可持续发展概念实施载体的环境标准化主要涉及以下六个方面:环境评估标准,环境管理系统,生命周期评价,环境标志,环境审计,产品环境标准。

ISO 14000 通过对企业生产活动的环境影响、环境治理措施和管理体系的审查和监督,依靠市场竞争原则督促企业对其产品申请环境标签认证,从而达到改善环境和保护环境的目的。这个标准要求企业根据自身的环境状况,提出改善环境的具体目标并建立完善的环境管理体系,由 ISO 认定的机构监督其执行和执行进度。通过认证的企业可以在其产品上贴上环境标签。

ISO 14000 系列标准号从 14001～14100,共 100 个标准号,统称为 ISO 14000 系列标准。它是顺应国际环境保护的发展,依据国际经济贸易发展的需要而制定的。目前正式颁布的有 ISO 14001、ISO 14004、ISO 14010、ISO 14011、ISO 14012、ISO 14040 等 6 项标准,其中 ISO 14001 是系列标准的核心标准,也是唯一可用于第三方认证的标准。

二、国内生态纺织品认证标准

(一)GB/T 18885—2009 生态纺织品技术要求

标准根据"Oeko Tex® Standard 100"2008 年版本制定,2010 年 1 月 1 日正式实施,替代 GB/T 18885—2002。标准规定了生态纺织品的分类、要求及检测方法。标准适用于各类纺织品及其附件,皮革制品可参照执行。标准不适用于化学品、助剂和染料。标准将产品按最终用途分为婴幼儿用品、直接接触皮肤用品、非直接接触皮肤用品、装饰材料四类,各类品种都给出了明确具体的有害物质限量值。此标准对生态纺织品的定义是:"采用对环境无害或少害的原料和生产过程所生产的对人体健康无害的纺织品。"此定义不仅强调了原料,而且强调了生产过程。

(二)GB/T 24000 环境管理体系系列标准

GB/T 24000 标准由国际标准 ISO 14000 系列标准中十二个标准等同转化形成,由国家技术

监督局标准化司提出,全国环境管理标准化技术委员会归口。它们分别是:

GB/T 24001—2004《环境管理体系　要求及使用指南》

GB/T 24004—2004《环境管理体系　原则、体系和支持技术通用指南》

GB/T 24015—2003《环境管理　现场和组织的环境评价》

GB/T 24020—2000《环境管理　环境标志和声明　通用原则》

GB/T 24021—2001《环境管理　环境标志和声明　自我环境声明(Ⅱ环境标志)》

GB/T 24024—2001《环境管理　环境标志和声明　Ⅰ环境标志　原则和程序》

GB/T 24031—2001《环境管理　生命周期评价　指南》

GB/T 24040—1999《环境管理　生命周期评价　原则与框架》

GB/T 24041—2000《环境管理　生命周期评价　目的与范围的确定和清单分析》

GB/T 24042—2002《环境管理　生命周期评价　生命周期影响评价》

GB/T 24043—2002《环境管理　生命周期评价　生命周期解释》

GB/T 24050—2000《环境管理　术语》

GB/T 19011—2003《质量和(或)环境管理体系审核指南》

(三)HJ/T 307—2006《环境标志产品技术要求　生态纺织品》

标准规定了生态纺织品类环境标志产品的定义、分类、基本要求、技术内容和检验方法。标准适用于除经防蛀整理的毛及其混纺织品外的所有纺织品。它对生态纺织品的定义是:"在本技术要求中指那些采用对周围环境无害或少害的原料、合理利用原料并对人体健康无害的产品。"标准自 2007 年 7 月 1 日实施,自实施之日起替代 HJBZ 30—2000。

(四)生态纺织品相关的强制性国家标准

强制性国家标准是以《中华人民共和国标准化法》和《中华人民共和国产品质量法》为依据,符合 WTO 的 TBT 协议(Agreement on Technical Barriers to Trade,贸易技术性壁垒协议),对应于国外的技术法规,具有强制执行的法律意义。

1. GB 18401—2010《国家纺织产品基本安全技术规范》

根据国家质量监督检验检疫总局、国家标准化管理委员会发布的 2011 年第 2 号公告,GB 18401—2010《国家纺织产品基本安全技术规范》于 2011 年 8 月 1 日正式实施,替代 GB 18401—2003 标准。该标准是我国第一个关于纺织品生态安全性的国家强制标准,适用于服用和装饰用纺织产品的通用安全技术规范,以控制纺织品中主要的有害物质、保证人们的基本安全健康为目的。在我国境内投放市场的所有服用和装饰用纺织产品(包括服装和制品)都必须执行,其实施范围和力度对纺织产品的生产和流通领域均会产生重大的影响。

Oeko Tex® Standard 100 规定的有害物质有 20 多种,GB 18401—2010 标准从中慎重选择了 5 种列入标准。这 5 项指标是:pH 值、甲醛含量、色牢度、异味、可分解致癌芳香胺染料。因此必须注意 GB 18401—2010 标准不是生态纺织品标准,而是在现有技术水平执行的技术规范,是为保证纺织品对人体健康无害而提出的最基本要求。标准的发布与实施,为我国纺织产品的生产、销售、使用和监督提供了统一的技术依据,对于有效地保护消费者的健康,规范市场以及提高我国纺织行业的整体水平和国际竞争力具有重要意义。

2. GB 20400—2006《皮革和毛皮　有害物质限量》

GB 20400—2006 标准由中国轻工业联合会提出,由全国皮革工业标准化技术委员会组织中国皮革和制鞋工业研究院、国家毛皮质量监督检验中心等机构的专家研究制定。2006 年 4 月 3 日由国家质量监督检验检疫总局和国家标准化管理委员会正式发布,2007 年 12 月 1 日全面实施。标准规定了皮革、毛皮产品中有害物质限量及其检验方法,适用于日用皮革和毛皮产品,不适用于工业用、特种行业用皮革和毛皮产品。但 GB 20400—2006 仅将可裂解出有害芳香胺的偶氮染料和游离甲醛列入强制监控的范围,而对皮革和毛皮产品的六价铬并未涉及。

3. GB 19601—2004《染料产品中 23 种有害芳香胺的限量及测定》

GB 19601—2004 标准 2004 年 11 月 3 日由国家质量监督检验检疫总局和国家标准化管理委员会正式发布,2005 年 12 月 1 日实施。标准的制定顺应了国际消费者对环境安全的要求、从源头上规范中国染料产品的开发与生产,为下游的染料应用方提供高质量和更安全的产品。标准对测试分析的技术条件作了详细说明,以确保检测的准确度和精密度,并且该标准的监控对象不局限于偶氮类着色剂。标准明确规定"本标准规定了染料产品中有害芳香胺的允许限值及测定方法。本标准适用于各类剂型的商品染料、染料制品、染料中间体和纺织印染助剂。"

4. GB 20814—2006《染料产品中 10 种重金属元素的限量及测定》

由于染色产品上的有害重金属的重要来源主要是所使用的染料及加工过程中所使用的助剂,因此要控制纺织产品上的有害重金属含量,控制用于染色的染料和加工中的助剂所含有的重金属含量是最有效的方法。GB 20814—2006 由国家染料质量监督检验中心和上海染料研究所有限公司共同负责研究起草。标准参考 Oeko－Tex® Standard 100,并结合染料生产的实际情况,将 10 种金属(镉、钴、铬、铜、铁、锰、镍、铅、锑、锌)纳入监控范围,并给出了 10 种重金属元素测定方法的具体技术条件。GB 20814—2006 于 2003 年 10 月完成审稿,2006 年 12 月 7 日由国家质量监督检验检疫总局和国家标准化管理委员会正式发布,2007 年 11 月 1 日实施。

第二节　生态纺织品标签的申请和认证

生态纺织品标签是纺织品的安全性标志,由认证机构依据生态纺织品或环境标志产品标准(或技术要求)及有关规定,对产品的环境性能及生产过程的生产环境进行确认,并以标志图形的形式告知消费者哪些产品符合环保要求和具有生态安全性;说明该产品对人体健康无害,对环境无污染,消费者可放心使用该产品。生态纺织品标签的获得,要通过生态纺织品认证。同时,通过认证对产品从设计、生产、使用到废弃处理等全过程的环境行为进行控制。现在,国内、国外都有专门机构进行生态纺织品认证。

国内的生态纺织品认证机构有:中国纺织标准检验认证中心(CTS)、中国质量认证中心(CQC)、中国检验认证集团(CCIC)、国家环境保护总局(CEC)。国际生态纺织品认证机构有:TESTEX 瑞士纺织检定有限公司以及国际环保纺织协会的成员机构,包括 TESTEX(瑞士)、Hohenstein(德国)、OETI(奥地利)、BTTG(英国)、DTI(丹麦)、IFTH(法国)、IFP(瑞典)、CITEVE

（葡萄牙）、Centexbel（比利时）、Aitex（西班牙）、CTCA（意大利）。TESTEX 瑞士纺织检定有限公司在国内设有北京代表处、上海代表处等,是国际环保纺织协会在中国唯一授权官方的 Oeko - Tex® Standard 100 认证签发机构。此外,Intertek（天祥）集团是最早进入中国的国际第三方测试和认证公司,其生态纺织品认证得到众多国际权威机构的认可,在国内北京、上海、广州、无锡、杭州等多个城市设有服务机构。

国际上,尤其是欧洲有多种生态纺织品标签,如 Eco - label（欧盟生态标签）、White Swan（北欧白天鹅标志）、MiHeukeur（荷兰环境标志）、Tooxproof Seal（德国生态纺织品标志）、Clean Fashion 由世界上最大的十家纺织品销售商制订的生态标志和 Comitextil（欧洲经济共同体纺织工业协调委员会建立的针对最终产品的生态标志）等。当今国际上知名度最高、影响力最大的生态标签当属 Oeko - Tex® Standard 100。

一、Oeko - Tex® Standard 100 标签的申请认证和管理

Oeko - Tex® Standard 100 认证是一个纺织品领域的产品认证,关注的是产品消费的生态性,因此既受消费者欢迎,又比较切实可行,深受厂商欢迎,具有广泛的全球认可度。

（一）申请认证的基本条件和准备工作

Oeko - Tex® Standard 100 认证面向纺织品供应链上的各类产品,从原材料、半成品、辅料到最终成品,都可以申请此认证;另外,针对特定的生产加工工艺,比如印花、染色、涂层、特殊功能的后整理等过程,也可以申请认证。只是 Oeko - Tex® Standard 100 生态标签针对具体品种,因此,申报前应确定需认证的产品品种,认证的产品级别。认证品种应产量稳定、生态性突出、工艺成熟可控、产品质量有完善的标准化管理。认证的产品所有成分无一例外地符合 Oeko - Tex® Standard 100 附录 4 各检测项目给出的限量值。除表面材料外,还包括如缝纫用线、衬料、印图等,以及非纺织类配件,如纽扣、拉锁、铆钉等。

在送交 Oeko - Tex® Standard 100 认证机构认证之前,可先将样品送国内检测机构检测,检测合格后再送交 Oeko - Tex® Standard 100 认证机构检测。国内检测机构有:国家棉纺织产品质量监督检验中心、上海市禁用染料及应用品检测中心、上海市出入境检验检疫局等。

（二）认证步骤

Oeko - Tex® Standard 100 标签认证一般分为以下五个步骤,即提出申请,申报资料,送样,检测样品及标签授权。

1. 提出申请

由申请厂商向国际环保纺织协会（Oeko - Tex®）的成员机构或其授权代理机构,如中国的认证代理机构——瑞士纺织检定有限公司（TESTEX）驻北京、上海、香港办事处,以传真、信函、电子邮件等形式提出申请,表明申请意向、厂商名称和联系方式。申请表中的内容包括关于产品申报的问题、承诺书、原材料供应商清单表格、所采用的染料和辅料。此外,在产品为地毯、泡沫塑料和床垫时,还包括对样本的详细说明。

2. 申报资料

当认证机构收到申请厂商的申请后会提供一套申请表,包括:品质相符申明表、限量表、申

请表。

（1）品质相符申明表是申请厂商就测试送样与日后生产样品质相符的承诺申明，包括以下内容：

①对于申请书中陈述的详细资料的责任。

②承诺当原材料、技术流程和配方改变时，及时告知颁发使用该标签的授权机构。

③在使用标签的授权期满和撤销后，保证不再使用该标签的承诺。

（2）限量表反映认证产品的规格和生产（出口）数量，因为 Oeko‑Tex® Standard 100 标签认证是对产品的认证并非对企业的认证，因此有一个认证限量的问题。

（3）申请厂商获得认证机构的申请表格后，按照表格的内容和产品生产实际情况进行填写。就以下内容进行陈述：

①描述需检测的物品。

②说明生产该纺织品所需实施的加工步骤。

③编制所使用的各种颜料和辅助剂清单。

④所配备化学品的安全数据表。

⑤标明产品所有组成部分的供货商，从原料、衬料直到附件（成衣）。

⑥已通过认证的原材料认证证书复印件。

⑦需要时给出同意声明，允许纳入国际环保纺织品推荐清单以及网上的采购导引。

3. 送样

认证机构在收到厂商递交的申报资料后会及时将认证产品归类、核查资料并作出"样品指令"给生产厂商准备测试样品。厂商按"样品指令"的要求（数量、重量、长度等）准备测试样或生产现场采集样品，按样品材料包装要求封样送交认证机构。注意测试样品应与日后使用 Oeko‑Tex® Standard 100 标签销售的产品一致。

Oeko‑Tex® Standard 100 标准规定：一个制品组基本上是一个组中几个制品的组合，这些制品可以使用同一个认证证书，例如：

①以性能明确的基本材料制成，仅在物理性质方面存在差别的纺织品。

②由已认证的物料组成的制品。

③由同类的纤维材料制成的成品（例如由纤维素纤维、涤棉混纺及其他化纤制成的纺织品等）。

因此，在选择检测样品时必须注意，该样品必须能够覆盖所有的物品组类。这一有代表性的选择是在认证证书上进行物品描述的基础。样品选择不全面，会导致认证物品组类受限的后果。

4. 检测样品

认证机构收到样品材料后，根据申请人提供的产品类型和产品资料决定检测的类型和范围，然后进行测试费用计算，待申请厂商接受测试报价费用后才开始测试工作。Oeko‑Tex® Standard 100 进行一次认证的经济费用是由许可证费用和实验室检测费用两部分组成。在此有害物质检测的准确费用是根据各纺织产品的检测工本而定的，在委托进行认证时，可向授权的环保纺织品机构索取一份具体报价。通过使用已经通过认证的原材料，可明显减少检测所需的经济费用。在此可避免双重检测。在单一生产阶段,原则上只对新添加部分进行检测。通过模块式系统,检测成本分摊到整个纺织品增值链中各环节的相关企业。Oeko – Tex® Standard 100 检测标准可用于各加工阶段。在整个纺织品增值链各环节的高密度检测会使各单一企业检测费用减少到最低限度。

检测机构首先系统性地输入产品和生产数据。接着拟定对需测试物品(组类)的检测规划。然后对在生产中有代表性的物品按照 Oeko – Tex® Standard 100 的标准目录进行检测。检测是以最坏情况分析方法"Worst – case"进行的,检测时,检测物品涂层最厚的、颜色最深的或配件数量最多的产品,一般一件物品的所有组件都必须接受检测。

5. 标签授权

测试合格后,认证机构将给申请人颁发合格证书,申请人在获得合格证书之后便获得了在证书有效期内,在其产品上使用 Oeko – Tex® Standard 100 标签的授权。

标签授权后申请者可以在其产品上使用一种或多种 Oeko – Tex® Standard 100(附录 2 所示)标签。认证编号和检测机构必须在每一个标签上标明,不允许使用其他任何形式的标记。标签内必须写明"按生态纺织品标准进行毒性检测确认合格的纺织品"。标签的颜色设计要求如下:

CMYK 颜色模型:	RGB 颜色模型:
绿色 = 92C/0M/100Y/7K	绿色 = R0/G140/B50
黄色 = 0C/43M/100Y/0K	黄色 = R255/G145/B0
灰色 = 0C/0M/0Y/60K	灰色 = R115/G112/B112
黑色 = 0C/0M/0Y/100K	黑色 = R0/G0/B0

如果因为特殊原因标签只能用两种颜色印刷,经过检测机构授权可以用双色印刷。标签拥有者可以自己印制标签,但必须送认证机构审查得到许可。如果印刷胶片是直接由国际环保纺织协会授权的广告机构获得的,则不必取得认证机构的许可。申请者可以从认证机构获得进一步的信息。

（三）认证后的管理

Oeko – Tex® Standard 100 标签的最长使用期限为一年。在有效期内,授权时的测试标准和相关的限量值保持有效。按照申请者的请求,授权开始之日期可以从测试报告之日向后最长延期三个月。生态纺织品标准标签有效期过后,标签拥有者可以申请将授权期限延长一年。有关研究机构将在第 1、第 2、第 4、第 5 等延长期内减少部分测试项目。一旦申请书中叙述的条件不再正确,同时有关的变化又没有通知认证机构,并且认证机构又不能确认产品是否仍然满足生态纺织品标准的要求,Oeko – Tex® Standard 100 标签的使用权将被立刻撤销。

合格证书颁发后,在证书有效期内认证机构将对认证产品的生产大货样进行两次随机抽检,抽检的费用由证书持有者承担。除此之外,国际环保纺织协会每年出资从市场上销售的获得 Oeko – Tex® Standard 100 标签商品中抽取至少 20% 进行检测。若抽检发现申请者提供的细节不再正确或者应用的技术和(或)生产条件的改变没有及时报告给认证机构,将责令该许可证持有人尽快排除已查明的缺陷,并从改善后的生产中选取样本并提交,以重新进行检验。如果在产品检查的过程中,多次发现有不合要求的地方,则相应的 Oeko‐Tex® 证书会被吊销。如果标签的使用没有遵守生态纺织品标准规定的各项条件,标签的使用权也将被撤销。授权撤销后,如果产品继续使用撤销的标签,国际纺织生态学研究与检测协会在经过第二次警告后,有权以适当的方式公布被撤销者。

Oeko‐Tex® Standard 100 标签产品的质量监控非常有效,很大程度上保证了标签产品的可靠性,阻止了对 Oeko‐Tex® 标签的滥用。正是通过这些严格的品质控制体系,Oeko‐Tex® Standard 100 标签在国际上获得了广大消费者、生产厂商及买家的信任。

二、国内生态纺织品标签认证

(一)中国纺织标准检验认证中心

中国纺织标准(北京)检验认证中心有限公司(CTTC)是纺织行业唯一集标准、检测、计量和认证四位一体的具有独立法人资格的第三方检验认证服务机构。在深圳和浙江建有子公司,并在上海、福建、广州、香港、台北、日本、韩国等地设有十余个办事处或接样点,形成一个辐射全国纺织产业区域及周边国家和地区的服务网络。CTTC 是国内专业从事纺织品和服装产品检验认证的服务机构,业务范围包括检验认证纺织纤维、纱线、面料、服装、家用纺织品、产业用纺织品等,开展项目除"生态纺织品"认证外,还有"抗菌纺织品"认证、"抗静电纺织品"认证等十多个。

CTTC 拥有精通纺织品标准及检验认证业务的专业人才,贴近纺织行业。其认证的生态纺织品与国际惯例接轨,有效期也是一年。认证标准采用 GB/T 18885—2009《生态纺织品技术要求》。认证标志由 CTTC 统一设计图案并制作吊牌,认证证书持有者根据产品数量向 CTTC 认购认证吊牌。CTTC 认证标志样式如图 2‐5 所示。

(二)中国检验认证集团

中国检验认证集团(CCIC)是经国家质量监督检验检疫总局(AQSIQ)许可、国家认证认可监督管理委员会(CNCA)资质认定、中国合格评定国家认可委员会(CNAS)认可,以"检验、鉴定、认证、测试"为主业的独立的第三方检验认证机构。下属的"CCIC 生态纺织品认证管理协调中心"是全国 CCIC 系统生态纺织品认证的项目运作、经营秩序维护、市场推广与技术支持的管理、协调、服务机构。

CCIC 生态纺织品认证以国家标准《生态纺织品技术要求》(GB/T 18885—2009)为依据,对申请企业进行产品检测和工厂评审,对符合《生态纺织品技术要求》标准的产品,由中国检验认证集团质量认证公司颁发"CCIC 生态纺织品"证书,并在产品上加贴唯一编码的生态纺织品标签(图 2‐6),证明并保证产品的生态安全性。CCIC 对通过认证的组织进行每年一次的获证后监督,以最大限度保证产品的安全性和一致性。

(三)中国质量认证中心

中国质量认证中心(CQC)是经国家主管部门批准设立,被多国政府和多个国际权威组织认可的第三方专业认证机构,隶属中国检验认证集团。对生态纺织品的认证具体由认证六处负责。CQC 生态纺织品认证直接采用 Oeko‐Tex® Standard 100 标准。对通过检测认证的纺织品授权使用"CQC"认证标签(图 2‐7)。

图 2-5 CTTC 认证标志样式　　　　　　　图 2-6 CCIC 认证标签

（四）国家环境保护总局

国家环境保护总局环境认证中心（CEC）是我国最早开始生态纺织品认证的机构。随着《环境标志产品技术要求　生态纺织品》（HJ/T　307—2006）的实施，国家环境保护总局环境认证中心相应开始了生态纺织品认证工作。对通过认证的生态纺织品，授权加贴中国环境标志标签，如图 2-8 所示。

图 2-7 CQC 认证标签　　　　　　　图 2-8 中国环境标志标签

第三节　生态纺织品的技术要求

一、生态纺织品的分类和技术要求

通常纺织品按其用途分为衣用纺织品、装饰用纺织品、产业用纺织品。其中衣用和装饰用纺织品占整个纺织品总量的65%以上。Oeko-Tex® Standard 100的有害物质检测是以纺织品的各种应用目的为指南。其基本原则为:纺织品与皮肤的接触越密切(皮肤的敏感程度越高),纺织品必须满足的人类生态环境的要求就越高。因此,国际纺织品生态学研究与检测协会颁布的Oeko-Tex® Standard 100将纺织品按照与人体关系的密切程度分成四类。

第一类为婴幼儿产品,是指除皮革服装外所有婴儿至36个月儿童使用的所有物品及用于制造这些物品的材料和附件,如婴幼儿服装、玩具等。

第二类为直接接触皮肤的产品,是指在穿着或使用时,其大部分表面与皮肤直接接触的物品,如男女衬衣、内衣、毛巾、床单等。

第三类为非直接接触皮肤的产品,是指在穿着或使用时,不直接接触皮肤或其小部分与人体皮肤直接接触的产品,如填料、衬里、外衣等。

第四类为装饰材料,是指用于装饰的产品,包括初级产品和饰物,如桌布、墙布、家具装饰布和窗帘、室内装饰织物、地毯和垫子等。

Oeko-Tex® Standard 100对四类纺织品上有害物质的含量给出了测试项目和限量值,只有符合这些要求的纺织品才是消费生态学意义上的生态纺织品,表2-1给出了Oeko-Tex® Standard 100测试项目与限量值。

表2-1 Oeko-Tex® Standard 100测试项目与限量值(2013版)

产品分类		I/婴幼儿	II/直接接触皮肤	III/非直接接触皮肤	IV/装饰材料
pH值①		4.0~7.5	4.0~7.5	4.0~9.0	4.0~9.0
甲醛(mg/kg)112法令		n.d.②	75	300	300
可萃取的重金属 (mg/kg)	锑(Sb)	30.0	30.0	30.0	—
	砷(As)	0.2	1.0	1.0	1.0
	铅(Pb)	0.2	1.0③	1.0③	1.0③
	镉(Cd)	0.1	0.1	0.1	0.1
	铬(Cr)	1.0	2.0	2.0	2.0④
	六价铬[Cr(VI)]	低于检出限值⑤			
	钴(Co)	1.0	4.0	4.0	4.0
	铜(Cu)	25.0⑥	50.0⑥	50.0⑥	50.0⑥
	镍(Ni)⑦	0.5	1.0	1.0	1.0
	汞(Hg)	0.02	0.02	0.02	0.02
被消解样中的重金属 (mg/kg)⑧	铅(Pb)⑧	90.0	90.0③	90.0③	90.0③
	镉(Cd)	50.0	100.0③	100.0③	100.0③
杀虫剂 (mg/kg)⑨,⑩	总计⑩	0.5	1.0	1.0	1.0
氯苯酚(mg/kg)⑩	PCP	0.05	0.5	0.5	0.5
	TeCP总计	0.05	0.5	0.5	0.5

续表

产品分类		Ⅰ/婴幼儿	Ⅱ/直接接触皮肤	Ⅲ/非直接接触皮肤	Ⅳ/装饰材料
邻苯二甲酸酯(%)[11]	DINP、DNOP、DEHP、DIDP、BBP、DBP、DIBP、DIHP、DHNUP、DHP、DMEP、DPP(总计)[10]	0.1	—	—	—
	DEHP、BBP、DBP、DIBP、DIHP、DHNUP、DHP、DMEP、DPP(总计)[10]	—	0.1	0.1	0.1
有机锡化合物(mg/kg)[10]	三丁基锡(TBT)	0.5	1.0	1.0	1.0
	三苯基锡(TPhT)	0.5	1.0	1.0	1.0
	二丁基锡(DBT)	1.0	2.0	2.0	2.0
	二辛基锡(DOT)	1.0	2.0	2.0	2.0
其他化学残留物	OPP(mg/kg)[10]	50.0	100.0	100.0	100.0
	芳香胺(mg/kg)[10,12]	无[5]			
	PFOS(μg/m²)[10,13]	1.0	1.0	1.0	1.0
	PFOA(mg/kg)[10,13]	0.1	0.25	0.25	1.0
	SCCP(w%)[10]	0.1	0.1	0.1	0.1
	TECP(w%)[10]	0.1	0.1	0.1	0.1
	DMFu(mg/kg)[10]	0.1	0.1	0.1	0.1
有害染料	可分解芳香胺染料[10]	不得使用[5]			
	致癌染料[10]	不得使用			
	致敏染料[10]	不得使用[5]			
	其他染料[10]	不得使用[5]			
氯化苯和氯化甲苯(mg/kg)[10]	总计	1.0	1.0	1.0	1.0
稠环芳烃(PAH)(mg/kg)[14]	苯并[a]芘[12,14]	0.5	1.0	1.0	1.0
	总计[10]	5.0	10.0	10.0	10.0
生物活性物质		无[15]			
阻燃剂	总体	无[15]			
	PBB、TRIS、TEPA、pentaBDE、octaBDE、DecaBDE、HBCDD、SCCP、TCEP[10]	不得使用			
残余溶剂(w-%)[16,17]	NMP	0.1	0.1	0.1	0.1
	DMAc	0.1	0.1	0.1	0.1
	DMF	0.1	0.1	0.1	0.1
残余表面活性剂,润湿剂(mg/kg)	OP、NP、总计	50.0	50.0	50.0	50.0
	OP、NP、OP(EO)$_{1\sim2}$、NP(EO)$_{1\sim9}$总计	500.0	500.0	500.0	500.0

续表

产品分类		Ⅰ/婴幼儿	Ⅱ/直接接触皮肤	Ⅲ/非直接接触皮肤	Ⅳ/装饰材料
色牢度(沾色)	耐水	3	3	3	3
	耐酸汗液	3~4	3~4	3~4	3~4
	耐碱汗液	3~4	3~4	3~4	3~4
	耐干摩擦[18],[19]	4	4	4	4
	耐唾液	坚牢	—	—	—
挥发性物质释放量 (mg/m³)[20]	甲醛[50-00-0]	0.1	0.1	0.1	0.1
	甲苯[108-88-3]	0.1	0.1	0.1	0.1
	苯乙烯[100-42-5]	0.005	0.005	0.005	0.005
	乙烯基环己烷[100-40-3]	0.002	0.002	0.002	0.002
	4-苯基环己烷 [4994-16-5]	0.03	0.03	0.03	0.03
	丁二烯[106-99-0]	0.002	0.002	0.002	0.002
	氯乙烯[75-01-4]	0.002	0.002	0.002	0.002
	芳香烃	0.3	0.3	0.3	0.3
	挥发性有机物	0.5	0.5	0.5	0.5
气味的测定	总体	无异味[21]			
	SNV 195 651(经修正)[22]	3	3	3	3
禁用纤维	石棉纤维	不得使用			

①例外情况:后续加工中必须经过湿处理的产品:pH 值 4.0~10.5;泡绵制品:4.0~8.5;第Ⅳ级的带有涂层或层压的皮革制品:3.5~9.0。

②此处不得检出(n.d.),指按照日本 112 号法令的吸收测试方法吸光度单位小于 0.05,即<16mg/kg。

③对玻璃制成的辅料无此要求。

④对皮革类产品 10.0mg/kg。

⑤定量限值:铬(Ⅵ)0.5mg/kg,禁用芳香胺 20mg/kg,禁用染料 50mg/kg。

⑥对无机材料制成的辅料无此要求。

⑦包含欧洲经济联盟指令(EC-Directive)94/27/EC 中对该项目的要求。

⑧针对所有非纺织辅料和组件以及纺丝时加入着色剂生产的有色纤维和含涂料的制品。

⑨仅适用于天然纤维。

⑩具体物质名单见附录 5。

⑪适用于涂层、塑料溶胶印花、柔性泡绵和塑料配件等产品。

⑫适用于含聚氨基甲酸酯的所有材料。

⑬适用于经过拒水、拒油整理或涂层整理的所有材料。

⑭适用于所有合成纤维、纱线或缝纫线以及塑胶材料。

⑮Oeko-Tex® Standard 100 允许的处理方法除外。具体可参见 http://www.oeko-tex.com 所发布的现行有效目录。

⑯对于必须经过热处理(湿或干)的产品例外:3.0%。

⑰适用于生产过程中被加入了溶剂的纤维、纱线及带涂层制品。

⑱对于后续加工有"洗水处理"的产品无此项要求。

⑲对于颜料、还原或硫化染料,其最低耐干摩擦色牢度级别应为 3 级。

⑳适用于纺织地毯、床垫以及泡绵或有大面积涂层的非服装制品。

㉑无霉味、无高沸点石油馏分、无鱼腥味、无芳香或香水气味。

我国 2002 年 11 月 22 日也发布了中华人民共和国国家标准 GB/T 18885—2002,并于 2003 年 3 月 1 日开始实施,2009 年 6 月 11 日发布了修订的 GB/T 18885—2009,替代 GB/T 18885—2002,并于 2010 年 1 月 1 日开始实施。该标准的产品分类和要求采用国际生态纺织品研究与检测协会 Oeko – Tex® Standard 100—2008《生态纺织品通用及特殊技术要求》,规定了各项检测指标限量值及检测方法。

二、GB 18401—2010《国家纺织产品基本安全技术规范》

基本安全技术要求是为保证纺织产品对人体健康无害提出的基本要求。GB 18401—2010《国家纺织产品基本安全技术规范》作为国家的强制性标准与国家标准 GB/T 18885—2009《生态纺织品技术要求》比较,GB 18401—2010 只涉及基本安全技术要求,产品的其他要求按相应的标准执行,但相关标准等技术文件中对纺织产品的基本安全技术要求不符合该技术规范规定的,必须以该规定为准。

GB 18401—2010 规定了纺织产品的基本安全技术要求、试验方法、检验规则及实施与监督。该技术规范适用于在国内生产、销售和使用的服装和装饰用纺织产品,包括内销产品和进口产品,对于外销的出口产品,规定可依据合同的约定执行,不强调必须执行该标准。并且标准在附录 A 中明确规定了不属于该技术规范范围的产品(除非供需双方另有约定或国家另有规定)。主要为产业用纺织品,因为这些纺织品在使用过程中不涉及与人体皮肤的长期接触,故不列入该强制性标准的监控范围。对于医用产品和毛绒类玩具,由于已有专门的强制性标准,也不列入该强制性标准的适用范围。

GB 18401—2010 将纺织品定义为以天然和化学纤维为主要原料,经纺、织、染等加工工艺或再经缝制、复合等工艺而制成的产品,如纱线、织物及其制成品。并将纳入控制范围的纺织产品按产品的最终用途分成三类:

A 类:婴幼儿产品,年龄在 36 个月及以下的婴幼儿穿着或使用的纺织产品。如尿布、尿裤、内衣、围嘴、睡衣、手套、袜子、外衣、帽子、床上用品。

B 类:直接接触皮肤的纺织产品,在穿着或使用时,产品的大部分面积直接与人体皮肤接触的纺织产品,如内衣、衬衣、裙子、裤子、袜子、床单、被套、毛巾、泳衣、帽子。

C 类:非直接接触皮肤的纺织产品,在穿着或使用时,产品不直接与人体皮肤接触、或仅有小部分面积与人体皮肤接触的纺织产品,外衣、裙子、裤子、窗帘、床罩、墙布。

GB 18401—2010 对纺织产品的基本技术要求见表 2 – 2。另外,该规范还规定婴幼儿纺织产品必须在使用说明上标明“婴幼儿用品”字样,其他产品应在使用说明上标明所符合的基本安全技术要求类别,如“GB 18401—2010 B 类”、如“GB 18401—2010 C 类”。对于婴幼儿用品的中间产品,如绒线、面料等,则应标注为如“GB 18401—2010 A 类”。

表 2 – 2　GB 18401—2010 国家纺织产品基本安全技术规范的技术要求

项目	A 类	B 类	C 类
甲醛含量(mg/kg)≤	20	75	300

项目		A 类	B 类	C 类
pH 值[a]		4.0~7.5	4.0~8.5	4.0~9.0
染色牢度(级)[b]	耐水(变色、沾色)	3~4	3	3
	耐酸性汗渍(变色、沾色)	3~4	3	3
	耐碱性汗渍(变色、沾色)	3~4	3	3
	耐干摩擦	4	3	3
	耐唾液(变色、沾色)	4	—	—
异味		无		
可分解致癌芳香胺偶氮染料[c]		禁用		

a 后续加工工艺中必须要经过湿处理的非最终产品,pH 值可放宽至 4.0~10.5 之间。

b 对需经洗涤褪色工艺的非最终产品、本色及漂白产品不要求;扎染、蜡染等传统的手工着色产品不要求;耐唾液色牢度仅考核婴幼儿纺织产品。

c 可分解致癌芳香胺清单见附录 C,限量值≤20mg/kg。

三、生态纺织品的主要监测项目

(一)pH 值

pH 值是酸、碱性的量度。人的皮肤表面呈微酸性,以保证皮肤常驻菌的平衡,可保护皮肤,防止病菌的侵入,因此纺织品处于中性和弱酸性之间对人体皮肤的健康最有利。如果纺织品的pH 值偏酸或偏碱都会对人体皮肤造成危害,出现过敏、红肿等现象。目前各国普遍采用 ISO 3071 纺织品——水萃取物 pH 值的测定,国标 GB/T 7573—2009《纺织品 水萃取液 pH 值的测定》。

(二)游离甲醛

甲醛是纺织品防缩、抗皱、免烫和易去污等功能整理常用的交联剂,被广泛使用。但是研究发现甲醛对于生物细胞的原生质是一种毒性物质,它可与生物体内的蛋白质结合并将其凝固。此外,甲醛蒸气能引起眼睛、上呼吸道和肺部损伤,长期低浓度接触甲醛会引起食欲下降、体重减轻、衰弱失眠和免疫力下降等。而经过甲醛整理的纺织品和服装上往往残留未交联的甲醛或在人们穿着过程中逐渐释放出来的游离甲醛,通过人体呼吸和皮肤接触,甲醛进入人体内被富集在骨髓造血组织中,通过体内去甲基作用和葡萄糖醛酸反应将其转化、解毒。对一些因先天或后天因素造成此项解毒能力不足者,就有可能诱发白血病、淋巴瘤和骨髓增生异常等疾病。

游离甲醛的定量测定,各国普遍采用日本 JIS L1041 中的乙酰丙酮光谱法和美国 AATCC 112 的气相萃取法。国内按 GB/T 2912.1—2009《纺织品 甲醛的测定 第 1 部分:游离和水解》、GB/T 2912.2—2009《纺织品 甲醛的测定 第 2 部分:释放的甲醛(蒸汽吸收法)》进行测定。

(三)可萃取重金属

在纺织品加工过程中,由于某些染料助剂含有重金属,天然纤维在生长过程中可能从土壤或空气中吸收重金属造成重金属在纺织品上的残留。一般纺织品上非游离状态的重金属不会对人体造成危害。但是人在穿着和使用纺织品的过程中,由于人体的汗液对一些重金属离子具有萃取的作用,重金属就有可能通过皮肤被人体吸收,在人体的肝、肾、骨骼和心脏及脑中累积,当累积到某一程度时即会对人体健康造成严重损害。可萃取重金属涉及锑(Sb)、砷(As)、铅(Pb)、镉(Cd)、铬(Cr)、钴(Co)、铜(Cu)、镍(Ni)、汞(Hg)。

可萃取重金属含量的测定包括两部分操作:一是对样品的萃取,二是对萃取液中重金属含量的测定。首先模仿人体皮肤的表面环境,采用人工酸性汗液对样品进行萃取,目前国际上统一采用 ISO 105E04 的试验溶液 II 进行萃取,而萃取液中重金属含量的测定则采用 AAS(原子吸收光谱法)、ICP(电感耦合等离子体)和分光光度法等仪器分析方法测定,国标有 GB/T 17593.1—2006《纺织品 重金属的测定 第 1 部分:原子吸收分光光度法》。

(四)杀虫剂

农药是防治农作物病虫害、调节植物生长的常用化学产品,包括杀虫剂、除草剂等。农药使用后会在农作物、土壤、水体中残存农药的母体、衍生物、代谢物和降解物等。这些残留物比较稳定,在环境中难以降解,尤其是含有机氯的杀虫剂,被称为高残留性农药。

杀虫剂、除草剂等农药主要存在于天然纤维中,如棉花种植过程,为了防治病虫害,会相应地使用一些杀虫剂、除草剂、杀菌剂等,以保证棉花的质量和产量。这些农药一部分会被纤维吸收,虽然在纺织品的加工过程中绝大部分会被除去,但仍有可能有部分农药残留在最终产品中。这些农药残留物对人体的毒性强弱不一,与农药的种类和残留量有关,其中有些极易经皮肤为人体所吸收,对人体产生相当的毒性,如高丙体六六六是一种致癌的杀虫剂。在 Oeko – Tex® Standard 100 种限用的杀虫剂共有 60 种。当然对于不含有天然纤维的纯纺或混纺化学纤维纺织品则不需进行杀虫剂残留量的监测。杀虫剂一般用气相色谱法对萃取液进行测试,国标按 GB/T 18412.1—2006《纺织品 农药残留量的测定 第 1 部分 有机氯农药》执行。

(五)氯化苯酚和苯酚

五氯苯酚(PCP)是纺织、制革、造纸工业传统使用的防霉防腐剂,动物实验已证明,它是一种毒性很强的物质,对人体具有致畸和致癌性。而且 PCP 燃烧时释放出的二噁英类化合物会对人类造成更为严重的损害,它的化学稳定性很高,不易分解,对人体和环境造成持续危害,因而受到严格限制。2,3,5,6 – 四氯苯酚(TeCP)是 PCP 合成时的副产物,对人体和环境同样有害。邻苯基苯酚(OPP)常作为疏水性合成纤维染色的载体,也用作杀菌剂、消毒剂和防腐剂,对人体和环境也会造成一定危害。含氯酚的检测按 GB/T 18414—2006 执行,邻苯基苯酚按 GB/T 20386—2006 执行。

(六)邻苯二甲酸酯类增塑剂

邻苯二甲酸酯类是最常用的软质 PVC 增塑剂,它可以增加高聚物的可塑性、增强制品的柔软性,被广泛地应用于服装辅料、涂层织物、玩具、鞋和运动器材。在使用过程中,软质 PVC 材料会释放出相当量的邻苯二甲酸酯类物质,这种物质对儿童具有潜在的危害,对 3 岁以下的儿童危害更大。因此,欧盟对 3 岁以下儿童用品禁用邻苯二甲酸酯类增塑剂。研究报告就指出邻苯二甲酸二(2 – 乙基)己酯(DEHP)毒性比三聚氰胺高,人体摄入后,不会立刻排出体外,长期食用塑化剂超标的食品,会损害男性生殖能力,促使女性性早熟,以及对免疫系统和消化系统造成伤害,甚至会毒害人类基因。另外,PVC材料在合成或废弃后处置时,特别是焚烧处理,会释放出大量有毒物质,如氯气、氯乙烯、二噁英等,对环境造成严重污染。测试时用有机溶剂提取试验材料中的增塑剂,一般采用乙醚萃取法,然后将提取物提纯后用气相色谱法进行分析。世界上一些专业实验室都参考采用美国ASTM D3421的测试方法。国标按GB/T 20388—2006《纺织品 邻苯二甲酸酯的测定》执行,该标准针对含聚氯乙烯材料的纺织品规定了采用气相色谱—质谱检测器(GC—MSD)检测13种邻苯二甲酸酯类增塑剂含量的方法。

(七)有机锡化合物

有机锡化合物主要用作聚氯乙烯塑料稳定剂,也可用作农业杀菌剂、油漆等的防霉剂、水下防污剂、防鼠剂等。例如三丁基锡(TBT)常用于纺织品抗微生物整理,能有效防止纺织品沾染汗液后因微生物分解而产生难闻的气味。二丁基锡(DBT)主要用于高分子材料,如聚氯乙烯稳定剂的中间体、聚氨酯和聚酯的催化剂。三苯基锡(TPhT)是PVC的稳定剂、增塑剂、聚合催化剂,被用作杀虫剂和海洋防污涂料,木材防腐剂和农作物杀虫剂。高浓度有机锡化合物被认为是有害的,这些物质能透过皮肤被人体吸收,对神经系统造成影响,可以杀死野生动物,特别是鱼类。

有机锡化合物检测首先用有机溶剂(人造酸性汗液)萃取,再用四硼酸乙酯钠衍生化,萃取液纯化后采用气相色谱—质谱(GC—MSD)或气相色谱—电子俘获检测器(GC—ECD)技术进行分析。国家标准GB/T 20385—2006《纺织品 有机锡化合物的测定》。

(八)全氟辛烷磺酸盐/全氟辛酸

PFOS(全氟辛烷磺酸盐)是拒水拒油性化合物,生物体一旦摄取后,优先吸附在蛋白质上,大部分与血液中的血浆蛋白结合,累积在肝脏和肌肉组织中,具有很高的生物蓄积性,并且很难通过生物体的新陈代谢分解和排出,造成呼吸系统病变。动物实验证明动物体内含2mg/kg PFOS即可导致死亡,尤其是婴幼儿。而且PFOS是迄今世界上发现的最难降解的有机污染物之一,在环境中有高的持久性,即使在浓硫酸中煮沸也不会分解,更难生物降解。

PFOA(全氟辛酸)是目前国内外经常用于纺织品"三防"整理的疏水基碳链全氟化的含氟表面活性剂。研究表明,全氟辛酸对环境保护和人体健康的影响与PFOS相似,高度稳定,难以在环境中降解。它可以通过脐带传输到婴儿体内积累。而高剂量的PFOA在动物实验中曾引发癌症、胚胎畸形等多种疾病。

目前对PFOS和PFOA的检测都是采用欧盟指令2006/122/EC的方法,先用甲醇溶剂萃取,然后进行LC—MSD/MSD的分析。

(九)短链氯化石蜡

氯化石蜡是石蜡烃氯化衍生物。短链氯化烷烃(SCCP)是指碳链长度为10~13个碳原子的正构烷烃的氯化物。由于其挥发性差、电绝缘性好,具有良好的阻燃性和增塑性,常用于金属加工润滑剂,密封剂,橡胶、油漆的添加剂,纺织品的阻燃剂,皮革加工和涂料涂层等。SCCP对水生物有很强的毒性,不会自然分解,在环境中具有持久性、生物蓄积性和远距离环境迁移潜力,是对环境和人体健康具有持久危害性的物质。欧盟指令2002/45/EC(76/769/EEC指令的第20次修订)要求:不得将含有SCCP或质量分数超过1%的配制品用于金属加工和皮革加脂剂。该指令于 2004 年 1 月 6 日开始实施。

短链氯化石蜡是一组合成混合物,因此对其检测分析的关键是样品的提取和分离,以及检测器的选择,目前各国正致力于 SCCP 分析检测技术的研究和开发。

(十)富马酸二甲酯

富马酸二甲酯(DMFu)是一种稳定的化合物,肉眼不可见,极易挥发,常用于皮革、鞋类、纺织品、木竹制品等生产、储存、运输过程中的杀菌防霉处理。人体接触、吸入或摄取后会对皮肤、眼睛、黏膜和上呼吸道产生刺激甚至伤害。2008 年年底,媒体曾报道欧洲出现多起 DMFu 引起消费者皮肤过敏和丘疹的事件。2009 年 3 月 17 日,欧盟委员会通过了《要求各成员国保证不将含有生物杀灭剂 DMFu 的产品投放市场或销售该产品的决定》(2009/251/EC),要求自 2009 年 5 月 1 日起,欧盟各成员国禁止将 DMFu 含量超过 0.1mg/kg 的消费品投放或在市场上销售,已投放市场或在市场上销售的含有 DMFu 的产品应从市场上和消费者处回收。DMFu 的测试方法同样是用有机溶剂萃取后,再进行 LC—MSD 分析。

(十一)禁用染料

禁用染料是指可分解芳香胺的染料,致癌、致敏染料。可分解芳香胺的染料主要以偶氮染料为主,偶氮染料本身并无致癌作用,但在一定条件下,如染色牢度不佳,部分染料会从纺织品上转移到人体皮肤上,在人体的正常代谢过程中产生的生物分泌物的生物催化作用,会使有的偶氮染料发生分解,还原出某些致癌芳香胺,这些芳香胺被皮肤吸收后,会影响人的正常代谢使人致癌。目前涉嫌可还原出致癌芳香胺的染料(包括颜料和非偶氮染料)约有 210 种,Oeko - Tex® Standard 100 规定检测的致癌性芳香胺有 24 种,在纺织品上检测最大限量为 20mg/kg。其检测方法采用了德国关于食品、日用品和动物饲料法律(LFGB)第 64 章的相关标准。它们分别是:

(1)§64 LFGB BVL B 82.02 -2 日用品分析 纺织日用品上使用禁用偶氮染料的检测。

(2)§64 LFGB BVL B 82.02 -3(Ⅴ)日用品分析 皮革中禁用偶氮染料的检测。

(3)§64 LFGB BVL B 82.02 -4 日用品分析 聚酯纤维上使用某些偶氮着色剂的检测

(4)§64 LFGB BVL B 82.02 -9 消费品检验 可裂解出 4 - 氨基偶氮苯的偶氮染料的检验与测定。

(5)EN 14362 -1 纺织品　从偶氮染料中释出的某些芳香胺的测定方法　第一部分:通过萃取或不萃取纤维的方法检测某些偶氮染料的使用。

(6)EN 14362 -3 纺织品　从偶氮染料中释出的某些芳香胺的测定方法　第三部分:检测可释出 4 - 氨基偶氮苯的某些偶氮染料。

(7)国标按 GB/T 17592—2011 执行,其中 4 - 氨基偶氮苯的测定,按 GB/T 23344—2009 执行。

此外,还有未经还原等化学变化即能诱发人体癌变的染料,其中最著名的是碱性品红(C. I. 碱性红 9),早在 100 多年前就已被证实与男性膀胱癌的发生有关联。目前 Oeko - Tex® Standard 100 2013 版罗列的致癌染料有 9 种。国标 GB/T 20382—2006 给出了致癌染料的测定。

致敏染料是指可引起人体或动物的皮肤、黏膜或呼吸道过敏的染料。这些染料主要用于聚酯纤维、聚酰胺纤维和粗质纤维的染色,全部为分散染料。目前 Oeko – Tex® Standard 100 2013 版罗列的致敏染料 20 只。致敏染料的测定通过对比参照物,用色谱法对萃取的染料进行鉴别和定量,国标按 GB/T 20383—2006 执行;

其他有害染料是两只分散染料,测定同样通过对比参照物,用色谱法对萃取的染料进行鉴别和定量,国标按 GB/T 23345—2009 执行。

(十二)含氯芳香族化合物

某些含氯芳香族化合物,如三氯苯、二氯甲苯是廉价而高效的染色载体,常用于涤纶常压沸染。但是研究发现,这些含氯芳香族化合物对人的中枢神经有影响,会引起皮肤过敏,有潜在的致畸和致癌作用。另一方面,它们的性能十分稳定,不易自然分解,会对环境造成危害。但是,对含氯芳香族化合物的生态毒性一直存在争议,如二氯苯长期以来被作为一种有效的防蛀剂而得到广泛的使用,有不少人还通过试验证明它对人体健康不存在威胁,甚至一度将其从对人体和动物疑有致癌作用的名单中除去,但在国际上许多法规和标准中一直将含氯芳香族化合物列入生态纺织品的监控内容。Eco – lable 规定聚酯载体染色中不能使用卤代物载体。氯苯和氯化甲苯的测定一般采用正己烷萃取,用 GC—MSD 和 GC—ECD 进行分析。国标按 GB/T 20384—2006 执行。

(十三)稠环芳烃(PAH)

稠环芳烃(PAH)主要来源于煤和石油的燃烧,熏制的食物和香烟烟雾中,柴油和汽油机的排气中,以及炼油厂、煤焦油加工厂和沥青加工厂等排出的废气和废水中。在环境中很少遇到单一的 PAH,多为混合物 PAHs。人体主要通过食用烧烤食物、吸入木炭或煤焦油燃烧产生的烟雾而接触 PAHs,通过呼吸、皮肤、消化道会导致肺癌、胃癌、皮肤癌,极大地威胁着人类的健康。而且某些 PAHs 通过污染水体和土壤,也会对人体产生慢性毒性作用。纺织品沾污 PAHs 主要是由于使用了含有 PAHs 的染料或其他化学品或塑料辅件。目前,国际上尚无直接针对纺织服装产品上 PAHs 含量的测定方法和标准。Oeko – Tex® Standard 100 测试方法中介绍采用有机溶剂萃取,提纯后用 GC—MSD 进行分析。具体检测可参考 ISO13877《土壤质量 多环芳烃的测定 高效液相色谱法》,ISO18287《土壤质量 多环芳香烃的测定(PAH) 质谱检测气相色谱法(GC—MSD)》,美国环境保护署(EPA)的 EPA610 和 EPA8100 两种方法。

(十四)有机溶剂残留物

有机溶剂具有易挥发的特点,对皮肤、呼吸道黏膜、眼结膜等具有一定的刺激作用,接触高浓度可以导致中毒,患者通常表现有头晕、头痛、不同程度的意识障碍乃至昏迷,有的可导致脏器损害、致癌等。这里有机溶剂残留物主要指 N – 甲基吡咯烷酮(NMP)、二甲基乙酰胺(DMAc)、二甲基甲酰胺(DMF)三种物质。Oeko – Tex® Standard 100 测试方法中采用有机溶剂萃取后用 GC—MSD 进行分析。

(十五)表面活性剂、润湿剂残留物

表面活性剂、润湿剂残留物主要指烷基酚聚氧乙烯醚(APEO)类的非离子表面活性剂中应用最为广泛的两个品种壬基酚聚氧乙烯醚(NPEO)和辛基酚聚氧乙烯醚(OPEO),以及它们的

降解产物壬基酚(NP)和辛基酚(OP)。虽然此类表面活性剂具有良好的应用性能,但由于其具有较大的生态毒性而受到世界各国的禁用或限用。针对纺织品和纺织助剂中的APEO,目前国际上还未有相关的测试方法和标准公布,Oeko - Tex® Standard 100测试方法中也只是提到采用有机溶剂萃取后用LC—MSD进行分析。中国国家质量监督检验检疫总局制定了两份行业推荐性标准,即SN/T 1850.1—2006《纺织品中烷基苯酚类及烷基苯酚聚氧乙烯醚类的测定 第1部分:高效液相色谱法》和SN/T 1850.2—2006《纺织品中烷基苯酚类及烷基苯酚聚氧乙烯醚类的测定 第2部分:高效液相色谱—质谱法》。

(十六)色牢度

色牢度是指纺织品的耐水色牢度,耐汗渍色牢度(酸性、碱性),耐摩擦色牢度(干、湿),耐唾液色牢度(尤其对婴幼儿)。这几种色牢度与人体穿着或使用纺织品直接相关,特别是婴幼儿可通过唾液和汗渍吸收染料。虽然目前尚无证据表明纺织品上所使用的染料(禁用偶氮染料、致癌染料、致敏染料除外)一定对人体有害,但是提高纺织品色牢度,可尽可能地降低染料对人体危害的风险,同时也促使企业提高纺织品的染整质量。

Oeko - Tex® Standard 100测试方法中,各项色牢度仅试验单一纤维贴衬织物的沾色牢度。检测和评级的基本方法根据ISO 105 - A01和ISO 105 - A03。耐水色牢度ISO 105 - E01,耐(酸碱)汗渍色牢度ISO 105 - E02,耐干摩擦色牢度ISO 105 - X12,耐唾液汗液色牢度参考德国的§64 LFGB BVL B 82.10 - 1(有色玩具耐唾液和汗渍色牢度试验),并且产品应按Ⅰ类(婴幼类)的要求试验,金属附件除外,不给出明确的牢度级别,只给出"耐唾液和汗渍或不耐唾液和汗渍"的评定结果。

国标GB/T 18885—2009和GB/T 18401—2010标准中规定了我国生态纺织品的色牢度检测标准:GB/T 5713—1997《纺织品 色牢度试验 耐水色牢度》,GB/T 3922—1995《纺织品 耐汗渍色牢度试验方法》;GB/T 3920—2008《纺织品 色牢度试验 耐摩擦色牢度》;GB/T 18886—2002《纺织品 色牢度试验 耐唾液色牢度》。

(十七)挥发性物质和异常气味检测

在纺织品的生产过程和储存过程中需要使用一些化学药剂,虽经过处理可去除大部分气味,但仍有可能残留部分与产品无关的气味,这些化学品的存在会令人不快,感到恶心,甚至使人呕吐,有些还具有一定的毒性,对人体健康造成损害,对环境造成污染。因而生态纺织品标准把挥发性物质和异常气味作为监控检测内容之一,要求普通衣物上不能有霉味,高沸点石油味(如汽油、煤油味),鱼腥味,芳香烃味,香味等。

挥发性物质的测定是将一块规定面积的织物样品置于一个特定尺寸的样品室中,以固定的空气交换速率使其达到吸附平衡。然后对样品室的空气进行采样,并使其通过一吸附剂,再用合适的溶剂解吸萃取,提取物采用气相色谱法进行定量分析,检测器选用质谱检测器。

国际上对纺织产品的异味检测有三类方法,第一类是通过化学和仪器分析方法,检测纺织品上某些特定的有异味的挥发性有机物质的含量,检测方法与挥发性物质检测相同;第二类是由有经验的专业人员以嗅觉评判方式,判断纺织产品上是否存在某类特定的异味,如霉味;第三类是由有经验的专业人员以嗅觉评判方式,评判纺织产品上不能确定种类的异味,并以多人对此异味的耐受能力给出相应的等级。

Oeko - Tex® Standard 100 测试方法中介绍对于铺地纺织品制作完成后,或多或少会散发出可感觉的气味,这种气味是新产品固有的、原始的气味,通常会在几周后消失。但是由于大量化合物产生气味,因而可感觉气味测试可作为仪器分析有价值的补充。对于气味的测试 Oeko - Tex® Standard 100 测试方法参考了瑞士标准 SNV 195 651 纺织品的鼻嗅异味试验。试验过程是将样品置于密闭的干燥器中,用饱和硝酸镁溶液调节容器内湿度,在一定的温度下放置一段时间,然后至少 6 人对容器内的气味强度进行独立评级,Oeko - Tex® Standard 100 规定中间等级(如 2~3 级)为合格。

气味强度评级:1 级为无气味,2 级为无令人讨厌的气味,3 级为有轻微的令人讨厌的气味,4 级为有令人讨厌的气味,5 级为有令人非常讨厌的气味。

对于铺地纺织品外的其他纺织品,Oeko - Tex® Standard 100 测试方法要求试验必须在其他实验开始前和得到样品后立即进行,如有必要可以在提高温度的密闭系统中存放后再进行检测。样品一旦检出霉味、高沸点馏分汽油(如印花色浆中的煤油)、鱼腥味(如持久整理剂)、芳香族碳氢化合物(如染色载体)这些气味,则 Oeko - Tex® Standard 100 所要求的其他各项检测将停止,授权许可 Oeko - Tex® Standard 100 标签的申请将被拒绝。

此外,为除去或掩盖纺织材料在生产中所带入的气味(油剂、油脂、染料)所使用的有气味(香味)的物质,在可感觉气味检测中也必须不被检测出来。

我国目前无专门用于检测纺织产品异味的方法标准,在 GB 18401—2010 的试验方法 6.7 中,专门规定了异味的监测方法。该方法基本参照了 Oeko - Tex® Standard 100 的测试方法,方法规定评判必须由两人独立检测,并以两人一致的结果为样品检测结果。如两人检测结果不一致,则增加一人检测,最终以两人一致的结果为样品检测结果。

我国制定的 GB/T 18885—2009 标准规定,挥发性物质测定,按 GB/T 24281—2009 执行;异常气味检测,按标准中附录 G 执行。

(十八)石棉纤维的鉴别

石棉本身无毒,但是石棉纤维是一种非常细小,肉眼几乎看不见的纤维,它可长时间浮游于空气中,被吸入人体后,附着并沉积在人的肺部,造成肺部疾病,甚至癌变。而且与石棉有关的疾病,往往有很长的潜伏期,不易察觉。国际癌症研究中心已确定其为致癌物。对于石棉纤维的鉴别采用放大倍数至少 250 倍的偏光显微镜进行观察。

(十九)阻燃剂

常用阻燃剂包括三(2,3 - 二溴丙基)磷酸酯(TRIS)、多溴联苯(PBB)、三乙烯硫代磷酰胺(TEPA)、多溴联苯醚(PBDE)、磷酸三酯(TCEP)和氯化石蜡等含溴、氯阻燃剂。它们本身具有一定的毒性,长期与这些高毒性的阻燃剂接触,会使人体出现免疫系统恶化、甲状腺功能低下、记忆力丧失、关节强直等不良状况。因此各国的法律法规和标准中阻燃剂都被列入监控内容,而德国则明确禁止在纺织品上使用此类阻燃剂。

我国于 2009 年 6 月 11 日发布了 GB/T 24279—2009《纺织品 禁/限用阻燃剂的测定》的标准,并于 2010 年 1 月 1 日开始实施。标准规定了 17 种禁用阻燃剂,以多溴联苯与多溴联苯醚占多数。

思考题

1. Oeko – Tex® Standard 100 中对于生态纺织品主要的检测项目有哪些？尤其是对级别 I 的婴儿产品有哪些特殊要求？

2. 简述 Oeko – Tex® Standard 100 的适用范围。

3. Eco – label 的适用范围。

4. 了解 Intertek 生态纺织品认证的特点。

5. Oeko – Tex® Standard 100 标签申请授权的基本条件有哪些？

6. 企业获得 Oeko – Tex® Standard 100 plus 标签需满足的条件有哪些？

7. Oeko – Tex® Standard 100 和 Oeko – Tex® Standard 1000 的区别有哪些？

8. 我国第一个纺织品生态安全性的国家强制标准 GB 18401—2010 的主要内容是什么？

参考文献

［1］王建平,陈荣圻,吴岚,等. REACH 法规与生态纺织品［M］. 北京:中国纺织出版社,2009.

［2］http://www.oeko – tex.com.

［3］http://europa.eu.

［4］http://www.intertek.com.cn.

［5］http://www.cttc.net.cn.

［6］邢声远,霍金花,周硕,等. 生态纺织品检测技术［M］. 北京:清华大学出版社,2006.

第三章　纺织品的清洁生产和生态设计

本章学习指导

  1.掌握清洁生产的概念和清洁生产的主要内容。

  2.理解清洁生产与生态纺织品的关系。

  3.了解纺织行业已有的清洁生产标准。

  4.了解生态设计的概念和基本思想,应遵循的基本原则。

  5.理解纺织品生态设计的对象及适用范围。

第一节　清洁生产概述

一、清洁生产的概念

  20世纪的科技进步极大地提高了社会生产力,创造了巨大的物质财富。但工业的发展严重地干扰了生态系统,过度消耗和浪费资源,严重环境污染,破坏了人类赖以生存的地球环境。世界范围的环境危机使人类面临空前严峻的挑战,导致人口、资源和环境成为人类当前面临的三大问题。

  近年来,世界各国对环境危机的看法逐步达成共识,单纯就环境论环境,就污染治污染,永远也不能解决环境与经济、社会发展的矛盾,寻求有效的新的生产和生活方式迫在眉睫。为此,清洁生产应运而生。

  清洁生产是关于产品和制造产品过程中预防污染的一种创造性的思维方法。清洁生产是对产品的生产过程持续运用整体预防的环境保护策略。

  1989年,联合国环境署首次规范提出了清洁生产(Cleaner Production)的概念,这个概念作为鼓励各国政府和工业界采取预防战略控制污染的新定义,写入了1992年联合国环发大会通过的重要文件——《21世纪议程》。目前,世界上越来越多的国家逐步接受了这个概念。

  联合国环境规划署工业与环境规划中心(UNEPIE/PAC)1989年首次提出了清洁生产的定义:清洁生产是一种新的创造性的思想,该思想将整体预防的环境战略持续应用于生产过程、产品和服务中,以增加生态效率和减少人类及环境的风险。对生产过程,清洁生产包括节约原材料和能源,淘汰有毒原材料并在全部排放物和废物离开生产过程以前减少它们的数目和毒性;对产品,要求减少从原材料提炼到产品最终处置的全生命周期的不利影响;对服务,要求将环境因素纳入设计与所提供的服务中。

清洁生产的定义涉及了两个全过程：一是生产全过程要求采用无毒、低毒的原材料和无污染、少污染的工艺和设备进行产品生产；二是产品的整个生命周期全过程，要求产品从原料选用到使用后的处理，不得构成或要减少对人类健康和环境的危害。清洁生产不包括末端治理技术，如空气污染控制、废水处理、固体废弃物焚烧或填埋。清洁生产通过应用专门技术，改进工艺技术和改变管理态度来实现。

1993 年我国制定了《中国 21 世纪议程》指出：清洁生产指既可满足人们的需要，又可合理使用自然资源和能源并保护环境的实用生产方法和措施，其实质是一种物料和能耗最少的人类生产活动的规划和管理，将废物减量化、资源化和无害化，或消灭于生产过程之中。

2002 年 6 月，我国颁布的《清洁生产促进法》对工业领域推进和实施清洁生产做了具体规定。明确提出清洁生产是指不断采取改进设计、使用清洁的能源和原料、采用先进的工艺技术与设备、改善管理、综合利用等措施，从源头削减污染，提高资源利用效率，减少或者避免生产、服务和产品使用过程中污染物的产生和排放，以减轻或者消除对人类健康和环境的危害。

清洁生产是世界工业发展的一种必然趋势，是相对于粗放的传统工业生产模式的一种方式，是实现经济效益、社会效益与环境效益相统一的 21 世纪工业生产的基本模式。必须指出，清洁生产是一个相对的、动态的概念，所谓清洁的工艺和清洁的产品是和现有的工艺相比较而言的。正如清洁生产的英文单词（Cleaner Production）中的清洁（Clean）为比较级，表明"清洁"是一个相对的概念。推行清洁生产，本身是一个不断完善的过程，随着社会经济的发展和科学技术的进步，需要适时地提出更新的目标，不断采用新的方法和手段，使清洁生产达到更高的水平。

二、实施清洁生产的意义

清洁生产是一种全新的发展战略，它借助于各种相关理论和技术，在产品的整个生命周期的各个环节采取"预防"措施，通过将生产技术、生产过程、经营管理及产品等方面与物流、能量、信息等要素有机结合起来，并优化运行方式，从而实现最小的环境影响、最少的资源、能源使用，最佳的管理模式以及最优化的经济增长水平。更重要的是，环境作为经济的载体，良好的环境可更好地支撑经济的发展，并为社会经济活动提供所必需的资源和能源，从而实现经济的可持续发展。

（一）清洁生产是实现可持续发展战略的需要

经济的持续发展、城镇化、工业化等，首先是工业的持续发展，而资源和环境的永续利用是工业持续发展的保障。过去以大量消耗资源和粗放经营为特征的传统生产模式，已使经济发展正越来越深地陷入资源短缺和环境污染的两大困境中，人们对"增长 = 发展"的模式产生怀疑。1987 年，"世界环境与发展委员会"发表了影响全球的题为《我们共同的未来》的报告，在集中分析了全球人口、粮食、物种和遗传资源、能源、工业和人类居住等方面的情况，并系统探讨了人类面临的一系列重大经济、社会和环境问题之后，这份报告鲜明地提出了三个观点：

（1）环境危机、能源危机和发展危机不能分割；

（2）地球的资源和能源远不能满足人类发展的需要；

（3）必须为当代人和下代人的利益改变发展模式。

在此基础上报告提出了"可持续发展"的概念。报告深刻指出，我们需要有一条新的发展道路，这条道路不是一条仅能在若干年内、在若干地方支持人类进步的道路，而是一直到遥远的未来都能支持全球人类进步的道路。这一鲜明、创新的科学观点，把人们从单纯考虑环境保护引导到把环境保护与人类发展切实结合起来，实现了人类有关环境与发展思想的重要飞跃。

1992年6月，在巴西里约热内卢召开的联合国环境与发展大会上通过的《21世纪议程》中将清洁生产看作是实现可持续发展的关键因素，号召工业提高能效，开发更清洁的技术，更新、替代对环境有害的产品和原材料，实现环境、资源的保护和有效管理。

（二）清洁生产是预防为主控制环境污染的有效手段

末端治理作为控制污染最重要的手段，为保护环境起到了极为重要的作用。然而，随着工业化发展速度的加快，末端治理这一污染控制模式的种种弊端逐渐显露出来。首先，末端治理设施投资大、运行费用高，造成企业成本上升，经济效益下降；第二，末端治理存在污染物转移等问题，不能彻底解决环境污染；第三，末端治理未涉及资源的有效利用，不能制止自然资源的浪费。据美国环保局统计，1990年美国用于三废处理的费用高达1200亿美元，占GDP的2.8%，成为国家的一个严重负担。我国近几年用于三废处理的费用一直占GDP的0.6%～0.7%，但已使大部分城市和企业不堪重负。

清洁生产以节能、降耗、提高原材料的利用率和减少污染物的排放为目的，有利于解决能源资源短缺和环境污染的问题。清洁生产从根本上扬弃了末端治理的弊端，彻底改变了过去被动的、滞后的污染控制手段，强调在污染产生之前就予以削减，它通过过程控制，在产品及其生产过程并在服务中减少甚至消除污染物的产生和对环境的不利影响。不仅可以减少末端治理设施的建设投资，也减少了其日常运转费用，大大减轻了工业企业的负担。清洁生产这一主动行动，经国内外的许多实践证明，具有效率高、可带来经济效益、容易被企业接受等特点，因而实行清洁生产将是控制环境污染的一项有效手段。

（三）清洁生产是提高企业市场竞争力的最佳途径

清洁生产是一个系统工程，一方面它通过工艺改造、设备更新、废弃物回收利用等途径，实现"节能、降耗、减污、增效"，从而降低生产成本，提高企业的综合效益；另一方面它强调提高企业的管理水平，提高包括管理人员、工程技术人员、操作工人在内的所有员工在经济观念、环境意识、参与管理意识、技术水平、职业道德等方面的素质。同时，清洁生产还可有效改善操作工人的劳动环境和操作条件，减轻生产过程对员工健康的影响，为企业树立良好的社会形象，促使公众对其产品的支持，提高企业的市场竞争力。

实现经济、社会和环境效益的统一，提高企业的市场竞争力，是企业的根本要求和最终归宿。开展清洁生产的本质在于实行污染预防和全过程控制，它将给企业带来不可估量的经济、社会和环境效益。

（四）清洁生产是生产生态纺织品的必要保障

从前面生态纺织品的定义可知，生产生态纺织品必须从原料的获取、能源的使用、生产加工,消费使用以及废弃处理的全过程都要考虑其对人和环境的影响。清洁生产的具体实施,将优化产品原料,通过技术进步,实现节水节能,提高产品的质量和功能,减少废水、污物的排放,对最终废弃的纺织品进行合理化利用或循环再生。

三、清洁生产的内容

清洁生产的目的是通过资源的综合利用,短缺资源的代用,二次资源的利用及节能、降耗、节水,合理利用自然资源,减缓资源的耗竭;减少废物和污染物的生成和排放,促进工业产品的生产,消费过程与环境相容,降低整个工业活动对人类和环境的风险,实现工业生产的经济效益、社会效益和环境效益的统一,保证国民经济的持续发展。因此,清洁生产的内容包括四个方面,即清洁的原料和能源、清洁的生产过程、清洁的产品和清洁生产的"全过程"控制。

(一)清洁的原料和能源

所谓清洁的原料即尽量少用或不用有毒有害以及稀缺的原料,使用低污染、无污染的原料。清洁能源是指对常规能源的清洁利用,如清洁煤技术;加速以节能为重点的技术进步和技术改造,提高能源利用率;加速可再生的新能源的开发利用,如水能、核能、太阳能、风能、地热能、海洋能、生物质能等。

(二)清洁的生产过程

生产过程涉及生产准备,基本生产过程,辅助生产过程以及生产服务等过程,即从原料的选用一直到产品的最终形成。清洁的生产过程就是要尽量少用和不用有毒和有害的原料;采用无毒、无害的中间产品;选用少废、无废生产工艺和高效设备;尽量减少生产过程中的各种危险性因素,如高温、高压、低温、低压、易燃、易爆、强噪声、强振动等。采用可靠和简单的生产操作和控制,优化生产组织和实施科学的生产管理;对物料进行内部循环使用;进行必要的污染治理,实现清洁、高效的生产。

(三)清洁的产品

清洁的产品指产品设计时应考虑节约原材料和能源,少用昂贵和稀缺的原料,尽可能利用二次资源,使之对环境的影响最小;产品应具有合理的使用功能和使用寿命,产品使用过程中以及使用后不会危害人体健康和破坏生态环境,争取实现零排放;产品的包装合理;产品应易于回收、重复使用和再生;产品报废后易处理、易降解而且无害。

(四)清洁生产的全过程控制

贯穿于清洁生产的全过程控制包括两方面的内容,即生产原料或物料转化的全过程控制和生产组织的全过程控制。

物料转化的全过程控制,也常称为产品的生命周期的全过程控制。它是指从原材料的加工、提炼到产出产品、产品的使用直到报废处置的各个环节所采取的必要措施,对污染的预防进行控制。

生产组织的全过程控制,也即工业生产的全过程控制。它是指从产品的开发、规划、设计、建设到营运管理,采取必要的措施防止污染发生。

四、企业清洁生产的模式

（一）减少污染物产生的清洁生产模式

这种清洁生产模式的特点是以污染物末端处理为主,实施的重点在于防治污染物对环境的污染,目的是使企业生产中排放的污染物符合国家规定的排放标准。其模式如图3—1所示。这种模式强调通过末端处理减少污染物的排放量,而且同时对污染物进行循环利用、回收利用和综合利用,使废物最少化。这种模式主要采用工程的手段予以实现,需要企业有较大的一次性投资。它对生产过程前和产品的污染源削减考虑得不多,所以它是一种不完善的清洁生产模式。

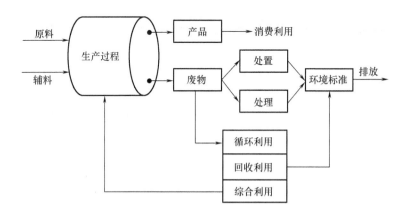

图3—1　减少污染物产生的清洁生产模式

（二）以节能降耗为主的清洁生产模式

这种模式的特点是通过生产过程的控制,在节能、降耗的基础上使生产过程排放的废物最少化,然后对所排放的废物再进行治理,使得最终排放的废物达到国家规定的排放标准。

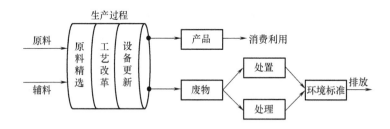

图3—2　以节能降耗为主的清洁生产模式

节能降耗为主的清洁生产模式示意见图3—2。实现这种模式的途径是原料的精选、寻找或选择可替代的原料、工艺改革、设备更新,以这些手段来提高工艺效率,使废物在生产过程中削减或循环利用,从而减轻企业末端处理废物的数量,达到清洁生产的目的。这种模式未考虑废弃物的再利用,也是不完善的。

（三）以节能、降耗、减污为主的清洁生产模式

这种清洁生产模式是上面两种清洁生产模式的优化组合。其特点是在生产过程中和生产

过程后通过科学管理和工程技术措施,实现废物的最少化,达到清洁生产的目的。这种模式的示意见图3-3。目前,这种模式是我国正在推行的清洁生产模式。

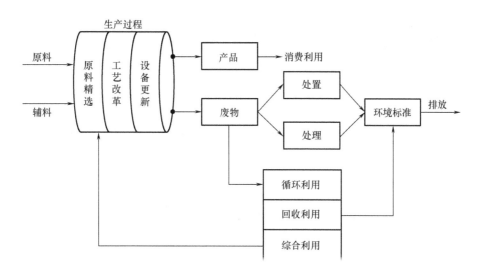

图3-3　以节能、降耗、减污为主的清洁生产模式

(四)以持续发展为目标的清洁生产模式

这一模式与前面三个模式相比,最大的不同是将清洁生产放在整个人类社会的持续发展上。不仅考虑了生产过程中、生产过程后的废物最少化,而且更进一步从资源保护、合理利用、持续利用的思路出发,从资源的开采到生产过程及生产后寻求废物最少化,是一种先进的清洁生产模式。它要求人类的生产行为要以确保资源的持续利用和区域环境质量为前提条件,使生产过程中排放的废物不仅要达到国家规定的污染物排放标准,同时还要满足区域环境容量的要求。因此,以持续发展为目标的清洁生产模式是一种较完善的清洁生产方式。

图3-4是以持续发展为目标的清洁生产模式的示意图。可以看出以持续发展为目标的清洁生产模式,要求对生产实施更广泛的和全过程的科学合理管理,即不仅仅在生产过程中进行污染控制,并要求对生产的原材料进行合理的开采、储存和运输,还要对生产后的废物加强回收和合理利用。只有通过生产前、生产中和生产后的科学管理和污染物控制,才能够达到"彻底"的清洁生产。

五、清洁生产标准

清洁生产标准是国家环境标准的重要组成部分,原国家环境保护总局(现国家环境保护部)从2002年1月启动了全国清洁生产标准的编制工作。经过近几年的实践和研究,对我国的清洁生产标准体系已经有了较为明确的定位和清晰的框架结构。原国家环境保护总局已经组织了三批,共70多项清洁生产标准和清洁生产审核指南的编制工作。已发布并实施的与纺织产品相关的清洁生产标准有 HJ/T 185—2006《清洁生产标准 纺织业(棉印染)》(2006年7月3

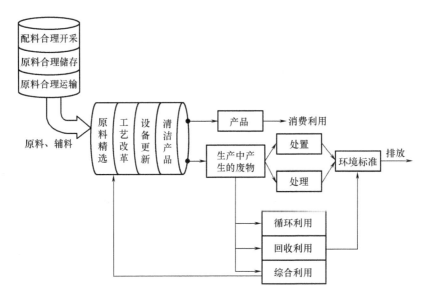

图3-4 以持续发展为目标的清洁生产模式

日发布2006年10月1日实施),HJ/T 359—2007《清洁生产标准 化纤行业(氨纶)》(2007年8月1日发布2007年10月1日实施),HJ/T 429—2008《清洁生产标准 化纤行业(涤纶)》(2008年4月8日发布2008年8月1日实施)。

清洁生产标准制订的目的是为了贯彻实施《中华人民共和国环境保护法》和《中华人民共和国清洁生产促进法》,保护环境,指导企业实施清洁生产和推动环境管理部门的清洁生产监督工作,为企业开展清洁生产审核、环境影响评价及企业自我诊断和贯彻提供依据。

清洁生产标准的适用范围企业清洁生产审核、企业清洁生产潜力与机会的判断、清洁生产绩效评定和公告、环境影响评价。其基本框架采用六类三级结构,即从污染预防思想出发将清洁生产指标分为六个大类:生产工艺与装备要求、资源能源利用指标、产品指标、污染物产生指标(末端处理前)、废物回收利用指标和环境管理。根据我国企业实际情况将每个指标分为三个等级:一级代表国际清洁生产先进水平,二级代表国内清洁生产先进水平,三级代表国内清洁生产基本水平。随着技术的不断进步和发展,清洁生产标准也将不断修订,一般三至五年修订一次。

六、清洁生产的实施

清洁生产以节能、降耗、减少污染物排放为目的,以科学管理、技术进步为手段,达到保护人类健康和生态环境的目的。企业实施清洁生产的过程也是发现和寻找新的清洁生产机会的过程。在工业企业中推行清洁生产,通常包括准备、审计、制订方案、方案实施和报告编写五个阶段。

第二节 生态设计概述

生态设计,也称绿色设计或生命周期设计或环境设计。它是利用生态学原理,在产品开发阶段综合考虑与产品相关的生态环境问题,设计出对环境友好的,又能满足人的需求的一种新的产品设计方法。它将环境因素纳入设计之中,从而帮助确定设计的决策方向。生态设计要求在产品开发的所有阶段均考虑环境因素,从产品的整个生命周期减少对环境的影响。目前生态设计已成为预防生态环境受到危害的重要手段,是最高级的清洁生产措施,是实现可持续发展的最佳途径。

生态设计活动主要包含两方面的含义,一是从保护环境角度考虑,减少资源消耗、实现可持续发展战略;二是从商业角度考虑,降低成本、减少潜在的责任风险,以提高竞争能力。

一、生态设计的基本思想和原则

企业实施清洁生产的第一步就是产品的生态设计。其基本思想就是从产品的孕育阶段开始即遵循污染预防的原则,把改善产品对环境影响的努力贯穿到纺织品的设计之中。

对于产品的生态设计,它是生命周期评价 LCA(Life Cycle Assessment)思想原则的具体实践,LCA 的方法也为产品的生态设计提供了有力的工具。在 1993 年 SETAC 的 LCA 定义中,LCA 被描述成这样一种评价方法:

(1)通过确定和量化与评估对象相关的能源、物质消耗、废弃物排放,评估其造成的环境负担。

(2)评价这些能源、物质消耗和废弃物排放所造成的环境影响。

(3)辨别和评估改善环境(表现)的机会。

LCA 的评估对象可以是一个产品、处理过程或活动,并且范围涵盖了评估对象的整个生命周期,包括原材料的提取与加工、制造、运输和分发、使用、再使用、维持、循环回收,直到最终的废弃。

产品生态设计原则可以包括原材料的生态性、能源的生态策略、可再生利用产品的设计、产品生命周期的延长、包装的生态设计等。详细来说,生态设计包括使用符合环境保护规定的原材料、在生产中使用无污染原材料及非稀缺原材料、设计易于拆解和再生利用的产品、开展产品生命周期评价、使用可再生利用和可生物降解包装材料、减少包装成本等原则。生态设计的产品是循环经济的载体必须遵循以下原则:

(1)与产品全生命周期并行的闭环设计原则。这是因为产品的生态化程度体现在产品的整个生命周期的各个阶段。

(2)资源的最佳利用原则。一是选用资源时必须考虑其再生能力和跨时段配置问题,尽可能用可再生资源;二是尽可能保证所选用的资源在产品的整个生命周期中得到最大限度的利用;三是在保证产品功能质量的前提下,尽量简化产品结构并使产品的零部件具有最大限度的可拆卸性和可回收再利用性。

（3）能源消耗最小原则。一是尽量使用清洁能源或二次能源，二是力求产品整个生命周期循环中能耗最少。

（4）零污染原则。设计时实施"预防为主，治理为辅"的清洁生产等环保策略，充分考虑如何消除污染源，从根本上防止污染。

（5）技术先进原则。为使设计体现生态的特定效果，就必须采用最先进的技术，并加以创造性的应用，以获得最佳的生态经济效益。

产品生态设计的实施首先要提高设计人员的环境意识，遵循环境道德规范，使设计人员认识到产品设计是预防工业污染源头的关键，他们对于保护环境负有特别的责任。其次，应在产品设计中引入环境准则，并将其置于首要地位，同时应考虑产品的性能、功能和质量的要求，遵循费用最低、利润最大的经济原则，遵守各项社会法则，符合社会对产品的审美准则。产品生态设计的原则和方法不但适用于新产品的开发，同时也适用于现有产品的重新设计。

二、生态设计与传统设计的比较

生态设计是一种产品设计的新理念，又称绿色设计、环境设计和生命周期设计，其最终目标是建立可持续的产品生产与消费。生态设计给传统的产品设计增加了新的内容和要求，是产品设计领域的一个创新和发展，但设计过程的结构还是一致的。生态设计与传统设计比较见表3-1。

表3-1 生态设计与传统设计的比较

比较项目	传统设计	生态设计
成本关注	生产成本	生命周期成本
污染治理类型	先污染后治理	污染预防
环境响应	被动	主动
经济效益	企业内部经济效益最大化	企业与用户经济效益最大化
环境效益	较小，不可以追求	生命周期环境损害最小化
对原有技术的适应性	高	低
可持续性	低	高

通过比较，可以进一步理解生态设计对可持续发展的推进作用。生态设计与传统设计的关注点是存在差异的。从对成本的关注角度看，传统设计从对原材料与制造成本的关注，直至发展到最高形式——生命周期成本设计，即关注产品原材料、制造、使用和退出使用生命周期全过程的成本，使成本最小化。而生态设计关注产品全生命周期内所有内部与外部成本之和，使之最小化。

通过生态设计产品生命周期成本评价，可以对产品的生态效益进行评估。根据产品的生态效益，可以把生态设计分为四种类型，即产品改进、产品再设计、功能创新、系统创新（表3-2），即生态设计的四个阶段。

表3-2 四种生态设计的类型比较

类型比较	产品改进	产品再设计	功能创新	系统创新
生态效率改进程度	+	+ +	+ + + +	+ + + + + +
生态改进影响跨度	1~5年	3~15年	10~25年	20~40年以上
创新程度	+	+ +	+ + + +	+ + + + + +
技术难度	+	+ +	+ + +	+ + + + +
与现有技术的适应程度	+ + + + +	+ + + +	+ +	+

注 "+"越多表示程度越高。

产品改进就是应用污染预防与清洁生产观念来调整和改进现有产品,而产品本身和技术基本维持现状。

产品再设计是从污染预防和清洁生产角度,对现有产品的结构和零部件重新设计,主要手段是增加使用无毒、无废材料,增加零部件和原材料的复用程度等,即产品的概念将保持不变,但是产品的组成部分被进一步或用其他东西替代,如可重复使用的复印机墨盒。现在很多公司的生态设计就属于这种产品再设计。

功能创新或概念创新,与前两种产品经生态设计后保持基本功能不变有所不同。它从产品概念上进行创新,在保证提供相同功能的前提下,改变产品或服务的设计概念和思想,如用 E-mail 代替纸张传递信息。

系统创新,它涉及整个产品与服务的创新,要求相关的基础设施与社会观念发生变革,如生态建材取代传统建材,新纤维材料的开发。

三、生态设计的技术支持

生态设计作为一种创新的设计理念和手段,它的实现需要必要的技术手段作保障,这些技术随着科学技术的进步也在不断发展和完善,支持生态设计的相关技术包括:

(1)新材料、新能源的开发利用技术;

(2)提高资源、能源利用效率的新工艺、新技术;

(3)提高产品质量的新工艺和新技术;

(4)延长产品寿命的相关技术;

(5)产品生产过程中的各种循环再利用生产技术;

(6)产品生命周期各阶段废弃物的有效利用技术和减排技术;

(7)产品的再利用技术。

四、生态设计的实施过程

生态设计的最高目标是可持续发展,对企业来讲,很大程度上就是实现清洁生产。在可持续发展目标的基础上,企业制订生态设计战略,从而指导生态设计管理。生态设计管理要考虑到众多的内部和外部因素。外部因素包括政府政策与法规、市场需求、非政府组织标准等,如政府的环境保护法、市场上的绿色需求度、ISO 14000 等。而在公司内部,为了有效实施生态设计,要考虑战略、业绩标准、相关者利益、并行设计、可用资源、团队协作等因素。

基于生态设计的内涵,抓住生态设计的本质,以可持续发展战略为指导,依托于生命周期评价,致力于不断改进的生态设计过程如图 3 – 5 所示。

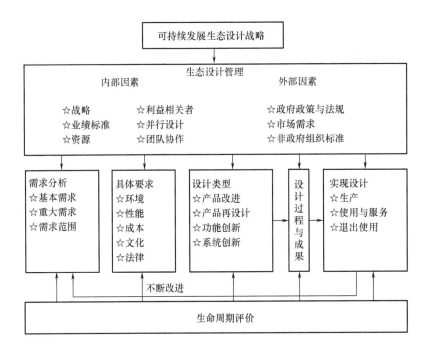

图 3 – 5　基于生命周期的生态设计过程

生态设计包括需求分析、具体要求分析、设计类型选择、设计过程实施与获得设计成果、实现设计五个阶段。生命周期评价和生态设计管理始终贯彻于生态设计全过程,并且生态设计是一个根据需求和评价结果不断改进的动态过程。

需求分析主要根据企业经营环境,分析市场中的基本需求和重大需求,确定需求范围。然后,在此基础上,确定产品在环境、性能、成本、文化、法律等方面的具体要求,列出要求明细表。在明确要求的基础上,再参考企业战略,决定采用何种生态设计来完成设计,即在产品改进、产品再设计、功能创新、系统创新中进行选择。经过产品设计,得到设计成果后,就推出设计,即生产出产品,把产品推向市场,让用户使用产品,直至退出使用,进行处理。生命周期评价贯穿于整个设计过程,如有可能,可以使用辅助生命周期评价软件等辅助设计手段。基于生命周期的生态设计过程,就是紧紧抓住生态设计的本质,即致力于产品生命周期内部与外部成本的最小化,使企业实现清洁生产,从而走向可持续发展道路。

第三节　纺织品的生态设计

纺织品作为日常消费品传统的设计思想主要是基于市场需求、产品质量、加工成本、纺织染整技术的可行性等因素,以人为中心,满足人的日常需求,而无视纺织品生产及使用过程中的资源和能源的消耗以及对环境的排放。纺织品的生态设计就是在产品设计时既要以人为本,考虑人的需求,同时必须考虑产品本身的生态性和对环境生态系统安全的影响。也就是说,纺织品的生态设计是利用生态学原理,在产品开发阶段全面考虑设计因子,把生态环境变量作为设计因子之一,与成本、质量、技术可行性、经济有效性等统一考虑,将产品的生态环境特性看作是提高产品市场竞争力的一个重要因素,设计出对环境友好的,又能满足人需求的纺织品。具体实施上,就是将工业生产过程比拟为一个自然生态系统,对系统的输入(能源与原材料)与产出(产品与废物)进行综合平衡。在平衡过程中需要进行从"摇篮到坟墓"的整个生命周期的环境影响评价分析,即对从最初的原材料的采掘到最终产品用后处理的全过程分析,建立可持续的产品的生产与消费。

一、生态纺织原料

纺织生产用原材料包括纤维材料、各种染料、化学试剂和助剂,是生产纺织品的基本材料,对纺织品的生态设计实际上就是对这些原材料的生态设计。生态设计的目的就是要从源头预防和减少污染的产生,因此生产原料的生态性将决定整个产品的生态性。过去选择纺织品生产的原料主要考虑可加工性、成本等技术经济指标。如今对于生态纺织品的生产,还应注重原料本身的生态性,注重有效利用资源、节省能源、降低投入、减少废物产生。应优先选用可再生材料,尽量使用可回收材料,提高资源利用率;使用环境兼容性好的低污染、低毒性的材料和染化料,所用的材料应易于再回收、再利用、再制造或者容易被降解。

日本西川产业通过材料技术开发的生态床上用品"Eco - policy",即从材料的生物降解性、循环再生等观点出发,对现有床上用品进行改善的生态纺织品。它使用了桉树木浆为原料生产的可自然循环的纤维材料,加利福尼亚有机栽培的彩色棉纤维,从 PET 瓶再生的聚酯纤维;充填物采用了有机饲料饲养的波兰产水鸟的羽毛和防缩加工中未使用氯气的羊毛。然后用70%再生纤维与30%原棉混配材料进行加工,并应用从玉米淀粉得到的乳酸为原料制得的生物可降解树脂。

二、纺织品清洁生产技术

生态纺织品的清洁生产技术即通过充分利用现有资源,最大限度地降低原材料消耗;采用环境友好的各类染化料和助剂,减少各种化学药品对任何环境的潜在危害;采用高效、低能耗、低噪声、低故障、安全型的生态纺织加工机械,以保证在生产加工过程中对环境不会造成不利的影响;采取措施加大纺织品的回收和再利用,提高再生资源的利用率。

生产工艺是从原料到产品实现物料转化的技术条件,设备的选用由工艺决定,它是实现物料转化的技术手段。传统的生产工艺和落后的生产设备不可避免地导致自然资源的耗竭和生态环境的严重恶化。低废、无废工艺和高效的设备是实施清洁生产和产品生态性的重要保证。因此,清洁生产技术是产业界共同追求的目标,希望通过不断的科技创新,将绿色生产技术应用于纺织品的生产加工中,消除污染源,建立良好的生产生态环境。

国家经贸委 2000 年发布了［2000］137 号文,公布了"国家重点行业清洁生产技术导向目录",其中 13 项涉及纺织印染行业:

(1)转移印花新工艺;

(2)超滤法回收染料;

(3)涂料染色新工艺;

(4)涂料印花新工艺;

(5)棉布前处理冷轧堆一步法工艺;

(6)酶法水洗牛仔织物;

(7)丝光淡碱回收技术;

(8)红外线定向辐射器代替普通电热元件及煤气;

(9)酶法退浆;

(10)粘胶纤维厂蒸煮系统废气回收利用;

(11)高效活性染料代替普通活性染料,减少染料使用量;

(12)从洗毛废水中提取羊毛脂;

(13)涤纶仿真丝绸印染工艺碱减量工段废碱液回用技术。

在随后公布的第三批目录中又增加了 4 项。

(1)对苯二甲酸的回收和提纯技术;

(2)上浆和退浆液中 PVA(聚乙烯醇)回收技术;

(3)气流染色技术;

(4)印染业自动调浆技术和系统。

近年来,随着技术的不断发展和创新,许多节能减排新技术,新型纺织技术,新型染整加工技术,纺织品循环利用新技术正逐步地应用于纺织品的生产过程中。如高效水洗技术、生物酶退浆精练技术、超声波前处理技术、超临界 CO_2 染色技术、低温等离子加工技术、数码喷墨印花技术等。

三、纺织品的生态包装

产品包装一方面要消耗大量资源;另一方面在包装过程和拆装使用后往往还产生大量废弃物,造成严重的环境污染。目前使用较多的塑料包装材料已造成严重的白色污染,而且许多塑料复合化工产品,难以回收和再利用,只能焚烧或掩埋处理,但有的降解周期可达上百年,给环境带来极大的危害。

生态包装就是要从环境保护的角度,优化产品包装方案,使得资源消耗和废弃物产生最少。世界主要工业国要求包装应做到"3R1D"(Reduce 减量化、Reuse 回收重用、Recycle 循环再生和 Degradable 可降解)原则。因此,产品的包装应摒弃求新、求异的消费理念,简化包装,以减少资源的浪费和环境的污染、废弃物的处置费用。包装材料也应尽量选择无毒、无公害、可回收或易于降解的材料,如纸、可复用材料、可回收材料等。

四、纺织品的绿色护理

纺织品在使用过程中常常需要洗涤,通常的洗涤是采用"水洗",即以水作为溶剂、添加肥皂、洗衣粉之类的化学洗涤剂的普通水洗方法。这里洗涤中起重要作用的物质就是添加的各类洗涤剂,有中性和弱碱性洗涤剂、含磷与不含磷洗涤剂。由于含磷洗涤剂排放到环境会造成江河、湖泊等水体出现富营养化,造成水体中水生物死亡等,因此在洗涤时应选择无磷的环保洗涤剂。

另外,为了改善纺织品和服装的手感等性能,有时需要添加柔软剂等,但是必须注意柔软剂大多为阳离子类表面活性剂,本身具有一定的毒性,而且生物降解性较差。同时在洗涤衣物时应尽量少用含氯漂白剂,一方面易对织物造成损伤,另一方面对水体产生污染。

由于普通水洗方法会导致某些织物或服装出现缩水、褪色、起皱、发硬、变形等问题,因此"干洗"也是一些高档纺织品、皮革制品等常用的护理方法,但是干洗用的溶剂主要有四氯乙烯、氟利昂、石油(碳氢)溶剂等。四氯乙烯和氟利昂是造成臭氧破坏、温室效应的主要化学品;并且洗涤后的衣物往往残留四氯乙烯会对人体皮肤造成刺激,致使着装者出现皮肤过敏、瘙痒等症状,主要成分氯通过皮肤吸收后进入体内循环还可能导致肝病变。根据世界环保组织《蒙特利尔公约议定书》规定,发展中国家将在 2006 年停止使用氟类和开放式四氯乙烯。石油(碳氢)溶剂洗涤经过近四十年的技术改造,溶剂的安全性能、分子结构的稳定性(易挥发性)问题等得到了很大程度上的解决,正成为四氯乙烯的替代品。

国际织物洗涤业还尝试着液态二氧化碳干洗、超声波干洗等过去一直仅在军事、航空航天等科技高端领域使用的技术,但这类技术向民用推广的转换与对接尚需时日。

此外,对于毛皮类纺织品和服装,储存时通常在其中需放置一些防霉、防蛀的制剂。目前,市场上此类制剂以非环保品为多,需谨慎使用,并按使用要求提示供生态纺织品使用。因此,开发和选用一些天然的防霉、防蛀制剂将是今后的一个方向。

五、纺织品的生态处理和循环利用

随着世界人口的增长和生活水平的提高,纤维和纺织品的消费量急剧增加,因而纺织品废弃物和纺织生产过程中产生的废弃物的量也不断增加。以美国为例,仅 2003 年就产生纺织废弃物 1000 万吨,约占市区每年固体垃圾重量的 4.5%。这些废弃物较多地作为垃圾处理,往往会造成环境污染。据资料报道,在美国市区每年有 55% 的固体垃圾被掩埋在地下,14% 被燃烧转变为热能,仅 31% 进行循环利用。

造成废弃品再生利用率不高的原因,一是目前缺少有效的再生技术。采用机械、化学和生物的工艺将废弃物加工成再生新产品过程中需消耗能源、添加新的原材料,并有可能向大气、水体、土壤排放一些有害物质。同时再生的新产品市场是否需要? 是否具有成本竞争力? 作为原料的废弃物是否能保证持续供应? 诸如此类问题是不确定的。二是传统的产品设计没有考虑原料废弃后的处理、回收和再利用。因此作为纺织品生态设计的目标之一就是要减少废弃物的产生量,以及对环境的污染、节约自然资源。

从理论上分析几乎 100% 的纺织产品均可以进行循环再利用,用纤维材料制成的纺织品和服装应该没有废弃品。但是由于纤维种类繁多、性能各异,许多产品是几种纤维材料的复合产品,这就为产品的处理和循环利用制造了麻烦。这里举两个例子说明通过生态设计使纺织品满足生态处理和循环利用的要求。

图 3 - 6　"生态皮革"制的安全靴

图 3 - 6 是用 100% PET 瓶循环再生的人工皮革制作的工人上班时穿着的安全靴。它不含有天然皮革鞣制时的铬,故称为"生态皮革"。废弃后由于不含铬,可安全地进行焚烧处理。

1998 年第 18 届长野冬奥会工作人员的制服衣面、衣里、系带、扣子、絮棉、徽章和缝纫线等约 400 个部件,几乎都是用可循环再生利用的同一种材料(尼龙 6)制作的。用过的衣服可被溶解还原为原料,理论上可以 100% 回收再生。据统计回收利用 300 套这种制服可节约石油 3000L。

思考题

1. 阐述清洁生产的定义及内容。
2. 试阐述纺织行业实现清洁生产的途径和意义。
3. 阐述清洁生产标准制定的目的和适用范围。
4. 什么是纺织品的生态设计? 能否举一具体实例说明生态设计与传统设计的差异?
5. 简述生态设计的基本思想和基本原则。
6. 针对纺织品现阶段生态设计的主要类型,存在哪些相关技术?
7. 讨论清洁生产与生态纺织品的关系。
8. 如何将生态设计的理念应用于纺织品生产工艺的设计?

参考文献

[1] 周律. 清洁生产[M]. 北京:中国环境科学出版社,2001.

[2] 赵鹏高,杨再鹏. 清洁生产培训教程[M]. 北京:学苑出版社,2005.

[3] 李素芹,苍大强,李宏. 工业生态学[M]. 北京:冶金工业出版社,2007.

［4］熊文强,郭孝菊,洪卫.绿色环保与清洁生产概论［M］.北京:化学工业出版社,2002.

［5］朱慎林,赵毅红,周中平.清洁生产导论［M］.北京:化学工业出版社,2001.

［6］山本良一.战略环境经营:生态设计——范例100［M］.王天民,等译.北京:化学工业出版社,2003.

第四章　纺织品生产中的生态问题

本章学习指导

1. 掌握纤维生态学指数的概念,学会纤维生态学指数的分析和评价。
2. 了解纺织品原料存在的生态问题。
3. 了解纺织品生产各个阶段存在的生态问题。
4. 了解纺织印染废水的特征和主要污染物及其来源。

第一节　纤维原料的生态指标

一、纤维的生态学指数

纺织品从纤维到消费可分成五个阶段,人们把每个阶段中生产原料的可再生性作为一个评价标准,把生产中的污染程度作为一个评价指标,再把消费过程结束纺织品被废弃后纤维的可降解性、可回收性作为一个评价指标,每个指标按照 5 分制评分,最高为 30 分,即为理想纤维的生态指标(表 4 −1)。

表 4 −1　纺织纤维生态学性质评价指标

评价指标	原料		生产过程				废弃物		
	资源可再生	资源不可再生	无污染	轻度污染	中度污染	重度污染	可降解	可回收	不可降解或不可回收
纤维生产	5	1	5	3	2	1			
纺织生产			5	3	2	1			
染整过程			5	3	2	1			
服装制作			5	3	2	1			
消费过程							5	3	1

按照这个评价标准,对各种纺织纤维的生态性进行评分,将得到的分数定义为生态学指数。然后计算每种纤维的实际生态指数与理想纤维生态指数的比值,即为纤维生态学指数。即:

$$纤维生态学指数 = \frac{纤维的实际生态指数}{纤维的理想生态指数} = \frac{纤维的实际生态指数}{30}$$

二、生态(绿色)纤维的定义

图 4-1 是几种纤维的实际生态指数和生态学指数,由图可知天然绿色纤维的实际生态指数为 24,生态学指数为 0.8,而合成纤维和粘胶纤维的实际生态指数分别为 14 和 20,生态学指数分别为 0.46 和 0.66,据此可将实际生态指数大于或等于 21,纤维生态学指数大于或等于 0.7 的纤维定义为生态(绿色)纤维。

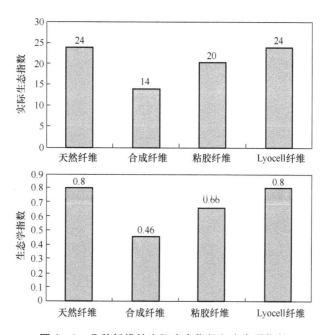

图 4-1　几种纤维的实际生态指数和生态学指数

第二节　纤维原料的生态问题

一、天然纤维

(一)植物纤维

棉、苎麻、亚麻等是取自天然植物的种子、叶和韧皮的天然纤维,消费后可在环境中自然降解,与人体有良好的亲和性,不会对人和环境造成危害。

但是棉纤维在种植和生长过程中需使用化肥、杀虫剂、除草剂、落叶剂、杀菌剂等,它们会在纤维上残留,污染环境。此外,棉纤维在生长过程中还会从土壤、大气中吸收一些有害的重金属元素。虽然加工棉纺织品过程中,绝大部分被棉纤维吸收的农药会被去除,但仍有可能在最终产品中残留农药,这些农药对人体的毒性强弱不一,且与其残留量多少有关,其中有些极易经皮肤被人体吸收,对人体造成伤害。

麻类植物大都具有天然的抗菌抑菌功能,在种植时无须施加农药和化肥,对土质要求不高,可种植于丘陵山地。产品舒适、透气、抑菌,并有一定的保健功能,是一类绿色环保可持续发展的绿色纤维原料。

（二）动物纤维

羊毛、蚕丝等天然动物纤维一直是重要的高档纺织面料的原料,本身舒适,对人体无害,使用废弃后可在环境中自然降解,深受消费者青睐。但是这些纤维可能会由于喂养的饲料而被污染,大气和土壤中的有害重金属、农药和化肥也可通过饲料的喂养而进入其食物链。对于羊毛纤维,尤其是羊绒还存在由于过度牧羊造成的草场退化、荒漠化,对环境产生严重影响。

近年来,由于生态问题日益受到人们的重视,人们正在努力改善天然纤维的生长及生存环境,尽可能降低被污染的机会,或者利用新技术手段和新方法去除残留在纤维体内的有害物质,以保持天然纤维绿色生态环保的特有属性。

二、再生纤维

再生纤维是以天然纤维材料等物质为原料,经过再生加工制成的纤维,其生态学性质比合成纤维好。但是再生纤维中的粘胶纤维和竹浆纤维,虽采用的是非石油资源的棉纤维和竹子为原料,可生物降解,但是由于生产过程中需耗用大量的化工原料,如烧碱、二硫化碳、硫酸和硫酸锌等,在生产完成后这些化工原料大部分转变为废物,排放到大气和水体中,对环境造成极大的污染,而且制得的纤维中往往含有少量的多硫化合物等杂质。发达国家为维护生态环境,已经逐年减少生产量或不生产,或研发全新的再生纤维纺丝系统,如研发无害或可回收溶剂纺丝工艺。

三、合成纤维

合成纤维如涤纶、锦纶和腈纶等以石油、天然气和煤炭为基本原料,这些均为不可再生资源,对生态环境的影响不容忽视,并且这类纤维在消费和废弃后难以生物降解,对环境的影响可持续上百年。

高聚物的合成过程中污染主要来自于单体、催化剂和添加剂,以及挥发性的有机物(VOCs),尤其是邻苯二甲酸酯系列的添加剂已在 Oeko－Tex® Standard 100 中给出了明确的限量值;纺丝加工中的干法纺丝、湿法纺丝的溶剂(如 DMF)也是主要的污染源,还有生产中的热、噪声、尾气污染等。

第三节　纺织生产中的生态问题

纺织品的生产加工经过了纤维生产、纺纱、织造、染整等多个过程,与染整过程相比,纺织加工对环境的污染相对较小,但也有其突出的生态问题,如车间飞舞的棉尘、设备的噪声、机械加工中的重金属油污、化学浆料及其中的添加剂,这些都会对生产工人的身体健康和环境产生影响。

一、空气污染

（一）棉尘污染

棉尘是一种复杂的混合物,除了纤维、碎叶、籽壳、泥土、细菌和农药外,还混入了采摘棉花时和储存期间夹入的其他杂质,其中直径小于 $10\mu m$ 的棉尘颗粒称为"可吸收性棉尘",长期在高浓度棉尘环境中工作的人员,易患胸闷气急、咳嗽等"棉屑沉着病"。在一定的温度下,当棉尘浓度达到一定时,还可能引起爆炸、火灾等恶性事故。表 4-2 是 1 万纱锭纺织厂主要工序排出空气的含尘量,这些排出的含尘空气必须经过过滤,使工作环境空气含尘浓度降到 $1\sim3mg/m^3$,工人才可正常工作,这将耗费较多的人力和清洁空气的设备。

表 4-2 纺织厂主要工序排出空气的含尘量 单位:mg/m^3

工序	纯棉	化纤	苎麻/棉	废棉	苎麻长纺
清花凝棉	250~300	30~90	300~600	800~1000	—
梳棉(麻)三吸	600~900	60~110	800~1200	1800~2700	300~500
精梳落棉(麻)	2500~3500	—	—	—	5000~7000

(二)高温高湿

织布车间常年处于高湿状态,一般相对湿度在 85%~90%,在麻织车间为了减少纱线断头,提高织布效率,相对湿度须控制在 90% 以上,长期在这种环境下工作的人员易患风湿和关节炎等疾病。

(三)难闻的气味

纺织加工各工序中添加的油剂和润滑油,在机械高速运转时,由于高温而发出难闻的异味,也直接影响人体的健康。此外,纺织厂的锅炉烟气、氯氟烃制冷剂对大气臭氧层均会造成破坏。

二、噪声污染

在纺织厂无论是纺纱设备还是织造设备都是依靠机械传动进行连续生产,因而噪声是目前纺织厂无法避免的主要污染源之一,尤其是以撞击方式运转的设备,更易产生噪声(表 4-3)。根据调查资料,工人从 18 岁起在 80dB(A)的环境中工作 40 年后,听力受损的人为 43%,在 100dB(A)的环境工作,听力受损的人数增加至 74%。而且,除了对听力的损害外,噪声还会使人烦躁不安,头昏、头痛,心跳加快,血压上升,损害人的心血管系统。

我国《工业企业噪声卫生标准》(试行草案)规定现有企业噪声水平为 90dB(A),新建、改建企业要求达到 85dB(A)。

表 4-3 国内外 20 世纪 90 年代纺部和织部的噪声水平

车间	国内(dB)	国外(dB)	车间	国内(dB)	国外(dB)
清棉	73~89	90	细纱	92~96	92
梳棉	85~94	85	络筒	87~93	87
精梳	91~92	91	捻线	93~97	89
并条	87~94	87	织布	100~110	95
粗纱	89~93	89	高弹丝织机	100~110	—

三、浆料的污染

经纱上浆是纺织厂织造前准备工序的重要环节,上浆好坏对经纱毛羽、耐磨性、强力及牵伸等指标有重要影响。目前纺织厂使用的浆料主要有淀粉浆料、混合浆料和化学浆料。淀粉是应用最多的天然浆料,具有相对较好的生态性,可用生物酶将其从织物上去除,对环境影响较小,但应用上存在许多不足,往往通过对其改性或添加其他浆料混合使用提高其性能。用量最大最广泛的化学浆料是聚乙烯醇(PVA),具有良好的物化性能,但是其生物降解性差,化学需氧量(COD)值很高,含有毒物质(HAP),成为纺织生产和后续退浆煮练过程中最大的污染源之一。

(一)淀粉浆料的生态问题

淀粉的生态问题主要来源于淀粉原料中含有脂肪、蛋白质,故废水中有此类物质。此外,湿法变性淀粉在生产过程中需添加各类化工原料,化学变性处理后,废水中含有残留药剂及大量盐分,造成废水的 COD 值、生化需氧量(BOD)值较高,必须经过处理方可排放。其次是在使用过程中清洗调浆桶的废水对环境造成污染,剩浆的浪费。据计算一个中型棉织厂如不进行浆料回收,每年将浪费浆料 1200t,而这些浆料将直接转变成废水,加重污水处理的压力。

而浆料在染整前处理工序中将几乎全部从纱线上去除,通过碱、酶和氧化剂退浆溶解在水体中。碱退浆实质上是促使淀粉浆膜溶胀,水洗时经机械作用将其从织物上除去,浆料仍为大分子,使废液的 COD 和 BOD 值较高;酶退浆利用淀粉酶将淀粉裂解成葡萄糖分子后被水洗去;氧化剂退浆是利用氧化剂将淀粉中的伯醇基或仲醇基氧化成羧基,使之成为可以溶解的氧化淀粉分子,可提高淀粉浆料的水溶性。若采用变性淀粉和淀粉衍生物可以进一步改善淀粉的水溶性,许多高取代度的变性淀粉浆料可以用热水退浆,这样就可减少化工原料的使用量,减轻污水处理的压力。

(二)PVA 的生态问题

PVA 浆料具有良好的水溶性,对各种纤维均有良好的黏附性,浆液黏度稳定,成膜性、平滑性良好,浆膜坚韧耐磨,抗屈曲性很好,常用于涤棉混纺纱、纯棉低特(细支)高密织物的经纱上浆,应用广泛。在经纱的增强、耐磨、牵伸等性能指标上,至今没有任何一种天然的或合成浆料能与之媲美。但是,PVA 的生物降解性差,含有毒物质(HAP),造成印染废液 COD 值很高,据测定 PVA 的 COD 值为 10000mg/L,而 BOD 值仅为 20 ~ 30mg/L,属于污染型浆料。

国际上对 PVA 浆料存在异议,在西欧禁用 PVA 浆料,已立法禁止进口含 PVA 浆料的坯布,也不允许本地区纺织厂用 PVA 作浆料。美国印染厂有完备的 PVA 回收系统,采用超微细过滤技术可将 PVA 基本回收,因此美国仍将 PVA 与玉米变性淀粉作为主浆料。日本开发应用改性 PVA 浆料,并在印染厂中也用微细过滤 PVA 等浆料及废水处理系统。

(三)其他添加剂

在浆料的生产和使用过程中,为了改善浆料的性能必须添加一些助剂,这些助剂有:防腐剂(如 2 - 萘酚、水杨酸、硼酸、硼砂),溶剂(如四氯乙烯、三氯乙烯),柔软剂,渗透剂(如太古油、平平加 O、JFC 等),抗静电剂等。它们会在退浆工序与浆料一同被排放到环境中而造成污染,现许多已被禁用。

四、脱胶污染

麻类纤维由于含有相对较多的半纤维素、木质素和果胶等，其初加工中的脱胶工序就显得十分重要。麻纤维脱胶主要有自然发酵（沤麻）脱胶、机械脱胶、化学脱胶和生物脱胶等。自然发酵脱胶受环境影响较大，时间长、效率低、质量差，且污染自然水域。化学脱胶是麻纺织厂普遍采用的方法，以苎麻二煮二漂法为例，其工艺流程为：

原麻浸酸→水洗→碱煮（Ⅰ）→打纤（敲麻）→碱煮（Ⅱ）→打纤（敲麻）→漂（Ⅰ）→酸洗→漂（Ⅱ）→酸洗→水洗→去氯→水洗→精练→水洗→脱给油→脱水→烘干

在整个工艺流程中，麻纤维大多在酸碱液中处理。在烧碱煮练时，还需加入水玻璃、硫化钠、三聚磷酸钠、磷酸钠与亚硫酸钠、焦磷酸四钠、表面活性剂等，漂白主要使用次氯酸钠等化学物质。脱胶加工过程用大量水作为加工介质，仅敲麻一项，每台机每小时用水量就达 30 吨，可见一个麻纺织厂每日有上万吨脱胶废水排放，对环境造成很大污染。而且由于麻纤维中的非纤维素成分含量较多，水溶性较差，工艺流程较长，脱胶废水中污染物含量较高，颜色为茶褐色，COD 值高达 10000mg/L 左右。

第四节　染整生产中的生态问题

纺织印染是资源和能源消耗较大，对环境影响较大的行业之一。据不完全统计，我国纺织行业的年总能耗为 6867 万吨标准煤，年耗水量达 95.48 亿吨，新鲜水取用量居全国各行业第二位，废水排放量居全国各行业第六位，其中印染废水占全国纺织废水排放量的 80%，而水的重复利用率较低。染整生产过程排放的废水污染尤为严重，是一种较难处理的工业废水之一，每排放 1 吨印染废水，就能污染 20 吨清洁水体。印染废水和其中的污染物来自于染整加工过程的各个工序，其中前处理和印染过程产生的废水及其污染物占印染废水和污染物总量的绝大部分，印花和后整理过程产生的废水和污染物量相对较少。

一、印染加工中的主要污染物

（一）染料

染料是染色印花生产的主要物料，又是排入废水中影响最大的物料。估计全世界纺织用染料生产量为 40 多万吨，印染加工过程中约损失 10%～20%，这样每年至少就有 4 万吨染料溶解或分散于水体中，排入江河湖海和地面水中，对环境造成污染。染料对环境的污染主要表现在以下方面：

各种禁用偶氮染料，致癌、致敏及急毒性等染料的使用和排放，危害人类健康和对环境造成损害，目前大部分国家已立法禁止制造和应用。

染料本身含有可萃取重金属，它们具有高蓄积性、高毒性等特点。如酞菁铜盐含铜 2%～6%，酞菁镍盐含镍 2%～5%，金属络合染料含有铬，其他商品染料中也含有不同量的重金属。此外，染色过程中常需加入含有重金属的物质，如重铬酸钾，常在染色工艺中作硫化染料和还原染料的氧化剂,媒介染料的媒染剂,导致排放废水中重金属含量较高。这些重金属可以通过环境和纺织品在人体中累积,对人的健康造成无法逆转的巨大损害,尤其是对儿童的损害更为严重。此外,染料几乎是大分子量的多环芳香族结构的化合物,许多染料很难被氧化或还原破坏,具有一定的耐破坏性,这给印染废水的处理带来麻烦。

染料加工过程中未反应的原料,引入的各种添加剂和助剂所含有的环境激素、挥发性污染物、农药等都有可能对环境造成不可逆转的危害。

由于染料的存在,印染废水的色度一般较深,有时经脱色处理后还存在一定色度。某些上染率低的染料的使用,是造成印染废水中染料含量高和色度深的重要原因。

(二)印染加工中的各种助剂

印染加工所用的助剂一般情况下不与纤维作用保留在纤维上,加工终了几乎大量残留在将排放的废水中,是产生高浓度污染物的主体。而且其中常含有一定量难以生物降解的物质,增加了废水处理难度,造成水体严重污染。这些污染物排入废水后,将使废水形成很高的 BOD 值和 COD 值。

1. 表面活性剂

印染生产中用量较多的助剂为表面活性剂,其中尤以阴离子型表面活性剂使用较多。表面活性剂对环境的影响首先是安全性,其次是生物降解性。一般,阳离子表面活性剂的毒性和对皮肤的刺激性比阴离子表面活性剂要强得多,而且由于其生物毒性而使生物降解受阻。非离子表面活性剂毒性最小。但非离子类中的烷基酚聚乙烯类表面活性剂有致变异性。阴离子表面活性剂的生物降解性与其疏水链的结构和亲水基的类型有关,亲水基为羧基的最易分解。由于支链烷基苯磺酸盐(ABS)难以被生物降解,对鱼类毒性较高。国外从 20 世纪 60 年代开始已用直链烷基苯磺酸钠(LAS)或烷基酚聚氧乙烯醚(APEO)代替。但是 20 世纪 90 年代德国、瑞士、丹麦等国家发现 APEO 类产品的分解代谢中间体酚类对人类仍有很高的毒性。因此,1988 年起对该类产品的使用,在部分国家已实行限制,并要求加以改进,使之达到生物降解标准,并已在研究和开发替代品。2012 年颁布的 Oeko – Tex® Standard 100 已将其中的 OP、NP、OP(EO)$_{1~2}$、NP(EO)$_{1~9}$列入限制范围,并要求从 2013 年 4 月 1 日开始强制执行。十二烷基苯磺酸钠(LAS)是阴离子型表面活性剂中最重要的一种,产量占世界表面活性剂总产量的1/3。但也有报道,LAS 经皮肤吸收后,对肝脏有损害,会引起脾脏缩小,具有致畸性和致癌性;其在应用中泡沫多、不耐碱,功能性差,难以生物降解,已逐步被其他助剂所替代。

2. 含氯助剂

棉漂白工艺中次氯酸钠价格低廉,工艺、设备简单,亚氯酸钠去杂能力很强,对前处理工艺要求低、白度好,曾被广泛应用。但含氯漂白剂会使废水中存在可吸收性的有机氯,有时还可能产生少量二噁烷等有害物质。亚氯酸钠的问题更大,在酸性条件下,亚氯酸钠腐蚀性极强,在漂白过程中,释放的二氧化氯在大气中毒性非常大,会对工人的健康造成严重损害。

羊毛加工中的氯化防缩整理工艺,由于操作简单,成本低而应用较多,但在排放的废水中,存在较多的有机氯化物,主要由羊毛上的蛋白质和氯相互作用产生。这种有机污染物很难降解,使废水中可吸附有机卤化物(AOX)严重超标,AOX 的毒性潜力很高,已被许多发达国家的法规严格限制，我国对此也有要求。

印花色浆传统采用的防霉防腐剂五氯苯酚（PCP）是一种强毒性物质，化学稳定性很高，自然降解过程漫长，不仅对人体有害，而且会对环境造成持久的损害。

3. 含磷助剂

近年来，很多含磷、氮的化合物常用作净洗剂和氧漂稳定剂的添加剂，如尿素、六偏磷酸钠等含氮、磷化合物，使废水总磷氮含量增高，排放后流入江河、湖泊，造成水域的富营养化，使藻类过度繁殖，水中含氧量下降，造成鱼类等水生动物窒息死亡，水生物生态失衡。

4. 螯合剂

当前应用最多的织物漂白剂是过氧化氢，其本身对环境影响较小，但是漂白时添加的稳定剂，如氨基三醋酸（NTA）、乙二胺四乙酸（EDTA）和二乙烯三胺五乙酸（DTPA）等有机螯合剂，无机磷酸盐类、聚羧酸盐化合物等，虽然效果很好，但是生物降解性能很差，NTA 为致癌物质。

5. 后整理助剂

甲醛在纺织纤维的生产和纺织助剂的合成中得到广泛应用，但是甲醛对生物细胞的原生质是一种毒性物质，它可与生物体内的蛋白质结合，改变蛋白质的结构并将其凝固。甲醛对人的呼吸道和皮肤有强烈的刺激作用。纺织品在穿着或使用过程中若释放出游离甲醛会对人体健康造成极大的损害。甲醛排入废水中，也会对环境生态造成影响。

含溴和含氯阻燃剂是纺织材料的常用阻燃剂，如三（2,3 - 二溴丙基）磷酸酯（TRIS），自从证明有致癌性后早已停止生产和使用。其他应用较多的是溴—锑系和磷—氮系阻燃剂，但它们也都存在不同程度的毒害性；过去应用过的锑、锡、铬等金属氧化物阻燃剂排放到废水中，对人类和环境均有影响。

纺织品抗菌防臭、防虫整理剂，通常为有机化合物或季铵盐，它们中的大部分都有一定的毒性，常用于棉织物抗微生物整理的三丁基锡（TBT）对水生物毒性相当大，在废水中排放对环境影响较大。部分阳离子型柔软剂对废水也有污染。

据统计，印染生产中的常用药剂有 200 多种，某些酸、碱和盐相对无毒；一些易生物降解的动植物油脂、淀粉和肥皂等毒性也不高。但这些物质的大量排放对环境仍有一定影响，会给废水治理带来一定困难。

（三）纤维或织物上可去除的杂质

纤维或织物上所含杂质主要是纤维自身所含的杂质和纺织加工过程需加入的助剂或沾污的杂质。纤维材料中，天然纤维所含的杂质最多。原棉所含杂质占纤维总重量的 10% 左右，主要是蜡质、果胶物质、棉籽壳等；原毛含杂质在 50% 以上，主要是沙土、草屑、羊毛脂等；蚕丝含杂质约 20% 以上，主要是丝胶；原麻含杂质平均也在 20% 以上；化学纤维本身虽含杂质较少，但在生产过程中要加入纺丝油剂等助剂，同样存在一定量的杂质。纤维上所含的这些杂质在染整加工过程中通过前处理去除，被排入废水。这部分废水量占染整废水总量的 50% ~60%，污染物含量高，而色度相对较低。

纺织加工中加入的助剂，主要为油剂和浆料等。油剂包括矿物油、乳化剂、润滑剂和抗静电剂等；浆料包括淀粉浆、改性淀粉浆，以及聚乙烯醇、聚丙烯酸酯、聚丙烯酰胺和高分子合成浆料等。由于化学纤维的增加,经纱上浆较多采用变性淀粉浆和聚乙烯醇(PVA)混合浆,PVA 是一种较难生物降解的物质,使废水的可生物降解性降低。

另外,涤纶碱减量工艺废水中含有较高浓度的涤纶水解产物——对苯二甲酸等有机物,这些水解物较难生物降解,废水的 COD 值高达 10000mg/L 左右,且碱度也较高,是较难处理的印染废水。

(四)大气污染

印染加工过程的大气污染主要是由于生产过程中使用了大量会释放异味的物质、生产车间中蒸气和热空气的泄漏和释放等。目前最严重的是涂层加工对环境和大气的污染,此外,涂料印花中使用的煤油等有机溶剂在烘干过程产生的大气污染也不能忽视。空气污染物主要是一些碳氢化合物,如油、蜡和有机溶剂等。这些挥发性有机物进入空气中变成看得见的烟尘以及看不见、但很难闻的气味。烟尘由挥发性有机物的微小固体和微小颗粒组成,以气体形式悬浮于空气中;气味通常是平均分子量小于 200 的碳氢化合物,这些气味分子吸附在烟尘颗粒上,造成大气污染。

二、印染废水

染整加工的每一道工序几乎都离不开水,水参与了整个印染加工过程,加工结束后含有染料、助剂和其他化学成分的废水最终被排放到环境中,造成自然界水源的污染。通常每印染加工 1t 纺织品耗水 100 ~ 200t,其中 60% ~ 80% 以废水排出。纺织印染废水一般具有以下特点:

由于印染加工用水量大,尤其是棉织物的前处理工序,因而排放的污水量大。据测算,印染织物与排放废水的质量之比高达(1:150) ~ (1:200)。同时水的低效利用,造成资源浪费。一般的精练染色工艺均在高温下进行,产生较多的高温废水,通常为 30 ~ 40℃、有时高达 40℃以上,造成水体的热污染。退浆、精练和染色需耗用大量的碱,导致废水 pH 值可高达 9 ~ 12,甚至达 13,使得水质碱化。染色印花过程未上染的和已水解的染料使得废水色度变深,颜色多变,对环境影响直观,造成人视觉和心理上的厌恶,从而形成颜色污染。

印染废水成分复杂。有机物含量高,难生物降解物质多,有的还处在物质转化的过渡阶段,性质极不稳定,易形成二次毒害物质。如氯离子与污水中有机物形成毒性更大的有机氯化物。由于加工品种、产量不同,所用的染料、助剂不同,其废水水质有较大的差异,水温水量也有较大变化,使印染废水的末端处理不仅难度大、成本也高。表 4 - 4 为不同纺织品印染废水的特征。

表 4 - 4 不同纺织品印染废水的特征

工艺	纺织品	BOD(mg/L)	COD(mg/L)	pH 值
染色	棉	60 ~ 10000	10 ~ 80	1 ~ 12
	羊毛	400 ~ 3000	2000 ~ 1000	5 ~ 8
	人造丝	2800	3500	8 ~ 9
	涤纶	500 ~ 27000	300 ~ 3000	6 ~ 9

续表

工艺	纺织品	BOD(mg/L)	COD(mg/L)	pH 值
漂白	棉	90~1700	—	8~10
	毛	390	—	6
退浆	棉	1700~5200	—	6~8
整理	棉	20~500	—	6~8

思考题

1. 什么是纤维生态学指数？应用纤维生态学评价指标讨论熟悉的纤维的纤维生态学指数。

2. 阐述纺织、染整生产的主要污染源对人和环境的影响。

3. 针对纺织生产中的生态问题思考如何改善纺织企业生产的生态环境，是否有更好的措施提高纺织企业的安全防护水平？

4. 试分析染整废水的主要特征，并分析造成的原因。

参考文献

[1] 张世源.生态纺织工程[M].北京:中国纺织出版社,2004.

[2] 喻永青,程学忠,武海良.纺织浆料对环境的污染与对策建议[J].棉纺织技术,2002,30(2):69－72.

[3] 张济邦.印染厂废水检测和污染源分析[J].印染,1999(2):37－42.

[4] 林琳.印染行业节能减排现状及重点任务[J].印染,2008(2):40－43.

[5] 俞亦政,悉旦立,朱嘉敬,等.21世纪中国纺织行业所面临的水环境问题和对策[J].中国科技论坛,2005(5):12－15.

[6] 宋肇棠,国晶.环境保护与环保型纺织印染助剂[J].印染助剂,1998,15(3):1－9.

[7] 俞亦政.纺织印染废水处理新技术:"BIO－UNIOUT"研究和应用[J].纺织导报,2001(6):56－58.

第五章　生态纤维的生产与开发

本章学习指导

1. 认识各种天然纤维、再生纤维和合成纤维的生态特性。
2. 了解提高纤维材料生态性的途径和技术手段。
3. 辩证地分析判断天然纤维、再生纤维和合成纤维在其整个生命周期中对环境及对人类的影响。

第一节　天然纤维生态性的提高

一、棉纤维

棉纤维作为植物纤维素纤维,具有优良的生态性,可完全生物降解,废弃的纺织品还可再回收利用;纤维柔软舒适,具有良好的可纺性、吸湿性和染色性等,对人体和环境均无害。但是棉纤维也存在一定的缺点,它的生长期长,虫害多,在棉花的栽培过程中往往需对其施加农药,造成土壤和地下水中及纤维材料本身药物残留;另外,棉纤维本身易起皱、易发霉等。因此为了杜绝栽培过程中的污染,改进棉纤维的性能,进一步提高棉纤维生态性能的研究已成为近来纤维材料的一个关注点。而采用基因工程改善棉纤维生长中的抗虫性和纤维的品质以及进行彩棉的生产是目前棉纤维生态开发的热点。

(一)提高棉的抗虫性

利用转基因抗虫与施药相比有多种优势,无药物残留,对非生物目标无毒性,对于难以喷药或不能喷药的植物器官亦有保护作用。在棉花抗虫的基因工程研究领域,国内最成功的是利用苏云金芽孢杆菌(Bt)的杀虫基因。Bt基因引入棉花后,抗虫棉表现出很强的抗虫性。其次是蛋白酶抑制剂基因。蛋白酶抑制剂基因与昆虫肠道蛋白酶自身的优势性中心的作用是其抗虫机理的关键,这个活性中心往往是酶的保守区域,因此相对于其他抗虫蛋白而言,昆虫通过突变来产生耐受性的概率很小。由于昆虫同时对两种抗虫蛋白产生抗性的概率更小,故可将蛋白酶抑制剂基因与其他抗虫元件联合使用,培育双价抗虫作物,以扩大转基因植物的抗虫谱,并提高抗虫效果。中国农科院和中国科学院遗传研究所等将豇豆胰蛋白酶抑制剂(CPTI)和大豆Kunitz型胰蛋白酶抑制剂(SKTI)基因分别与Bt蛋白基因联用,已各自获得抗虫效果较好的双价抗虫棉转化植株。

(二)改善棉纤维的品质

利用基因工程还可改善棉纤维的品质。通过分离鉴定对棉纤维强度、长度和细度起重要作用的基因。一般认为,纤维细胞特异表达的基因可能对纤维发育起重要作用。现已发现了若干这样的基因,它们有的在棉纤维的发育早期表达,有的只在纤维发育后期表达。虽然这些基因在纤维发育中的功能还不清楚,但它们在纤维细胞内的特异表达和表达受发育程序调控,表明纤维发育的不同阶段可能受到不同基因的控制。因此,分离鉴定这些基因可以为棉纤维品质改善提供目的基因。

另一途径是从其他生物选择有潜力的基因。将其导入棉花,以提高纤维品质。例如聚羟基丁酸酯(PHB)是理化特性类似聚丙烯的天然可降解的热塑性聚合物,许多细菌能产生该物质。由于可天然降解,因此不会造成污染。一个潜在的方法就是在棉的胞腔内合成它,而不改变棉的其他性能。John 和 Keller 将细菌的还原酶和聚羟基脂肪酸酯(PHA)合成基因转入棉花,成功地在棉纤维中产生了 PHB,从而生产出具有化纤特性的新型棉花,PHB 的含量只占纤维总重的0.34%。这种新型棉花仍然保留原来的吸水、柔软等特性,但其保温性、强度、抗皱性均高于普通棉纤维。

(三)彩棉的开发

彩棉也叫天然彩色棉、有色棉。它是采用杂交、转基因等现代生物工程技术培养出来的带有色泽的棉花。彩棉的颜色是纤维细胞形成和成长发育中,其单纤维的中腔细胞内沉积了某种色素体,沉积的色素越多,纤维颜色越深。这种色素体又叫突变体,主要受遗传基因所控制,受环境的影响较小。彩棉在栽培种植过程中要求只施有机肥,不使用化肥和农药;纺织品加工过程不需漂、煮、染,因而具有优良的生态性能。

二、麻纤维

麻纤维是从各种植物的茎、叶、叶鞘中得到的可供纺织用纤维的总称,常见的品种有苎麻、亚麻、大麻、黄麻、洋麻和罗布麻等。其中苎麻、亚麻、大麻、罗布麻含木质素较少,质地柔软,常用作纺织纤维。麻纤维的主要成分是纤维素,此外,还含有一定数量的半纤维素、木质素和果胶等。由于麻的品种不同,其各种物质的含量不同,其力学性能也存在较大差异。

(一)中国草——苎麻

苎麻系荨麻科苎麻属多年生宿根草本植物,麻龄可达 10～30 年,一年可收获 3 次,其中头麻品质最佳。苎麻有白叶种和绿叶种之分,白叶种原产中国南部山区,在中国栽培历史悠久,在国外享有盛名,有中国草之称。

苎麻纤维为单细胞纤维,其长度是植物纤维中最长的,无明显的转曲,纤维表面有时平滑,有时有明显的条纹,纵向有横节竖纹,纤维两端封闭,中部粗、两头细,横截面为圆形或扁平形,有椭圆形或不规则形的中腔,胞壁厚度均匀,有时带有辐射状条纹。苎麻纤维这种独特的结构使其具有许多优异的性能,纱线光泽好,吸湿、放湿快,能自动调节微气候,苎麻织物的透气性优良是棉织物的 3 倍,夏日身着苎麻服装可使人体体表温度降低 2.5℃。又能抑制微生物活动,本身含有嘌呤、嘧啶等有益成分,可防臭除湿,制成保健袜,可预防香港脚。但是由于苎麻纤维的结晶度和取向度均较高,导致纤维硬挺度高,纤维的抱合力差,加工难度大,而且还存在着刺痒感,纤维的回弹性差等缺点。在发展生态纺织品的趋势下,从有利于人体健康和舒适度考虑,改善其可加工性,对苎麻纤维进行改性和变性是重要的研究途径。

麻纤维素的大分子链,同其他纤维素纤维大分子链一样,每个葡萄糖环的 C_2、C_3 位上分别有一个活泼的仲羟基,C_6 位上有一个活泼的伯羟基,这些羟基缔合成分子链内和分子链间的氢键,使麻纤维成为高结晶性的纤维素。麻纤维分子上大量的高反应性羟基被封闭,大多数反应试剂很难与其进行反应,只能进入非晶区。改性就是采用一定的溶剂对麻纤维进行预处理,使纤维活化、溶胀,甚至在结晶区中产生溶胀,削弱纤维分子间的氢键结合力,使纤维素分子链间距离加大,纤维素 I 转化为纤维素 II 或纤维素 III;并且在后处理时使纤维保持膨化溶胀的状态,避免纤维素分子重结晶,达到使麻纤维消晶的作用,从而改善纤维的加工性能和服用性能。

最常用的方法就是用浓碱对苎麻纤维进行膨化处理。苎麻纤维素与高浓度的 NaOH 溶液反应生成碱纤维素得到水化麻纤维素。其反应式如下:

$$Cell—OH + NaOH \longrightarrow Cell—ONa + H_2O$$

在这一过程中,浓碱进入纤维素内部产生溶胀,纤维素分子链间距离增大,致使其氢键力减弱,甚至拆散,并且浓碱能渗入纤维的晶区,部分地克服晶体内的结合力,使麻纤维结晶度和取向度下降,从而改变麻的结构性能,无定形区的密度下降,变得较为疏松、多孔可吸附的位置增多,有利于提高麻纤维对染料的吸收。此外,液氨、乙二胺/脲/水、NMMO 以及离子液体也可作为膨化剂对麻纤维进行改性。在碱法改性的基础上,为了保持麻纤维的消晶效果,还可进一步对麻纤维进行磺化改性、乙酰化改性、烷基化改性、羟烷基化改性。通过改性,由于纤维的结构发生变化,所产生的应力使纤维扭曲,外观发生卷曲,同时使纤维的刚性发生改变,大大降低了纤维的初始模量。由于变性苎麻纤维的卷曲度与纤维结节的膨胀呈竹节状,使纤维的抱合力大为增加,从而改善苎麻纤维的可纺性和舒适度。

(二)生态纤维——汉麻

汉麻又名大麻、线麻、火麻等,为大麻科大麻属一年生草本植物,品种达 150 个左右,可分为纤维用、油用和药用三类。汉麻纤维是人类最早利用的纺织纤维之一,而中国是世界上最早种植汉麻的国家。目前,我国的汉麻产量约占世界总产量的 1/3,据世界首位。

在近代,由于汉麻中含有四氢大麻酚(THC),被用作制造兴奋剂和毒品,严重危害了人类的生存与健康,许多国家禁止种植汉麻,抑制了汉麻纤维的发展。但是随着人们纺织纤维消费量的不断增加,可用资源的有限和逐渐消失,人们希望开发新的纤维资源,即"可再生、可降解、可循环、符合环境要求,符合可持续发展,与其他产业和谐协调的生物质资源"。汉麻的种植可以利用丘陵、山坡、盐渍、滩涂等土地,不与粮、棉争地,充分利用土地空间。同时适当轮作还可减少轮作农作物的虫害和病害,减少施肥量,降低生产成本。

20 世纪 70 年代,世界各国农业科技工作者采用生物技术,着力培育低毒或无毒的大麻品种。经过十余年的努力,已使大麻的四氢大麻酚含量由一般的高毒品种的 5% ~17% 降到 0.3% 以下,如我国培育的"云麻 1 号",其四氢大麻酚含量为 0.09%,为无毒大麻品种,可以允许种植和生产。为了避免与毒品大麻的混淆和误解,现将低毒或无毒大麻称为"汉麻"(China

Hemp),以区别毒品大麻(Hashishi、Marijuana 和 Cannabis)。

汉麻纤维表面粗糙,纵向有许多裂隙和孔洞,并与中腔相连,赋予汉麻织物优良的吸湿性能,而且散湿速率大于吸湿速率,夏季穿大麻服装与棉质服装相比,人体感觉可低 5℃ 左右,舒适、离身、透气;汉麻纺织品还具有较好的抗静电性能,抗电击能力比棉纤维高 30% 左右,对人体无不良影响。汉麻纤维截面呈圆形,单纤维极细,是麻类中最柔软的,没有苎麻、亚麻那样尖锐的顶端,因而无须特殊处理,无刺痒感和粗糙感。

由于酚类物质的存在对紫外光有吸收和阻挡作用,无须特殊整理即可屏蔽 95% 以上的紫外线,但是长时间放置在阳光下强度会下降。同时,汉麻纺织品还具有天然的抗菌性,未经任何药物处理,水洗后经测试(按美国 AATCC 90-1982 定性抑菌法),对金黄色葡萄球菌、绿脓杆菌、曲霉、青霉、大肠杆菌、念珠菌均有明显的抑菌效果;汉麻纤维的耐热性极佳,在 370℃ 时仍然保持不变,并耐晒绝缘;汉麻纤维不仅含有麻甾醇等有益物质,还含有 10 多种对人体健康十分有益的微量元素。

汉麻属生态作物,能吸除土壤中的镉、铅、铜等重金属元素,改良受重金属污染的土壤。汉麻作物具有优良的抗病虫害和有效抑制杂草生长的特性,栽培过程中无须喷施杀虫剂和除草剂,田间管理简单,种植成本低。可在西部沙化或半沙化地区种植,不仅可使大片荒地得以利用,恢复当地的生态平衡,而且还能增加农民收入。

(三)保健纤维——罗布麻

罗布麻又称"野麻",夹竹桃科多年生草本宿根植物,人们称之为野生纤维之王。罗布麻纤维较细软,表面光滑,具有棉的柔软、丝的光泽、麻的滑爽,这些特性均优于其他麻类纤维及天然纤维。罗布麻是一种韧皮纤维,长度为 20~50mm,细度为 12~17μm,与羊绒细度基本相同。

罗布麻的化学组成与其他麻类纤维有一定差别,果胶、水溶性物质含量居麻类各纤维之首,木质素含量较高,而纤维素含量是所有麻类纤维中最低的。罗布麻纤维截面呈不规则的椭圆形,长短之比大约是 2:1,纵向有明显竹节,内有孔腔和特有的"沟槽"存在,单根断裂强度为 6.52cN/dtex,断裂伸长率为 3.42%,纤维的结晶度高于棉纤维,低于苎麻纤维,但是由于表面光滑无扭曲,抱合力小,可纺性较差,一般与其他纤维混纺效果较好。

罗布麻还具有独特的保健性能。采用罗布麻与棉混纺制成的织物,在 8℃ 以下时的保暖性是纯棉织物的 2 倍,在 21℃ 以上时的透气性是纯棉织物的 5 倍。经检测发现,罗布麻含有 18 种氨基酸,本身具有天然的抗菌性和除臭功能,而且能抑菌,还能治疗皮炎、湿疹等皮肤病。同时罗布麻纤维是天然的远红外发射材料,可发射 8~15μm 的远红外光波,能渗透到皮肤和皮下组织,改善微循环,减少血管内血脂数量,降低血脂,减少动脉硬化等心血管疾病的发生。因此,罗布麻是制造保健纺织品的最好原料。

三、羊毛

羊毛纤维具有许多特点,如优良的弹性、覆盖性、隔热性,柔和的光泽,良好的吸湿性与放湿性。但由于羊毛纤维特有的表面鳞片层,使其具有严重的毡缩性,在热、湿、力作用下织物易变形或皱缩,给服用和护理带来难题;而且粗羊毛还会让人有刺痒感。此外,羊毛价格中纤维细度的影响约占53%,是最重要的因素;长度占7%,强度占14%,杂质占9%,市场因素占8%,其他占9%。为此,国内外研究者一直致力于羊毛的细化研究,以期利用羊毛细化技术将低成本的中等细度的羊毛纤维升级,满足高档面料生产的需求,提高羊毛的舒适度和经济效益。主要方法有羊毛的细化加工,碱量加工,羊种改良等。

（一）拉伸细化加工

羊毛角阮分子是 α-氨基酸组成的肽链螺旋大分子,分子间和分子内有二硫键、盐式键和氢键,使肽链保持稳定的空间构型。当羊毛纤维受力时,分子的构象可由 α-螺旋型转变为 β-折叠型。这种空间结构的转变使羊毛纤维具有伸长潜力,从而纤维变细。目前羊毛细化中应用和主张的都是基于这一理论,即在化学试剂的作用下,弱化或破坏纤维分子间或螺旋链段间的交联,在拉伸应力的作用下,纤维拉长变细,同时纤维的二级结构从螺旋结构转化为 β-折叠结构,最后在化学试剂的作用下将纤维定型。

澳大利亚科学家花了10多年时间,在1993年推出了羊毛细化加工技术,并在1995~1998年先后在欧洲、日本、美国、澳大利亚和新西兰知识产权局申请了专利。同期,日本学者亦有相应的研究和专利。羊毛细化技术及其细羊毛产品 Optim™ 是目前 AWI（Australian Wool Innovation,澳大利亚羊毛创新局）的主推产品和技术,也是当今毛纺织工业中的高新技术。

羊毛细化工艺有两种:高细化度的永久定型工艺,所得细化羊毛（Optim™ fine）的性状稳定;低细化度的暂时定型工艺,所得细化羊毛（Optim™ max）的性状在热湿条件下会回缩而获得较好的蓬松性。它们的工艺流程如图5-1所示。

图5-1 羊毛纤维拉伸细化工艺流程图

Optim™ 羊毛纤维拉伸改性技术不仅将羊毛拉长变细,而且改变了普通羊毛的组织结构,使之成为一种兼有真丝和羊绒性质的新型纤维。并且可减少人们对山羊绒产品的依赖性,从而减少山羊对植被和生态环境的破坏,因此具有良好的生态效益。

（二）羊毛的减量加工

羊毛减量加工的主要目的是通过对羊毛鳞片的部分或全部剥离,降低毛纤维的定向摩擦效应,减少纤维的定向移动,减少织物毡缩,改善纤维光泽和织物手感,同时使纤维变细。减量加工主要有氯氧化法、氧化法及酶处理法。

1. 氧化法

氯氧化法以氯气、次氯酸及其盐处理,如 Kroy 氯化处理。氯氧化法虽对羊毛防缩、丝光效果较好,但易使纤维泛黄降解,且废水中含有大量 AOX,污染环境。氧化法利用 K_2MnO_4、H_2O_2、过硫酸盐等氧化剂与二硫键反应,使鳞片次外层和内层破坏。虽对羊毛鳞片剥离效果不及氯,但此方法避免了 AOX,对环境较友好。

2.生物酶法

酶处理法采用能够消化角蛋白的生物酶,对纤维进行蚀刻。由于酶难以分解鳞片外层和次外层,故须进行氧化或还原的预处理。酶法对环境污染少,但处理的成本高、可控性差,对羊毛的细胞间质的破坏是较难解决的问题。酶减量处理的目的不是降低纤维的细度而是光泽,故纤维细化度较小,直径一般仅减少 1~2 mm,且以纤维鳞片损伤为代价,是羊毛纤维细化不可取的方法。

3.低温等离子体

当前低温等离子体技术正用于羊毛的减量改性中,作为一种无水处理技术,不会使纤维发生溶胀,对纤维的作用仅限于纤维表面,对纤维本身损伤很小。羊毛经过低温等离子体处理,纤维表面被刻蚀,部分鳞片被破坏,羊毛的定向摩擦效应减弱,从而获得很好的防缩性能。同时,由于羊毛纤维表面变得粗糙,增加了纤维间的摩擦力和抱合力,使得毛纱强力得到提高,可纺性提高,纺纱效率提高。而且由于羊毛纤维表面结构形态的变化,其染色性也得到了改善。

(三)羊种遗传培育与改良

随着现代分子生物学和遗传学的发展,生物工程技术在羊种的育种和改良中得到应用,如基因组标记辅助选择和转基因技术,从分子角度分析动物的遗传特征和多样性,为育种提供可靠的依据;通过精液保存、胚胎分割、超数排卵和胚胎移植等技术,完成优良羊种选择性遗传,提高改良速度;以羊种克隆迅速繁殖优良羊种。澳大利亚在这方面已有实质性的研究,形成了强毛型、中毛型、细毛型和超细毛型等四大类优质羊毛。我国也有研究,包括中国美利奴细毛羊和实验室研究的超细羊毛羊种。羊种优育与改良过程缓慢,但也是羊毛细化有效可行的方法。

四、蚕丝

蚕丝是人类最早利用的动物纤维之一,我国是世界上最早栽桑、养蚕、缫丝、织绸的国家,至今已有几千年的历史。蚕丝具有优良的生态性,纤维纤细而柔软、平滑富有弹性,吸湿性良好,具有独特的"丝鸣"感,手感滑爽,穿着舒适,光泽华丽。最为重要的是蚕丝对人体皮肤具有特殊的保健作用。日本及我国医学科研部门对真丝绸防治某些皮肤病进行了研究。浙江丝绸科学研究院与浙江、西安医科大学等单位进行真丝绸(真丝针织内衣)治疗皮肤疾病的临床试验,结果表明:它对老年性皮肤瘙痒症的缓解有效率是 100%,治愈率是 87.5%;对小腿瘙痒症的治疗有效率是 79.5%,其中治愈率是 45.5%。因而人们把它比喻为"人造皮肤"。为了生产更为绿色的蚕丝纤维,科学工作者利用高新技术正致力于蚕丝新品种的开发与研究。

(一)彩色蚕丝

1.天然彩色茧丝资源的开发

据统计,能够吐丝结茧的绢丝昆虫共有 20 多种,其中大部分昆虫所吐的丝五颜六色,也就是彩色丝。天然彩色丝色彩自然,色调柔和,有一些还是目前染色工艺难以模拟的色彩。采用天然茧丝可避免化学染料对人体的伤害和对环境的污染,而且天然彩色蚕丝有很好的紫外线吸收能力、抗菌性和抗氧化功能。

桑蚕丝对于容易诱发基因突变、导致皮肤癌等癌变的 280nm 波长左右的紫外线(UV－B)有很好的遮蔽和吸收作用,UV－B 的透过率不足 0.5%,UV－A 和 UV－C 的透过率也不足 2%;其他绢丝昆虫的蚕丝,如野蚕丝除了遮蔽 UV – B 有效外,对于全波长紫外线都有很好的遮蔽作用,透过率全部不足 0.5%。因此多种绢丝昆虫吐出的彩色茧丝制品可以有效防止 UV – C 的危害。

绢丝昆虫的茧丝外层丝胶,还有很好的抗菌作用,缫丝时由于会保留部分丝胶,蚕丝也有很好的抗菌能力,其中彩色蚕丝的抗菌效果更好。从用野蚕丝做成的非织造布与棉花纱布及棉纱创伤膏胶布进行的比较实验中发现,对黄色葡萄糖球菌、MRSA、绿脓菌、大肠杆菌和枯草杆菌,野蚕丝非织造布可以使接种的细菌数量减少 99.9%,而棉花纱布或棉纱创伤膏胶布,在接种细菌后细菌数量不但不会减少,还会增加 250 倍。

生物在生命活动中,会不断产生多种活性氧自由基,如超氧阴离子自由基($O_2 \cdot$)、单线态氧($^1O_2$)、过氧化氢(H_2O_2)、羟基自由基($HO \cdot$)等,这些生物自由基氧化能力强,能破坏生物的许多功能分子,对机体产生毒害。蚕丝具有分解自由基的活性,彩色蚕丝分解自由基的能力远高于白色蚕丝,其中绿色蚕丝的效果最好,能够分解 90% 左右的活性自由基,黄色蚕丝也有 50% 左右的功效,白色蚕丝有 30% 左右的功效。将彩色蚕丝制成内衣,或者制成化妆品,有很好的护肤养颜作用。

浙江大学动物科学院蚕蜂系利用家蚕种资源库的家蚕天然有色茧基因,获得了良好的天然彩色育种材料,选育出天然彩色茧实用品种系列。开发的天然蚕茧有黄色、红色、绿色等 10 多个品种,但是存在彩色茧与普通杂交的白色茧相比茧形小、干壳量低等问题,并且随着饲养代数的增加,蚕体会出现衰弱、退化。

苏州大学蚕桑研究所从 2000 年开始,与日本和柬埔寨合作,利用柬埔寨生产彩色茧的传统,将改良的彩色茧投放柬埔寨饲养,利用农民缫制的彩色茧丝,在中国国内开发机械加工产品,2001 年已投入日本市场。

2. 利用生物工程技术中的转基因手段

国内从事这方面研究工作的主要有安徽和四川的有关科研单位。安徽省农科院蚕桑研究所与中国科技大学联合承担的省级重点攻关项目"天蚕丝质基因转基因家蚕新品种培育"研究,历经 10 多年已取得成功,其转基因方法是:将天蚕(结绿色茧丝)的基因通过交变脉冲电泳转基因技术,转移到家蚕的基因中,这项技术属国内首创,已取得专利。实验室进行了碱溶性对比测定,结果表明,转基因蚕的丝质发生了倾向于天蚕丝质的变化,但是转基因后的家蚕茧丝颜色同天然野生天蚕相比仍有一定差距。

四川成都华神集团资源昆虫生物技术中心,利用生物基因技术生产出新蚕种,使家蚕能吐出五颜六色的彩色丝。这主要是靠家蚕的突变基因,基因定位后,利用染色体技术把需要的基因组合输入家蚕体内,从而培育出能吐彩色丝的新蚕种。这种由转基因蚕结出的天然彩色茧,主要分红、黄、绿三个色系,颜色多达十几种。但是,利用转基因培育出的家蚕变异体品种不稳定,存在品种退化,在实用性上与家蚕杂交种相比仍处于明显的劣势。

3. 在蚕的食物中添加色素生产彩色茧丝

日本和我国安徽、台湾等地的科研单位在这方面进行了成功的探索。2001 年,日本农村水产省新蚕丝技术研究分部及群马县蚕业试验场利用现存的蚕饲育设备,采用不复杂的养蚕技术,进行彩色茧生产的探讨,他们在蚕的人工饲料(糊状体)中添加化学物质,影响桑蚕的肠壁和丝腺细胞的色素通透性,使不具备色素遗传控制基因的实用生产品种能够吐出有色丝,成功生产出了家蚕彩色茧。这种方法能够获取黄红茧系的蚕茧,但由于添加的物质对蚕发育有一定的不良影响,蚕的饲养难度加大。

安徽省农业科学院蚕桑研究所和安徽省丝绸股份有限公司,2002年7月成功地在家蚕食物(人工饲料与桑叶)中添加生物有机色素研制出天然彩色茧丝(CN1430904),色素配方十种,彩色茧数十种,生产出红、黄、蓝三大主色系的彩茧,经缫丝可生产色牢度良好的彩色真丝。

这类方法虽不会对环境造成严重危害,但彩色丝的颜色是由化学合成染料获得的,与天然彩色蚕丝有本质上的区别。

(二)荧光蚕丝

日本京都技术学院的专家在1999年用向蚕体内注入一种用基因工程处理后的昆虫病毒,导致蚕丝蛋白的基因发生变化。当病毒感染了蚕的幼虫细胞后,病毒会嵌入蚕的DNA中,改变其中的基因,这样,当蚕吐丝时,吐出的就是绿色荧光纤维。

日本蚕丝和昆虫农业技术研究所,将产生绿色荧光的蛋白质基因植入其他鳞翅目昆虫的基因里,再把这种复合基因与一种特殊酶的基因一起注射到蚕卵里,当这些卵发育成虫,就培育出了可发荧光的转基因蚕。经确认,荧光是在重组基因的作用下产生的,并可以稳定地遗传给下一代。这一技术可以用来生产优质蚕丝。

(三)含蜘蛛丝基因的蚕丝

蜘蛛丝是目前世界上最为坚韧且具有弹性的纤维之一,尤其蜘蛛用来爬上爬下和搭建蛛网所用的"牵引丝"拥有自然物质中最高的强度,是同等厚度的钢丝的5倍。在冲撞耐受力方面,它毫不逊色于Kevlar这种用于防弹背心和人体盔甲的高聚物纤维,其断裂功是Kevlar的315倍,初始模量比尼龙大得多,达到Kevlar纤维那样的高强、高模水平。蛛丝的断裂伸长率有36%~50%,而Kevlar纤维只有2%~5%。在黏弹性能方面,蛛丝高于尼龙也高于Kevlar纤维。因此,蜘蛛丝是一种强度高、弹性好、初始模量大、断裂功高的优异纺织材料。

蚕与蜘蛛都是生物纺丝体,科学家们正试图将蜘蛛的基因转移到蚕的体内,使蜘蛛丝的高强力、高弹性的基因体现在蚕丝中,利用基因技术使蚕"吐"出类蜘蛛丝,从而使蚕丝的易变形、缺乏弹性、易折皱等缺陷得以解决,蚕丝性能可以得到明显的改进。

金黄色的球形蜘蛛"棒络新妇(*Nephila Clavata*)"因其惹人注目的黄、黑、红三种鲜艳的颜色,在日本,它又被称为情妇蜘蛛。日本信州大学中垣雅雄教授领导的研究小组成功地将这种蜘蛛的基因注入桑蚕的卵,破卵而出的桑蚕幼虫结茧,茧丝含有10%蜘蛛丝蛋白。这种新型丝线——"蜘蛛蚕丝"比传统的丝更结实、更柔软、更耐用。它比羽毛轻,却比钢还坚韧,可以用来制造从紧身衣、渔网到防弹背心等各种纺织用品。中垣雅雄教授希望能将蜘蛛丝蛋白比率提高至50%,使这种丝比一般锦纶更加环保,延展性更佳,且其吸震力更胜过用来做防弹背心的Kevlar纤维,未来有望成为防弹背心的新材料。而且此种天然丝线可以自然分解,具有良好的生态性。

五、竹原纤维

竹子是一种速生植物,成活2~3年即可连续砍伐;我国竹类资源丰富,种类多,栽种面积广,产量居世界之冠,每年可伐毛竹达 5 亿多根,各类中小径竹 300 多万吨;竹子自然生长过程中无虫蛀、不腐烂、无须使用化肥和农药。因此,竹原纤维是一种纯天然纤维,它是继麻纤维之后又一具有发展前景的生态功能性纤维。

(一)竹原纤维的生产

竹原纤维是从竹材中将木质素、蛋白质、脂肪、果胶等分离后直接提取出来的纤维,整个制取过程,对人体无毒害,对环境无污染。竹原纤维的制作采用了物理、化学相结合的方法,工艺流程如下:

竹材→制竹片→蒸竹片→压碎分解→生物酶脱胶→梳理纤维→纺织用纤维

竹原纤维平均细度为 6dtex,平均强度为 3.49cN/dtex,平均长度为 95mm,可以进行纯纺和混纺,纯纺细度可达 16.67tex(60 公支),也可与其他纤维进行交织,增加面料的功能性,例如采用亚麻 25.64tex(39 公支)和竹原纤维 25.64(39 公支)进行交织,面料在保留麻产品风格的同时,又增加了产品的抗菌除臭功能,提高了产品附加值。随着纺纱织造技术的进步,作为一种新型天然纤维材料竹原纤维将有较大的发展空间。

(二)竹原纤维基本特征

竹原纤维保持了原生态竹纤维所具有的吸湿、透气、耐磨、长久抗菌、抑菌、防紫外线等优良特性。

竹原纤维纵向有横节,粗细分布很不均匀,纤维表面有无数微细凹槽。横向为不规则的椭圆形、腰圆形等,内有中腔,横截面上布满了大大小小的空隙,且边缘有裂纹,与苎麻纤维的横截面很相似。竹原纤维的这些空隙、凹槽与裂纹,犹如毛细管,可以在瞬间吸收和蒸发水分,故被专家们誉为"会呼吸的纤维",用这种纯天然竹原纤维纺织成面料及加工制成的服装服饰产品吸湿性强、透气性好,有清凉感。

竹纤维中含有一种名为"竹琨"的抗菌物质,具有天然抗菌、防螨、防臭的药物特性,竹沥有广泛的抗微生物功能,竹纤维中的叶绿素和叶绿素铜钠具有较好的除臭作用。经高科技工艺制作的竹纤维织品可有效地抑制细菌生长,清洁人体周围空气,预防传染病。其抑菌功能经反复洗涤后也不会衰减。经全球最大的检验、测定和认证机构 SGS 检测,同样数量的细菌在显微镜下观察,细菌在棉、木纤维制品中能够大量繁衍,而在竹纤维面料上 24h 后则被杀死 95% 左右。竹原纤维与亚麻、苎麻均具有较强的抗菌作用,其抗菌效果是任何人工添加化学物质所无法比拟的。由于竹原纤维中含有叶绿素铜钠,因而具有良好的除臭作用。实验表明,竹原纤维织物对氨气的除臭率为 70% ~72%,对酸臭的除臭率可达到 93% ~95%。

《本草纲目》中有 24 处阐述了竹子的不同药用功能和方剂,民间药方更达近千种。竹含有丰富的果胶、竹蜜、酪氨酸、维生素 E 以及硒(Se)、锗(Ge)等多种防癌抗衰老功能的微量元素。"竹元素"中的抗氧化化合物能有效地清除体内的自由基,具有抗衰老的生物功效;酯类过氧化合物能阻断强致癌物质亚硝酸铵化合物,显著提高机体免疫能力;竹纤维含有多种人体必需的氨基酸,对皮肤具有独特的保健功能;竹纤维素、竹蜜、果胶具有滋润皮肤和抗疲劳的功效;能增加人体的微循环血流,激活组织细胞,使人体产生温热效应,能有效调节神经系统,疏通经络,改善睡眠质量;竹纤维不带自由电荷,抗静电,止瘙痒。

第二节 生物质材料再生纤维的生态开发

随着能源、资源危机的不断加剧,消费者对纤维材料消费量也在快速增加,而天然纤维的获取往往受到土地的制约,合成纤维又必须依赖于面临枯竭的石油、天然气等矿物资源。为了满足消费者对纤维材料的需求,纺织行业需不断寻找新的纤维来源。利用纤维素、壳聚糖、淀粉、海藻、蛋白质等天然高分子材料开发再生纤维,既能节约纤维材料资源,又由于这些材料本身为生物质材料,可自然降解,不会对人和环境造成不利影响,因此再生纤维的开发将是生产新型纤维的重要途径之一。

一、Lyocell/Tencel 纤维

Lyocell 纤维是国际人造纤维及合成纤维标准化局(BISFA)为有机溶剂纺丝法制得的新纤维所确定的属名。在英、美等国该纤维的注册商标为 Tencel,我国俗称为天丝。

Lyocell 纤维的制造主要以天然速生的经营性森林为原料,或其他植物为原料。首先将木材刨成片,经蒸煮漂洗制成纤维素含量大于 96.5%,聚合度高于 600 的较高纯度的木浆粕,然后以 N-甲基吗啉氧化物(NMMO)为溶剂,将木浆粕溶解,再经干湿法纺丝制成,其生产工艺流程如图 5-2 所示。

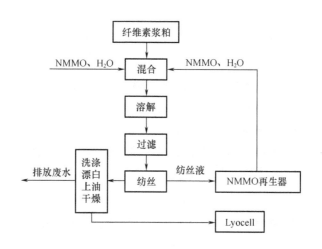

图 5-2 Lyocell 纤维的生产工艺流程

NMMO 溶剂纺丝生产 Lyocell 纤维的工艺流程不同于普通的粘胶纤维的生产流程,它无须碱化、老成、黄化和热成工序。以 NMMO 为溶剂生产 Lyocell 纤维是一种不经化学反应生产纤维素纤维的新工艺。NMMO 在溶解纤维素纤维时,不伴随发生纤维素的分解,利用 NMMO 与纤维素上的多羟基生成氢键而使纤维素溶解,得到黏稠的纺丝液,然后以干喷湿纺工艺制得纤维素纤维。与此同时,凝固浴、清洗浴中析出的 NMMO 被回收精制而循环使用。整个生产系统形成闭环回收再循环系统,没有废料排放,对环境无污染,对人体的健康也无影响。而且纺丝速度

相当高,生产效率高,溶剂从投入浆粕到纤维打包只需 8h,而一般粘胶纤维生产则需 24h,因此能耗少,工效高,是名副其实的绿色工艺。

Lyocell 纤维的原料为天然纤维素,经过溶剂纺丝加工兼具天然纤维素纤维和合成纤维的特性。具有高强度、高湿模量,干、湿强接近等特点,其干强与聚酯纤维相当,湿强只比干强低15% 左右。因而,Lyocell 纤维能较好的承受机械作用力和化学药剂的处理,不易使织物造成损伤,其织物尺寸稳定性好。此外,Lyocell 纤维具有天然纤维本身的舒适性、光泽性、染色性、防静电性、良好的吸湿性,其吸水率约70%,与棉纤维吸水率50%、粘胶纤维吸水率90%相比,恰到好处。它的沸水收缩率仅为0.44%,还具有较好的折皱恢复功能、舒适的弹性。而且由于其本质是天然纤维素,还具有良好的生物降解性。

二、甲壳素/壳聚糖纤维

甲壳素(Chitin)又称甲壳质、几丁质、甲壳糖、壳多糖等,广泛存在于昆虫类、水生甲壳类的外壳和菌类、藻类的细胞壁中,是一种蕴藏量仅次于纤维素的天然聚合物和可再生资源,也是除蛋白质以外数量最大的含氮天然有机化合物。壳聚糖(Chitosan)又称脱乙酰甲壳素、壳糖胺、甲壳胺等,是甲壳素分子脱去部分乙酰基的衍生物,当甲壳素的脱乙酰度达到55%以上时就可称为壳聚糖。图 5-3 是甲壳素和壳聚糖的分子结构图。

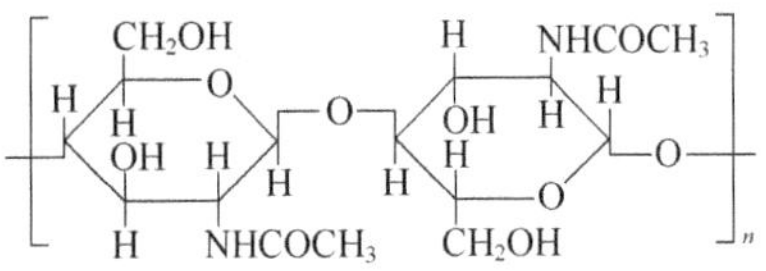

(a)甲壳素 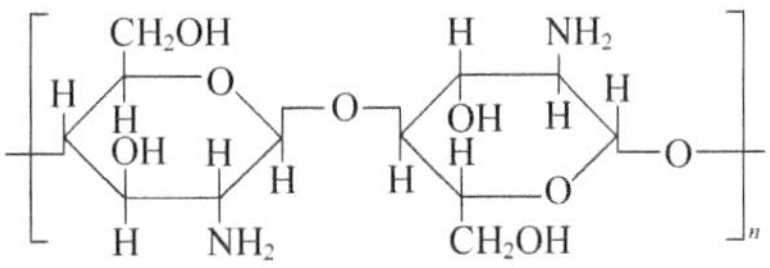   (b)壳聚糖

图 5-3   甲壳素、壳聚糖的分子结构

(一)甲壳素/壳聚糖的制备

甲壳素/壳聚糖的主要来源为虾壳、蟹壳。提取甲壳素的基本流程如图 5-4 所示。原料虾壳、蟹壳用水洗净后,将虾壳、蟹壳粉碎后,在室温下用 1mol/L 的盐酸浸渍 24h,使甲壳中所含的碳酸钙转化为氯化钙,溶解后除去。经过脱钙的甲壳,水洗后,在3%~4%的氢氧化钠水溶液中,煮沸 4~6h,使蛋白质溶出,即得粗品甲壳素。将粗品甲壳素在 0.5% 高锰酸钾中搅拌浸渍 1h,水洗后在 60~70℃下于 1% 的草酸中搅拌 30~40min 予以脱色,再经充分水洗和干燥,即可得到白色纯甲壳素成品。

用上述方法制得的粗品甲壳素,在 140℃下,用 50% NaOH 加热 3h,得到的白色沉淀物,经水洗干燥后即为壳聚糖成品。

(二)甲壳素/壳聚糖纤维的纺制

甲壳素/壳聚糖纤维的生产方法普遍采用湿法纺丝。首先将甲壳素/壳聚糖溶解在适当的溶剂中,配制成有一定浓度、一定黏度和良好稳定性的纺丝原液,经过滤脱泡后,用压力把原液从喷丝头的小孔中喷入含有凝固剂的凝固浴槽中,成细流状的原液在凝固浴中凝固成固态纤

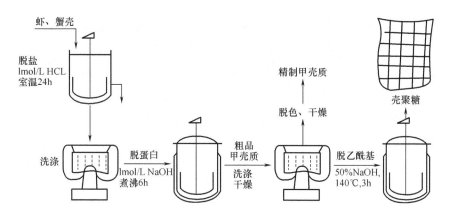

图5-4　甲壳素/壳聚糖的制备流程

维,再经拉伸、洗涤和干燥等后处理,即可获得强度较高的甲壳素/壳聚糖纤维。甲壳素/壳聚糖纺丝工艺流程如图5-5所示。

但是由于甲壳素大分子链结构的特殊性,使其不能熔化,也难溶于一般的溶剂中,这给纤维的生产带来了不便。壳聚糖是甲壳素的脱乙酰基产物,能溶于稀酸溶液,可以很容易地被溶解,并且通过湿法纺丝加工成纤维,为纤维的生产提供了方便。目前市场上的纤维产品一般为壳聚糖纤维,又叫甲壳胺纤维。

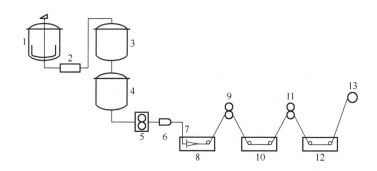

图5-5　甲壳素/壳聚糖纺丝工艺流程

1—溶解釜　2—过滤器　3—中间桶　4—储浆桶　5—计量泵　6—过滤器　7—喷丝头
8—凝固浴　9—受丝辊　10—拉伸浴　11—拉伸辊　12—洗涤浴　13—卷绕辊

(三)甲壳素/壳聚糖纤维的性能

甲壳素/壳聚糖纤维是自然界唯一带正电荷的有机高分子碱性多糖纤维,与细菌的细胞质膜相作用,可破坏细胞质膜的正常生长,造成细胞代谢的混乱,从而起到抗菌杀菌的作用,使有害菌不能在纤维上存活,从根本上消除了有害菌的滋生源和由细菌产生的异味。它不像化学整理剂抗菌产品在杀死细菌的同时对人体可能有一定的刺激性和危害性,减少了细菌代谢物对人体的刺激而造成的皮肤瘙痒,并且水洗不影响其抗菌性,具有永久的抑菌防臭效果。

甲壳素/壳聚糖的大分子具备与植物纤维相似的结构,又具有类似人体骨胶原组织的结构,这种双重结构赋予其极好的生物活性或生物相容性。甲壳质及其衍生物对人体无毒副作用,其化学性质和生物性质与人体组织相近,具有抗菌、消炎、止血、镇痛、促进伤口愈合等功能,是优良的生物医用材料,可用于制造人造血管、人造皮肤、手术缝合线等。此外,甲壳质及其衍生物复杂的空间结构还表现出多种生物活性,其制品具有抑菌、降低血清和胆固醇含量、抑制肿瘤细胞以及促进上皮细胞生长、促进体液免疫和细胞免疫等作用。

甲壳素/壳聚糖纤维的大分子链上存在大量的羟基(—OH)和氨基(—NH$_2$)等亲水性基团,故纤维有很好的亲水性和很高的吸湿性。甲壳素纤维的平衡回潮率一般在12%～16%之间,在不同的成型条件下,其保水值均在130%左右。由于其独特的纤维分子结构,具有很强的保湿功能,对皮肤有很好的滋润和养护作用。

甲壳素及其衍生物在酶的作用下会分解为低分子物质,因此,其制品用于一般的有机组织均能被生物降解而被机体完全吸收。废弃后可被微生物分解,土壤中的自然分解速率极高,比淀粉高2倍,且不会造成环境污染。

三、大豆蛋白纤维

我国从20世纪90年代开始由河南省濮阳华康化学生物工程联合集团公司李官奇等耗资6000多万元,开发研究大豆蛋白纤维,并率先获得成功。2000年3月由河南省遂平华康生物工程有限公司在世界上首次实现工业化生产。

(一)大豆蛋白纤维的制备

大豆蛋白纤维属于再生植物蛋白纤维,是以榨过油的大豆豆粕为原料,利用生物工程技术,提取出豆粕中的球蛋白;通过添加功能性助剂,改变蛋白质空间结构,使之与含氰基、羟基等高聚物进行接枝、共聚或共混,改变蛋白质空间结构,制成一定浓度的蛋白纺丝液;熟成后,再将纺丝液由计量泵打入喷丝头喷丝,丝条进入凝固浴凝固,得到大豆蛋白纤维的半成品,然后,经牵伸、缩醛化交联处理、水洗、上油、烘干、卷曲定型、切断得到各种长度规格的纺织用高档纤维(图5-6)。它的主要成分是大豆蛋白质(23%～55%)和高分子PVA或PAN(45%～77%)。显然,纤维的大豆蛋白含量并不太高,因此所制得的纤维应是大豆蛋白改性的PVA或PAN纤维,应用过程中俗称"大豆蛋白纤维"。

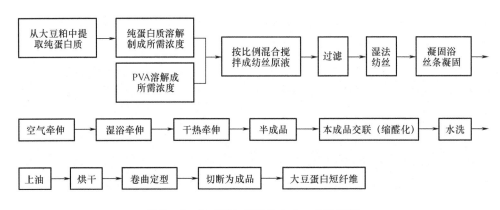

图5-6 大豆蛋白纤维的生产工艺流程图

（二）大豆蛋白纤维的结构与性能

由大豆蛋白纤维的组成可知,它是 10 余种氨基酸的缩聚大分子物质,但其各种氨基酸的含量及比例与动物蛋白质有很大区别,不同地域的大豆所含氨基酸的含量和比例也存在差异。大豆蛋白纤维结构主要有三部分,最外层为改性蛋白质,中间部分为经缩醛化的聚乙烯醇,内芯为含磺酸基单体的聚丙烯腈。蛋白质主要是以不连续的团块状分散在连续的 PVA 介质中,在结构上含有氨基、羧基、羟基、氰基等,这种结构和含有的基团使它具有较好的吸湿性和导湿性。

大豆蛋白纤维截面大多呈不规则的哑铃形和三角形,截面中心颜色较深,有明显的皮芯结构,皮层结构紧密且厚韧,芯层由于在凝固浴中脱溶剂时形成了许多海绵多孔状的空隙结构;纵向表面呈现不明显的沟槽,颜色为米黄色,俗称为"大豆色",光泽柔和,类似于真丝;纤维具有一定的卷曲,但卷曲度不如细羊毛明显;与蚕丝比黏性小,手感轻柔滑爽,酷似羊绒,保暖性高于腈纶,悬垂性和抗皱性优于蚕丝,透气性高于蚕丝、腈纶,可洗性比腈纶和蚕丝好,摩擦系数小,抗静电性能优于合成纤维,公定回潮率为 8.6%,吸湿性与棉相当,导湿透气性优于棉,穿着舒适卫生。因此,大豆蛋白纤维同时具有天然纤维和合成纤维的力学性能。专家们对其鉴定后认为,该纤维具有单丝细度细、相对密度小、强伸度高、耐酸耐碱性好、光泽好、吸湿导湿性好等特点,外观华贵,穿着舒适,保健功能性强,称得上"人造羊绒"。

生产大豆蛋白纤维的主要原料大豆豆粕,来源丰富且具有可再生性,不会对资源造成掠夺性开发。在大豆蛋白纤维生产过程中,由于所使用的辅料和助剂均无毒,且大部分助剂和半成品纤维均可回收重新使用。提取蛋白质后留下的残渣还可以作为饲料,其生产过程不会对环境、空气、人体、土壤、水质造成污染;大豆蛋白纤维本身易生物降解,被专家誉为"21 世纪健康舒适型纤维"。

四、海藻酸盐纤维

海藻纤维的原料来自天然海藻中所提取的海藻多糖。海藻多糖是由 $\beta-D-$ 甘露糖醛酸（M）和 $\alpha-L-$ 古罗糖醛酸（G）经 $1,4-$ 键合形成的线性共聚物,相对分子质量在 10^6 左右,各种生物合成的海藻酸结构基本相似,如图 5-7 所示。

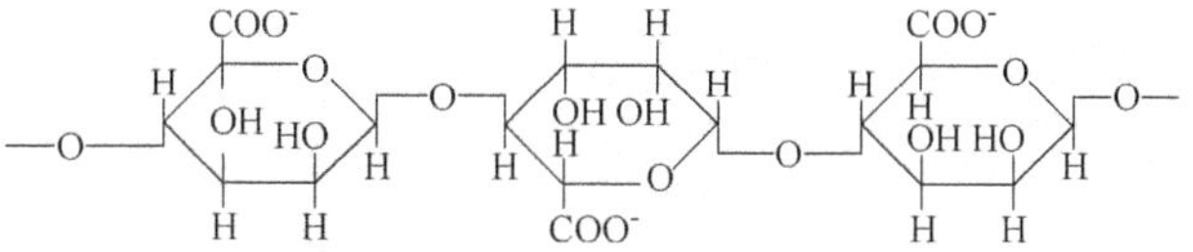

图 5-7　海藻酸盐的分子结构

由于海藻酸由两种单体 G 和 M 组成,它的分子上有三种基本的链段,即 GG、GM、MM,含 GG 高的海藻酸成胶性能好,可形成强而硬的胶体,而含 MM 高的海藻酸则较难形成胶体,形成的胶体也柔软脆弱。因此作为纤维生产的海藻酸应含有较高的 G 和 GG,一般天然海藻的根部是生产海藻纤维的主要原料。

(一)海藻纤维的生产

先用稀酸处理海藻,使不溶性海藻酸盐转变为海藻酸,然后加碱加热提取,生成可溶性的钠盐溶出,过滤后,加钙盐生成海藻酸钙沉淀,该沉淀经酸液处理转变成不溶性海藻酸,脱水后加碱转变成钠盐,烘干后即为海藻酸钠。

海藻纤维一般采用湿法纺丝制备。将海藻酸钠在室温下溶解于水,制成含8%~9%海藻酸钠水溶液,用杀菌剂消毒后,过滤脱泡得到纺丝原液;随后将其压过喷丝头细孔,引入由$CaCl_2$盐溶液配制的凝固浴(其中含有0.02%盐酸及少量阳离子表面活性剂)中成丝;再经后加工(拉伸后经水洗、上油、烘燥并卷绕成筒)即制得成品纤维。通过改变纤维中海藻酸所含金属离子的种类,还可调节该纤维所具有的性能。一般海藻酸盐由于金属盐的成分不同,如钠盐、钙盐、铍盐、铬盐等,海藻纤维的性能也有所不同,如钠盐的水溶性较好,铍盐和铬盐具有耐碱性,而钙盐则不耐碱。

(二)海藻纤维的性能和应用

海藻纤维含有对人体有益的氨基酸、维生素和矿物质等,具有良好的生物相容性,对皮肤有自然的护肤美容功能。它具有吸附矿物质的能力,可将活性元素添加到成型的纤维核心中,使纤维具有生物活性。耐洗涤和化学处理,具有永久性的抗菌止痒等保健作用。在自然条件下能够生物降解为CO_2和H_2O,属可再生资源,是一种环境友好材料。

当前海藻纤维的主要品种为海藻酸钙纤维,海藻酸钙纤维的密度为$1.78g/cm^3$,回潮率为25%,其干强接近粘胶,但湿强很低,不易用作传统纺织材料。然而,由于其具有无毒、保温、抗菌、高吸湿性、高透气性、高透氧性和生物相容性,能促进伤口愈合,易从伤口表面去除,用它制成的非织造布被广泛应用于伤口敷料、医用纱布绷带等方面。

海藻酸钙纤维由于其纤维结构中含有大量的钙离子,燃烧过程中就可能生成碱性环境,再者由于多糖环上含有羟基基团,在碱性环境和羟基基团的共同影响下海藻酸大分子极易发生脱羧反应,生成不燃性CO_2而冲淡可燃性气体的浓度,同时可能生成CaO和$CaCO_3$沉淀在纤维大分子表面发生覆盖或与之交联,两者共同作用使海藻纤维本身具有阻燃特性,而且燃烧时不产生烟及有害气体,在阻燃纺织服装等领域具有重要的应用价值。

为了改善海藻酸钠纤维的性能,扩大其在纺织品方面的应用,研究者们正致力于开发各种功能性海藻纤维。由于海藻酸钠水溶液中的—COO^-、—OH基团能与多价金属离子形成配位化合物,在制备过程中,只要改变凝固浴中金属离子的种类,如Ba^{2+}、Zn^{2+}、Al^{3+}、Cu^{2+}、Pb^{2+}、Hg^{2+}、Ni^{2+}、Ag^+等,将海藻酸钠碱性浓溶液经过喷丝板挤出后送入含金属离子的酸性凝固浴中,海藻酸盐一价离子与其他金属离子发生离子交换,形成不溶于水的新型海藻纤维。由于海藻纤维螯合了多价金属离子形成稳定的络合物,当金属离子在纤维基质中含量增加到一定程度时,离子间的结合力增强至足以克服离子间的静电斥力而使其相互连接成导电离子链,使其具有电磁屏蔽和抗静电能力,故可用于制备电磁屏蔽织物。

由于海藻纤维的弹性、强度都不够理想,其经济成本也较高,因此通过海藻纤维和其他可生物降解的纤维材料共混以改善其性能或复合海藻纤维的开发已经成了海藻纤维研究的热点。如海藻酸钠/水溶性甲壳素共混纤维,海藻酸钠/果胶共混纤维,海藻酸钠/大豆蛋白共混纤维,海藻酸钠/明胶共混纤维,海藻酸钠/聚乙烯醇共混纤维,聚丙烯腈/海藻酸钙复合纤维,聚乙烯醇/海藻酸钙复合纤维,纤维素/海藻酸钙复合纤维等。

五、聚乳酸纤维

聚乳酸(PLA)纤维是以玉米为原料,先把玉米粉碎,过滤出淀粉,经微生物发酵使其变成玉米糖,再加上乳酸菌发酵使玉米糖转化为乳酸,然后采用化学方法将乳酸聚合成聚乳酸,最后将聚乳酸纺制成丝。由于聚乳酸纤维是以天然生物质材料为原料制成的合成高聚物,这种纤维制品废弃后,借助土壤和水中的微生物作用,可完全分解成植物生长所需要的二氧化碳和水,形成资源循环再生,因而聚乳酸纤维不会对环境产生污染,是一种完全自然循环的可生物降解的环保纤维,它既有优良的生产制造特性和较为广泛的用途,又有利于人类健康,是21世纪环保型新纤维。

(一)聚乳酸纤维的制造

聚乳酸是一种热塑性聚合物,其熔点在180℃左右,可通过熔融纺丝加工成丝,工艺流程如下:

聚乳酸→真空干燥→熔融挤压→过滤→计量→喷丝板出丝→冷却成型→POY卷绕→热盘拉伸→上油→成品丝

熔融纺丝具有工艺技术成熟,环境污染小,生产成本低,便于自动化、柔性化生产的优点,是目前工业化生产聚乳酸纤维的主要方法。

(二)聚乳酸纤维的性能

聚乳酸纤维外观透明,触感舒适,具有丝般光泽,可采用分散染料进行染色,而且颜色较深。它融合了天然纤维和合成纤维的特点,许多性能介于涤纶和锦纶6之间,如强度、弹性模量、伸长性、吸湿性和染色性都和它们相近,属于高强、中伸、低模量纤维。聚乳酸纤维可加工性好,其面料具有高强力、延伸性良好、手感柔软、悬垂性好、回弹性好以及卷曲性好而持久的特性,具有良好的定型性能和抗皱性能。

聚乳酸纤维的密度小于涤纶,大于锦纶6,制成品轻盈;聚乳酸纤维虽然吸湿吸水性较小,但是它有较好的芯吸性,使其水润湿性、水扩散性好,面料具有干爽的风格,服用舒适。聚乳酸纤维熔点较低,但具有良好的耐热性和阻燃性。在紫外线的长期照射下,其强度和伸长变化均不大,日晒500h后,仍可保持90%的强力,而一般涤纶日晒200h之后,其强力就降低60%左右。燃烧时,只有轻微的烟雾释放,几乎不会产生有害气体。

聚乳酸纤维良好的生物可降解性是其最突出的特点,由于其纤维内部结构存在大量非结晶结构,在水、细菌和氧气存在下生物分解较快,废弃后在土壤中与纤维素纤维相似分解为二氧化碳和水。并且聚乳酸纤维还具有抗菌、防霉、无臭的特点,能用作食品包装材料,对橙汁类饮料和食品更具保鲜作用。聚乳酸在人体内可以经过酶解而被吸收。因此,聚乳酸在医用绷带、一次性手术衣、防粘连膜、尿布、医疗固定装置等方面已经得到广泛应用。

第三节　可降解合成纤维的开发

合成纤维的出现为美化人们的生活做出了重要的贡献,并极大地改变了我们的生活方式。但是由于合成纤维的组成和结构难以生物降解,人们穿旧的衣服废弃后无法自然降解成为堆积如山的垃圾,用合成纤维制成的渔网和钓鱼线、绳索废弃后流失到海洋中对海洋生物(如海鸟、海龟、海狗等)已造成了相当严重的危害。因此,生产可降解合成纤维已成为当前纤维科学研究的重点。

可降解纤维是指在自然界的光、热和微生物的作用下,能自行降解的纤维。目前可降解合成纤维中具有良好生物降解性的脂肪族聚酯纤维是开发的热点。

一、聚羟基脂肪酸酯纤维

聚羟基脂肪酸酯(PHA)是原核微生物细胞储存碳源和能源的物质,当微生物处于氮或磷不足的不平衡营养环境中,就会大量合成并储存 PHA,它是一种脂肪族的聚酯。微生物合成的 PHA 是一类高度结晶的热塑性物质,与聚丙烯、聚乙烯的物化性能相近,能拉丝、压膜、注塑等。

PHA 具有优良的生物相容性、光学活性、压电性、抗潮性、低透气性等性能,其纤维制品可用作医用材料,如伤口支撑材料、手术缝线、止血球、伤口敷料等,卫生用品,农用材料如渔网等。PHA 在通常条件下很稳定,但在土壤、湖泊、海洋等自然环境中很容易生物降解。

聚羟基丁酸酯(PHB)是 PHA 中存在最广、发现最早的一种高结晶度(80%)生物可降解聚酯,其性能和结构与聚丙烯相近。由于高结晶性,纤维呈脆性,拉伸性能差,加工成型困难。PHB 的熔化温度(179℃),分解温度(200℃),其热稳定性差,同时 PHB 的化学稳定性也较差,这在一定程度上影响 PHB 的实际应用。为此,英国的 ICI 公司和日本 Monsanto 公司先后开发了 3 - 羟基丁酸(HB)和 3 - 羟基戊酸(HV)的无规共聚物(PHBV,含 0 ~ 30% HV),商品名为 Biopol。当 HV 含量为 5% ~ 10%(摩尔分数)的 Biopol 可熔融加工成纤维。含 8%(摩尔分数)HV 的 PHBV 在 160℃下熔融挤出,进入 50℃ 热水中固化成型后,经 150℃ 预热、在 60℃ 下拉伸 7 倍和紧张热定型处理,可以得到拉伸强度和结节强度均较高的纤维。

二、聚羟基乙酸酯纤维

聚羟基乙酸酯以乙醇酸为原料,通过脱水环化反应合成 α - 乙交酯(GA)单体,然后在催化剂作用下开环聚合生成,是最简单的线性脂肪族聚酯。PGA 为半晶、疏水高聚物,结晶度大于 50%,熔融温度 T_m 为 224 ~ 226℃,玻璃化温度 T_g 为 36℃。PGA 纤维强度较高,延伸度适中,初始模量较低,无毒,生物相容性好,组织反应极微,其中间降解产物为 GA,最终产物是二氧化碳和水。在人体内可完全降解并充分吸收,经熔融纺丝制成的纤维,可用作可吸收手术缝合线。PGA 植入人体后 7 ~ 11 天具有较高强度,30 ~ 60 天后被吸收。

但该缝合线存在纺丝困难、柔性差、不易打造,只能制成复丝,在空气中易吸潮降解,不易保存,对细菌的抵抗力较差等缺点。为改善其性能,可将乙交酯(GA)和丙交酯(LA)进行共聚,得到聚乙丙交酯(PGLA)共聚物。共聚后,聚合物的结晶度下降,而且随着引入 LA 含量的增加,聚合物可由半晶变为非晶,但要得到高分子量的 PGLA 有很大的难度,导致其纤维制品价格昂贵。当丙交酯含量为10%～15%(摩尔分数)时,PGLA 可熔融纺丝制成性能良好的纤维,即强度>54.4N/tex(617gf/旦),结节强度>36.5N/tex(414gf/旦),柔韧性良好,生物降解速度适中(比 PGA 慢,较 PLA 快),可用作可吸收手术缝合线、牙科材料和骨科材料。目前,国内外市场上已有 PGLA 手术缝合线的商品。

三、聚己内酯纤维

聚己内酯是一种水稳定性良好的疏水、高结晶聚合物,由有机金属化合物催化己内酯环状单体(图5-8)开环聚合而得到的脂肪族聚酯。聚己内酯纤维可通过熔融纺丝法制取单丝、复丝和短纤维,是一种价格较低的可生物降解合成纤维。由于聚己内酯的熔点为60℃左右,玻璃化温度为-60℃,结晶温度为22℃,非常接近室温,所以其熔融纺丝时要比锦纶和涤纶困难得多。但通过优化工艺,延缓其结晶,可提高初生纤维的可拉伸性能。

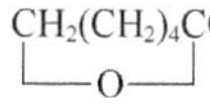

$$\underset{\underset{\text{O}}{\underline{\hspace{2.5cm}}}}{CH_2(CH_2)_4CO}$$

图5-8　己内酯分子结构

聚己内酯纤维的强度较高,与锦纶6相接近,其拉伸强度可达70.56cN/tex以上,结节强度也在44.1cN/tex以上,而且湿态强度降低较少。其生物可降解性能较好,与人造再生纤维相似,它不仅能在土壤中降解,在海水和活性污泥中也有较佳的可降解性。

聚己内酯纤维具有良好的纺织加工性和使用性,常用于服装、日常生活用品、土木工程、医疗卫生、农林园艺、水产等领域。

四、聚丁二酸酯类纤维

聚丁二酸酯是由丁二酸和脂肪族二元醇(如乙二醇、丁二醇等)缩聚得到的一类被广泛研究的生物可降解纤维。日本尤尼吉卡公司将熔融指数为30g/min、熔点为112℃的聚丁二酸丁二酯熔融纺丝,通过喷丝头挤出后冷却、卷绕,在70℃下进行相当于最大拉伸比70%的拉伸,然后在填塞箱中卷曲、切断,可以得到中空度为14%、强度为0.32N/tex(3.6gf/旦)的中空短纤维,适合用作卫生材料和工业原料。

由聚丁二酸乙二酯和聚乙二醇组成的嵌段共聚物(PES—PEG),由聚丁二酸乙二酯和聚1,3-丁二醇组成的嵌段共聚物(PES—PIMG),都可经熔融纺丝加工成有弹性的纤维,且具有很好的可生物降解性能,有望用作可吸收手术缝线。将己二酸—1,4-丁二醇—丁二醇的共聚体进行熔融纺丝时,纤维在20℃水中冷却,在70℃水中拉伸4.5倍,再拉伸至总拉伸倍数为10后,经80℃下松弛热处理,可得到热强度为0.52N/tex(5.9gf/旦)、结节强度为0.43N/tex(4.9gf/旦)、具有良好的生物降解能力的纤维。

聚丁二酸酯在复合纤维和非织造布领域的应用也有一定的进展。以聚丁二酸乙二酯（PES，熔点102℃）为皮层，以聚丁二酸丁二酯（PBS，熔点118℃）为芯层，熔融纺丝，可以得到强度为0.36N/tex（4.1gf/旦）、纤度为0.89tex（8.0gf/旦）的双组分复合长丝。以PBS—PES共聚物为芯层、以PBS和聚己二酸乙二酯（或聚癸二酸丁二酯，或两者的共聚物）为皮层，经过复合纺丝，也可得到可生物降解的聚酯类复合纤维。用特殊的多孔喷丝板将PBS和PBS—PES共聚物熔融纺丝，以4200m/min的速度卷绕得到分层纤维，然后铺网，用压花滚筒和光滑滚筒在95℃下热压，可制成非织造布。

五、光热降解聚烯烃纤维

光降解法是公认的处理废弃高分子材料的最佳方法，在世界上引起了普遍重视。人们试图用光和热的方法使高分子聚合物分解成低分子物。荷兰一家公司研制成功一种光、热可降解的纱线，该纱线的基本材料是聚烯烃类聚合物，其中加有常用的紫外线稳定剂和涂料。由这种纱线加工制成的纺织品，在正常季节里不会变质，能完全满足使用上的要求，但如放在混合肥料或热地上，当温度升到50℃以上时就会发生热降解。目前，这种纺织品大多用于农林园艺中。

光热可降解聚丙烯纤维。将球状聚丙烯与铜或铁硬脂酸盐等混合后，熔融纺丝，可加速聚丙烯的光热老化降解的性能。混入金属盐的多少可控制降解发生的温度，如50℃、80℃或100℃以上等。产品用于植物种植基布和覆盖布等，亦可控制降解时间长短，如由3~24个月，正常条件和季节可满足使用，达到预定条件或时间即发生降解作用。

光降解醋酸纤维。在醋酸纤维素酯中加入一种颜料，这种颜料可取代纤维素中的一部分，如0.1%~5%（质量分数），形成可光活化的颜料金属分子的分子段，控制这些在醋酸纤维素酯高分子链中金属分子段的分布和数量，使制得纤维具有不同的降解度，用这种纤维制作香烟过滤嘴，丢弃后亦不损害环境。

思考题

1. 改善棉纤维生态性和应用性能的主要手段和方法有哪些？

2. 简述麻类纤维的生态优势。

3. 分析讨论拉伸加工对羊毛的性能改善以及此加工方法的生态、经济优势。

4. 简述采用生物质材料的各再生纤维的生态特征和可能存在的生态问题。

5. 可降解合成纤维的开发成功，是否就意味着此类纤维可归属为"绿色纤维"？

参考文献

[1] 吴赞敏.纺织品清洁染整加工技术[M].北京:中国纺织出版社,2007.

[2] 邢声远,江锡夏,文永奋,等.纺织新材料及其识别[M].北京:中国纺织出版社,2002.

[3] 王德骥.苎麻纤维素化学与工艺学——脱胶和改性[M].北京:科学出版社,2001.

［4］张建春,张华,来侃,等.汉麻纤维的结构与性能［M］.北京:化学工业出版社,2009.

［5］于伟东.羊毛拉伸细化技术中的基本问题［J］.纺织导报,2004(4):32－37.

［6］徐世清,王建南,陈息林,等.天然彩色茧丝资源及其开发利用(1)［J］.丝绸,2003(1):42－43.

［7］许树文,吴清基,梁金茹,等.甲壳素·纺织品［M］.上海:东华大学出版社,2002.

［8］王建坤.新型服用纺织纤维及其产品开发［M］.北京:中国纺织出版社,2006.

［9］马君志,吕翠莲.海藻纤维的研究进展［J］.上海纺织科技,2010,38(1):4－6.

［10］赵雪,何瑾馨,朱平,等.海藻纤维的性能和最新研究进展［J］.国际纺织导报,2008(11):24－30.

［11］展义臻,朱平,张建波,等.海藻纤维的性能与应用［J］.印染助剂,2006,23(6):9－12.

［12］张幼维,吴承训,张斌,等.可生物降解纤维(中)［J］.纺织科学研究,2001(2):28－34,40.

［13］张幼维,吴承训,张斌,等.可生物降解纤维(下)［J］.纺织科学研究,2001(3):39－46.

［14］范松林.降解纤维与用即弃类产品的开发［J］.北京纺织,2001,22(1):16－17.

第六章　环保型染料

本章学习指导

　　1. 复习第二章中有关染料的环保生态型的要求和限量值的内容。

　　2. 掌握活性染料、分散染料、直接染料和酸性染料存在的主要生态问题和解决措施。

　　3. 认识天然染料的生态特性和在现代纺织品染整中应用的优势和不足。

　　4. 了解当前纺织用染料的发展趋势和相关的应用技术。

　　所谓环保型染料就是生产过程和使用中对环境友好,对人体安全、符合 Oeko – Tex® Standard 100 的环保要求,不含致癌的芳香胺,无过敏性或其他急性毒性,可萃取重金属含量在限量值以下,不含可吸收的有机卤化物,不易产生"三废",即使产生少量的"三废"可用常规的方法处理即可达到环保和生态的要求,生物降解性好等。同时,染料的染色性能(如色泽、上染率、匀染性、重现性等),各项染色牢度必须满足使用要求。

第一节　环保型活性染料

　　对于市售的商品活性染料的重氮组分不含有 Oeko – Tex® Standard 100 历年修订版,以及欧盟和德国政府规定的 20 多只致癌芳胺;在 1994 年德国政府提出的 118 只禁用染料和 1999 年德国化学工业协会(VCI)提出的 146 只禁用染料中也无活性染料;在染料合成过程中产生致癌芳胺和含有致癌芳胺异构体造成的禁用染料中也无活性染料。因此,目前市场上销售的活性染料本身都是安全的。

　　但是,活性染料仍然存在不能忽视的环保问题。这些问题受到诸多因素的影响,如由于活性染料在水中易水解,固着率低,一般在 55% ~ 80%,造成染色废液色度高,染色残液的 COD 和 BOD 值较高;染色时需加入大量的无机盐,致使染液中含大量无机阴离子(Cl^-、SO_4^{2-}),增加了废水处理的难度;卤代杂环类活性基的染料会提高印染废水的可吸附有机卤化物(AOX)的含量;染色后,为了去除纤维上的水解染料和未固着染料,需耗用大量的水和能源;其耐汗渍、耐日晒牢度、耐氯牢度等不能满足使用要求等。

　　近年来,活性染料的开发重点是通过对活性染料分子结构的研究,提高其与纤维的反应活性,改善其应用性能和达到更高色牢度要求。此外,降低用盐量、使用方便、缩短染色时间、重现性好,追求一次成功率也是开发目标。

一、活性染料结构的发展

自20世纪90年代以来活性染料获得了快速发展,成为主要的纤维素纤维染料。活性染料通过活性基与纤维生成共价键结合上染,使之具有优异的湿处理牢度。但是也是由于活性基的活性,造成活性染料易水解,在纤维素纤维上上染率低,进而影响染料与纤维亲合力和最终染色产品的湿处理牢度。为了解决这些问题不断研究开发了许多新型活性染料。

(一)双活性基和多活性基活性染料的开发

由于染料的活性基与纤维素纤维形成共价键的同时,染料的水解副反应也同时发生,从而造成染色过程中染料在纤维上的上染率和固着率降低,一般单活性基染料的固色率仅50%～65%。为了提高染料的固色率和利用率,降低染色废水的色度,从而产生了双活性基和多活性基活性染料。图6-1是几只双活性基染料分子结构。双活性基染料分子中含有两个活性基,当其中一个活性基水解失去反应能力后,另一个活性基还可以与纤维继续发生反应,提高了染料与纤维的反应概率,因而这类染料的固色率较高,可达90%。

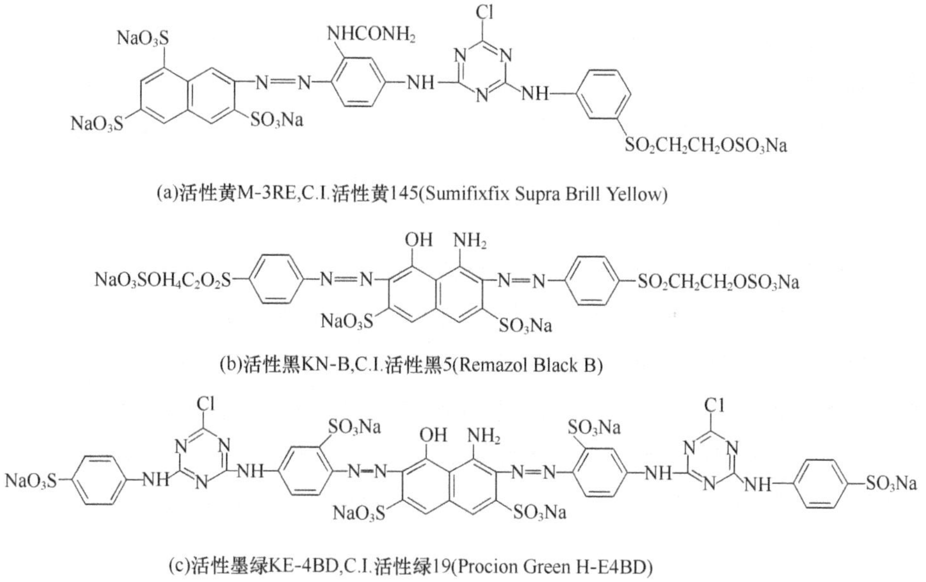

(a)活性黄M-3RE,C.I.活性黄145(Sumifixfix Supra Brill Yellow)

(b)活性黑KN-B,C.I.活性黑5(Remazol Black B)

(c)活性墨绿KE-4BD,C.I.活性绿19(Procion Green H-E4BD)

图6-1　几只双活性基染料的分子结构

根据染料分子中所含双活性基的种类分为相同活性基和不同活性基。在一个染料中含有两个不同的活性基团,不仅可以提高染料的固色率,还可同时发挥两类活性基团的优势,克服各自固有的缺点。均三嗪活性基的染料与纤维的结合键耐碱性较好,在酸性介质中稳定性差,而且此类染料对纤维素纤维的亲和性较高,生成的水解染料不易从织物上洗脱;乙基砜基活性染料与纤维的结合键耐酸性较好,耐碱性差,水解染料对纤维素纤维的亲合力小,未固着染料易清除。这两种不同性质的活性基,经过正确地选择配合后同时存在于一个染料分子中,将使染料具有两类活性基的各自优点,使染色产品的耐酸、耐碱色牢度均好。并且研究发现含有相异双活性基的染料具有更宽的染色温度范围和更好的染色重现性,对盐的敏感性降低,有利于染色工艺的控制和减少盐的用量。

从理论上讲,在活性染料分子中引入更多的活性基,将有利于提高染料在纤维上的固着率,但是由于相对分子质量增加,直接性增大,含有多个活性基染料的移染性和扩散能力较差,容易产生表面着色,不仅影响纤维对染料的固着,而且降低染料的提升性,因此市场上含有三个及以上的活性基的染料品种很少。但是,最近 Huntsman 公司通过对染料分子结构的合理设计,开发出了含三个活性基、用于纤维素纤维竭染工艺的新型活性染料 Avitera SE,并已载入染料索引(C.I.)中,分别是 Avitera 黄 SE(C.I.活性黄 217),Avitera 红 SE(C.I.活性红 286),Avitera 深蓝SE(C.I.活性蓝 281)。该染料染色温度为 60℃,具有优良的提升性,吸着率在 90% 以上,固着率超过 85%。Huntsman 公司将其与公司的高性能水洗助剂 Eriopon LT 配合使用,实现了省时43%、节水 60%、节约蒸气 74%,以及减少 CO_2 排放量 68% 的效果。整个染色体系被誉为是竭染技术的一次突破和飞跃,因此该类染料被称为可持续性的染料。

(二)活性染料母体的发展

染料母体是活性染料的发色部分,赋予活性染料色泽、鲜艳度、色牢度、亲合力以及相应的应用性能等。20 世纪 70 年代前,活性染料的母体结构主要为偶氮、蒽醌和酞菁三大类,并且70% ~75% 属于偶氮类,蒽醌主要是艳蓝色品种,酞菁主要是翠蓝色和由其拼混的绿色。在 20世纪 70 ~80 年代活性染料取得的标志性进展是甲臜型和三苯并二噁嗪为发色体的活性染料问世。

1.甲臜型母体结构

甲臜(Formazane)型活性染料的问世应该说是对活性染料母体的突破。甲臜型活性染料可以看作一类结构特殊的金属络合双偶氮染料(图 6 - 2),两个偶氮基连接在同一碳原子上,与铜原子络合后形成三个稳定的六元螯合环,铜原子与两个偶氮基邻位的羟基或羧基络合,形成了一个稳定的平面结构,对纤维具有良好的亲合力。又由于铜络合物的形成使得染料具有良好的耐光牢度。而且该蓝色染料的制得是对活性染料母体蓝色色谱的突破。

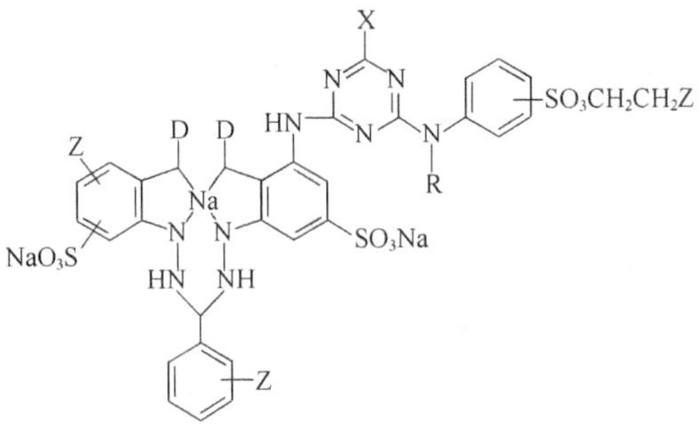

图 6 - 2 甲臜型活性染料分子的结构

(Z 为活性基,R 为烷基或烷氧基,X 为卤素,D 为羟基或羧基)

除了甲脒结构的母体染料外,还有单偶氮三螯合环金属络合结构[图6-3(a)]和邻双偶氮三螯合环金属络合结构[图6-3(b)]的染料母体。双偶氮三螯合环金属络合结构,具有对称性,耐光牢度很高,可达7~8级,即使是浅色染色物,其耐光牢度仍很高。而且具有优良的耐氯和耐过氧化物牢度的性能。

但是必须注意因染料分子中含铜不利于生态环保,可萃取铜在纺织物上的含量必须控制在限量以内(50mg/kg)。

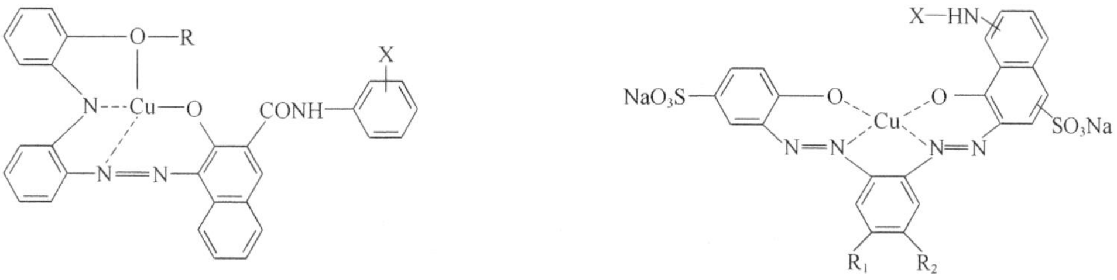

(a) 单偶氮三螯合环金属络合结构

(b) 邻双偶氮三螯合环金属络合结构

图6-3 偶氮三螯合环金属络合结构

2. 三苯并二噁嗪母体结构

三苯并二噁嗪结构的活性染料(图6-4)的开发,补充了活性染料的艳蓝色和紫色色谱,这类发色体色泽鲜艳,摩尔吸光系数高达6万~8万,约为蓝色蒽醌类活性染料的4~5倍,蓝色偶氮类活性染料的2倍,固着率也是其他结构染料的1.2~1.6倍。有极好的耐光牢度,由于分子呈平面线性结构,对纤维有很强的直接性,固色率高达90%,且织物上浮色少,但是染料分子间的缔合度也很高,使其溶解性和提升力不够好。

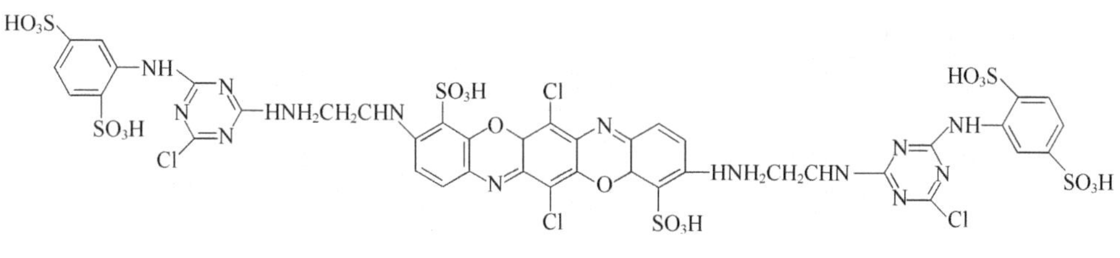

图6-4 活性艳蓝 KE-GN,C. I.活性蓝198(Procion Blue H-EL)

三苯并二噁嗪结构的活性染料同样存在生态隐患,因为三苯并二噁嗪的生产原料四氯苯醌或五氯苯酚为环境激素和致癌物质。

(三)连接基的发展

连接染料的发色体与活性基,或者连接两个活性基的基团称为连接基(或称桥基)。它将整个染料分子连成一个整体,使染料母体和活性基等各组成部分保持平衡,起相互协同作用。因此,要求连接基在酸碱条件下必须有足够的稳定性,并能使染料具有良好的空间构型。

目前活性染料商品结构中采用的连接基在10种左右,只有染料母体(约49种)或活性基(约340种)种类数的3%~5%。连接基按电性分为两类,即给电子连接基,如亚氨基、烷氨基、烷氧基、氧基和硫基等;吸电子连接基,如砜基、磺酰氨基、酰氨基、芳烃酰氨基、烷烃酰氨基、羰基等。大多数含给电子连接基的活性染料与纤维之间发生取代反应,而大多数含有吸电子连接基的活性染料则与纤维之间发生加成反应。从活性染料的反应活性分析,以含给电子连接基的活性染料为强。由于连接基也与活性染料的应用性能和牢度性能有关,因此对连接基的研究也是环保型染料开发的研究目标之一。当前对连接基的研究主要集中在烷氨基和叔氨基上。

对于相异单侧型双活性染料的亚氨基连接基,在碱性固色条件下将脱质子形成负电荷氮原子($—N^-—$),使固着速度降低几个数量级,得色量因此减少。若将其 N - 烷基化则可以抑制这一现象。烷氨基连接基的空间效应使与之相连的苯环扭转,导致三嗪环与苯环的共平面性被破坏。通过单晶 X 射线衍射谱证明,以烷氨基为连接基的三嗪环和苯环的平面角为 72.22°,而相应的亚氨基为连接基的平面角为 8.6°。由于这种扭转的构型,使连接基烷氨基氮原子上的孤对电子与三嗪环的 p—p 共轭系统部分被破坏,p 电子只部分地转移到三嗪环上。反应中心碳原子的电子云密度比相应的亚氨基连接基的染料低,导致烷氨基连接基的染料反应活性比亚氨基的高。

染料空间构型与染料性能关系的研究,是近十年染料基础研究的一个重要分支。基于上述理论,烷氨桥基的复合单侧型双活性染料,由于染料母体与活性基的共平面性被破坏,染料缔合度下降,溶解度增加,直接性下降,易洗涤性增加,牢度、提升力提高,更适合轧染染色。对于亲合力较高的以酞菁、甲臜为母体的单侧型双活性基染料,引入烷氨基将有利于染料向纤维内部扩散并固着,降低染料在纤维表面的固着。

平面性连接基,如对苯二胺或 1,4 - 二氨基 - 3 - 苯磺酸基,为刚性连接基,染料分子平面性很好、直接性强、匀染性差。若以亚氨基连接,由于单键可以自由旋转,自动处于同平面状态,亲合力较大、初染率高、匀染性差。在其上引入烷基将导致染料分子扭转,亲合力降低、初染率减缓、匀染性和溶解度增加。

(四)活性基取代基的变化

一氯均三嗪的取代基不同,会影响该活性基的活泼性。当这类染料中的传统取代基(氨基和苯氨基)被其他取代基取代后,剩下的氯原子的活泼性将受到影响。

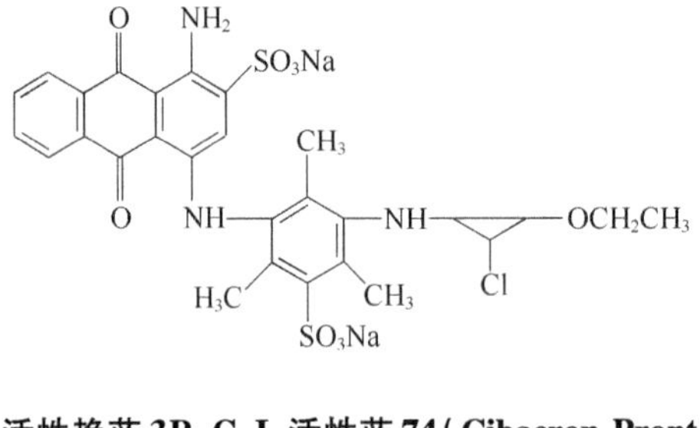

图 6 - 5 活性艳蓝 3R,C. I. 活性蓝 74(Cibacron Pront Blue 3R)

如 Cibacron Pront 系列染料(图 6 - 5)以甲氧基或乙氧基作为取代基,甲氧基或乙氧基的给电子能力比氨基和苯氨基小,水解速率要比苯氨基约快 28 倍。Cibacron Pront 染料的固色温度可由一般一氯均三嗪染料的 80℃降到 40℃,适合冷轧堆染色工艺和快速汽蒸印花及二相法印花。

若用氰氨基取代三嗪环上的氯原子或氟原子,由于受氰氨基强吸电子性影响,增加了均三嗪环上卤素原子的活泼性,使反应速度增加,降低了反应温度;其次氰基的空间结构并非平面性,而呈棒状结构,对活性基的空间阻碍很小,有利于亲核试剂纤维素纤维羟基阴离子进攻均三嗪环上与卤素原子连接的正碳中心。此外,在碱性中,氰氨基的亚胺受碱剂作用失去质子后,形成富电子的氮负离子,其在水中易与水分子以氢键结合,增加了染料在水中的溶解度,有利于浮色清除,提高了易洗涤性。并且由于能接受水分子,也减缓了染料的水解。如 Hoechst 公司用氰氨基为活性基的取代基开发的几只均三嗪型活性染料(图 6 - 6),可用于纤维素纤维和蛋白质纤维的染色。

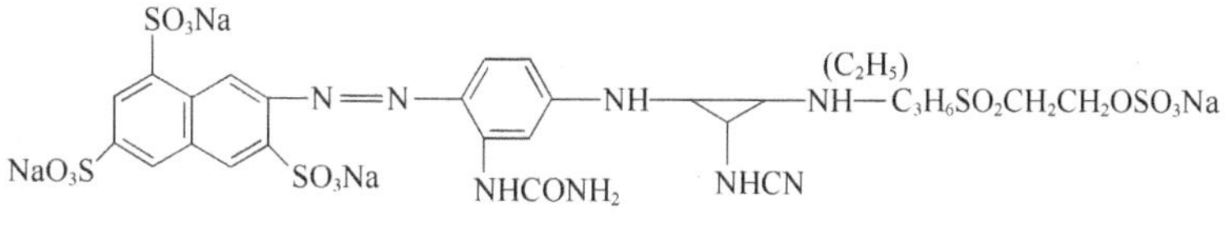

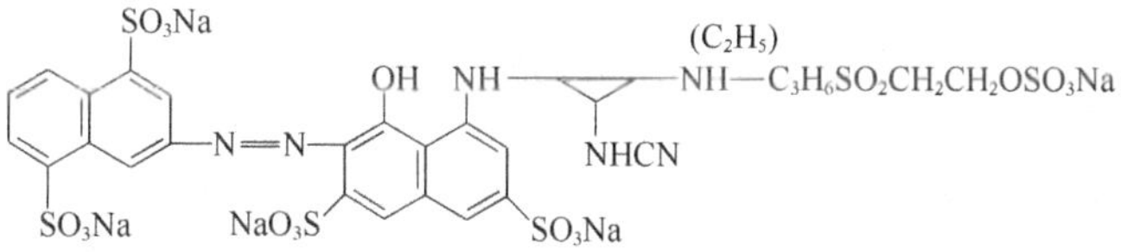

图 6 - 6　Hoechst 含氰氨基取代基的活性染料

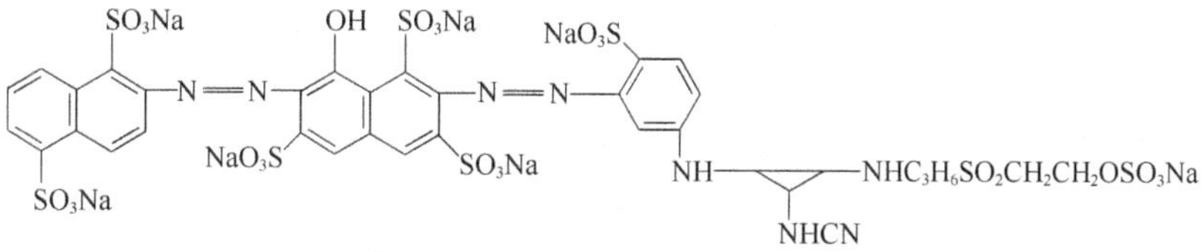

该系列染料相容性极佳,在各种染色工艺中对染色工艺参数的波动呈相近的敏感性,在染色和印花工艺中可获得良好的重现性。这些染料用于竭染工艺,得色量和固色率都很高,可达 90% 左右。对浴比、染色温度、盐用量的敏感性很小。在轧染中,同样可以得到高固色率和高得色量,对汽蒸时间和冷堆堆置温度不敏感。在印花工艺中,可获得轮廓清晰、白地洁白、得色深浓的效果,既可采用一相法工艺,也可采用二相法工艺,且可采用各种汽蒸条件。

这类染料具有良好的耐晒牢度和湿处理牢度,特别是耐氯牢度,其水解染料极易洗除,因而大大节约了洗涤用水和洗涤时间,不仅具有经济效益,而且具有环保效益。

二、环保型活性染料的开发应用

(一)高固着率活性染料

这类活性染料分子中含有两个以上不同或相同的反应性强的活性基。活性基团的增加使染料的相对分子质量提高,改变了染料的溶解性,增加了染料与纤维的反应概率,染料的提升力和固着率明显提高,同时各项牢度性能也得到提高,但发色强度没有增加。

日本 Sumitomo(住友)公司开发的 Sumifix Supra 染料,在染料母体单侧用芳环连接乙烯砜和一氯均三嗪两个不同的活性基,改进了活性染料的溶解度和提升力,固着率和各项牢度都有提高。如图 6 - 7 所示的红色染料。以后 Sumitomo(住友)公司又开发了两套高固色率活性染料 Sumifix Supra NF 和 Sumifix Supra HF,固色率高达 85% ~ 90%,而且具有较好的耐日晒、耐汗—光、耐氯牢度。

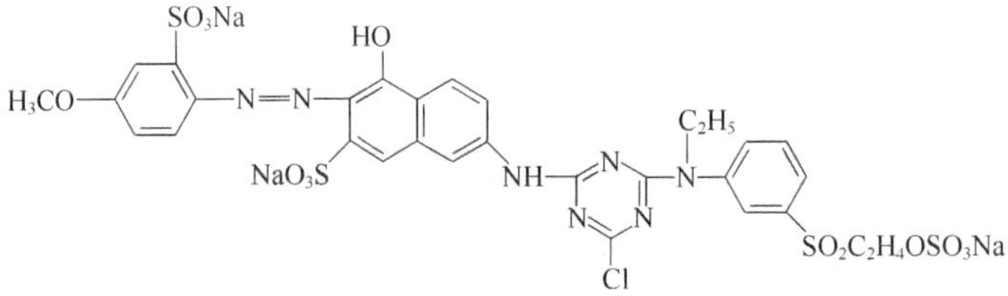

图 6 - 7　活性大红 M - 2GE,C. I. 活性红 222(Sumifix Supra Scarlet 2GF)

由于一氯均三嗪的反应速度比乙烯砜低许多,影响这类染料固色率的进一步提高。Huntsman(亨斯曼)公司开发的活性染料 Novacron C 和 Novacron FN,分子中采用乙烯砜和一氟均三嗪双活性基。由于一氟均三嗪的反应速率比一氯均三嗪大 4.6 倍,与乙烯砜基的反应性有更好的匹配性,从而提高染料的固色率。

此外,染料结构中用脂肪族乙烯砜型活性基替代芳香族乙烯砜型活性基,使得母体与连接基相连的对位酯或间位酯之间少了一个苯环,使其相对分子质量减小,又因活性基用 F 替代 Cl,在提高染料溶解性的同时降低了染料与纤维的直接性;而且由于活性基的氨基离砜基很近,氮原子的电负性使得砜基对硫酸酯基的影响减弱,使得酯基相对稳定,不易脱落,提高了染料在碱性溶液中的稳定性。因而这套活性染料非常适用于冷轧堆和小浴比染色,即具有优异的反应性,固着率高;良好的溶解性,染料分子不易缔合,在强碱、低温的条件下染料不析出,具有足够的耐碱稳定性;染料对纤维的直接性较差、染色匀染性好。Novacron C 和 Novacron FN 活性染料的固着率均在 80% 以上,最高可达 96%,高匀染性,高重复洗涤性,优异的易洗涤性能和各项牢度。这类染料的通式如图 6 - 8 所示。图 6 - 9 是 Novacron Yellow C - RG(C. I. 活性黄 174)的结构式。

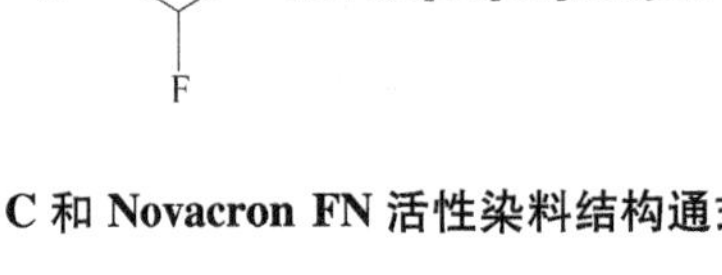

图 6 - 8　Novacron C 和 Novacron FN 活性染料结构通式(A 为脂肪链桥基)

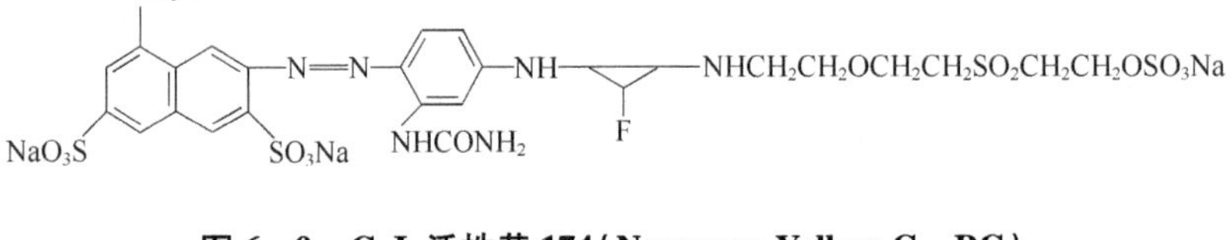

图 6 - 9　C. I. 活性黄 174(Novacron Yellow C - RG)

Novacron FN 型染料是 Huntsman 公司在其商品化加工时先将原染料进行脱盐处理,再加入特殊分散剂,从而降低活性染料分子间的缔合度,提高了溶解度。因而有别于 Novacron C 型染料。尽管目前在 Novacron FN 型染料(共 13 个品种))中有 10 个品种的化学结构与 Novacron C 型染料的对应品种结构是相同的,但染料的商品化不一样。

Novacron S 型染料是 Huntsman 公司开发的又一新型染料,由 2 ~ 3 个发色体和 2 ~ 3 个互补的活性基组成(其中 1 ~ 2 个活性基是乙烯砜基或 β - 羟乙基砜基硫酸酯基),与传统的活性基为线型排列的活性染料不同,它的三个活性基呈平面排列,分子紧密而有弹性,具有中等亲合力,良好的分散性、移染性,优异的水洗性,使得该类新染料具有超过 90% 的固着率和极高的提升力。可以说它是目前市场上所有活性染料中具有最好提升性的一类活性染料,能满足从实验室到大生产以及批次间的高度重现性、高效耐洗、高色牢度以及一次准染色对活性染料的要求。

Levafix CA 型染料是 DyStar(德斯达)公司于 1999 年推出的一类高固着率活性染料,含有一氟均三嗪活性基和乙烯砜活性基(或 β - 羟乙基砜基硫酸酯基),分别分布在母体染料的两侧,通式如图 6 - 10 所示。

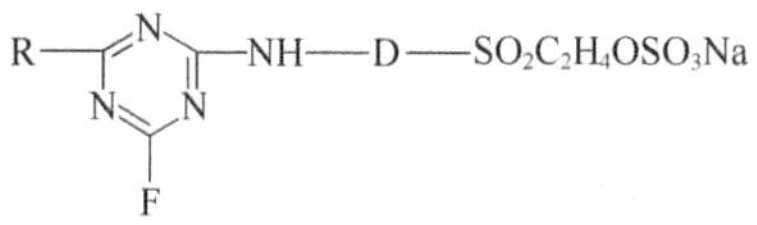

图 6 - 10 Levafix CA 型染料结构通式

该类染料具有中等亲和性,高碱介质溶解性,良好的耐碱性和优异的洗净性,很好的色牢度(包括汗光牢度和反复洗涤后的色牢度),反应性较强,固色率高达 90%。此外,该类染料还有良好的重现性和对染色工艺条件变化的低敏感性,适用于冷轧堆和浸染染色等所有染色方法,对锦纶和氨纶等纤维沾色少。至今,它已有 11 个品种。

此外,高固着率的活性染料还有 Clariant(克莱恩)公司的 Drimarene CL;BASF(巴斯夫)公司的 Basilen FM;韩国泰兴公司的 Apollofix SF;以及上海染料有限公司开发的 M - E 型、EF 型、KE 型染料。

(二)低盐染色用新型活性染料

活性染料染色过程中,为了抑制纤维表面的负电荷,必须加入大量无机盐作促染剂,一般竭染时无机盐浓度为 50 ~ 80g/L,连续轧染时高达 200 ~ 250g/L。排放如此多无机盐的废水将直接改变江湖水质,破坏水的生态环境,盐分的高渗透性将导致江湖周边土质的盐碱化,降低农作物产量。而且印染厂对染色过程中加入的大量无机盐无法通过简单的物理化学和生化方法处理。

既要少用无机盐又要保持或提高活性染料的上染率和固色率,必须提高染料与纤维的亲合力,但是因此会降低匀染性和易洗涤性。深入研究了活性染料结构和亲合力的关系后发现,增加染料分子结构的空间位阻,使染料分子的共平面性和共轭效应减弱,加强染料亲水基团的亲水能力,适当减少染料分子上离子性亲水基团的数量,增加非离子性亲水基团(在连接基上)的数量,将显著减少染色用盐量。这里空间位阻效应是在染料母体上的不同位置以及桥基上引入烷基取代基。因此,这类染料的直接性远大于以往的活性染料,只需使用较少的无机盐即可保持或提高染料对纤维的亲合力,保证高固色率,又具有优良的匀染性和易洗涤性,废水 COD 值显著下降。

1. 提高染料分子的平面性

Huntsman 公司开发的 Novacron LS 型活性染料即为低盐型活性染料,LS(Low Salt)表示适于低盐染色。分子结构中的双一氟均三嗪活性基通过特殊的桥基结构连接起来,分子结构通式如图 6 – 11 所示,其相对分子质量很大,平面性很好,连接基和活性基的空间位阻很小,对纤维有很高的直接性。

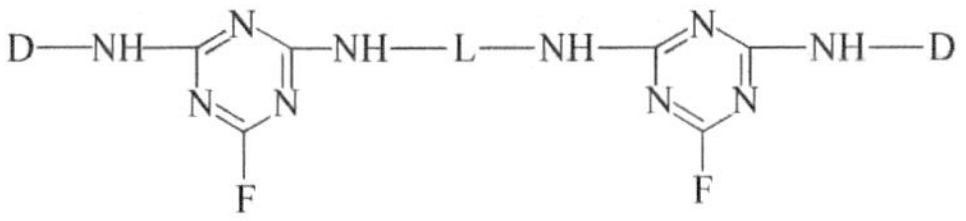

D—NH—[三嗪环]—NH—L—NH—[三嗪环]—NH—D
               | |
               F   F

图 6 – 11 Novacron LS 型活性染料结构通式

该套染料的特点是溶解性好,反应性中等,成键牢度高,上染率可达 90% 以上,固色率高达 80%,用盐量低(约为一般活性染料的 1/3 ~ 1/2),用于纤维素及其混纺织物的高温浸染工艺,对盐、浴比变化不敏感,即使在批量、浴比变化相当大的情况下,也能保证染色的一次准确性,具有优良的匀染性、重现性。

2. 减少磺酸基数目

活性染料分子中的磺酸基数目对其亲和性有很大影响,如表 6 – 1 所示,在元明粉浓度为 25g/L 时,染料分子结构中减少一个磺酸基后,亲和性增加 130%;元明粉浓度为 50g/L 时,亲和性增加 60% 左右,这为低盐染色创造了条件。

但是,磺酸基数目减少将影响染料的水溶性。因此为了不影响染料的水溶性,这类染料的分子结构都具有较高的空间位阻效应,如烷氨基作连接基,使染料分子的同平面性减弱,共轭效应也相应较弱,染料中亲水基团的离域能力减小,亲水基团的亲水能力增强。从而,可以通过适当减少磺酸基数量显著减少无机盐的用量。

表 6 – 1 异双活性基活性染料的磺酸基数与亲和性的关系

染料结构	元明粉浓度(g/L)	一次吸尽率(亲和性,%)
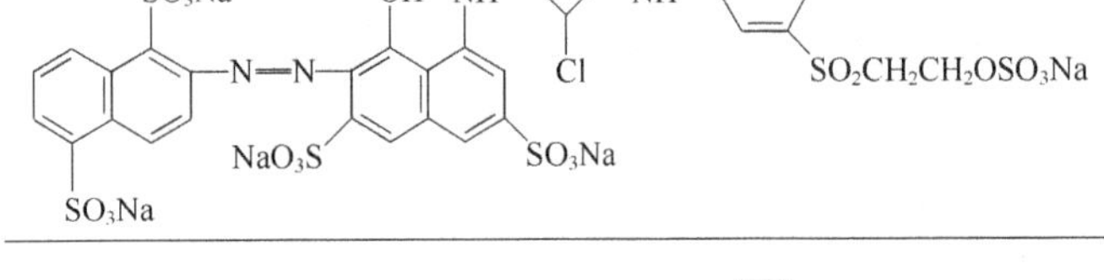	25	23
	50	41
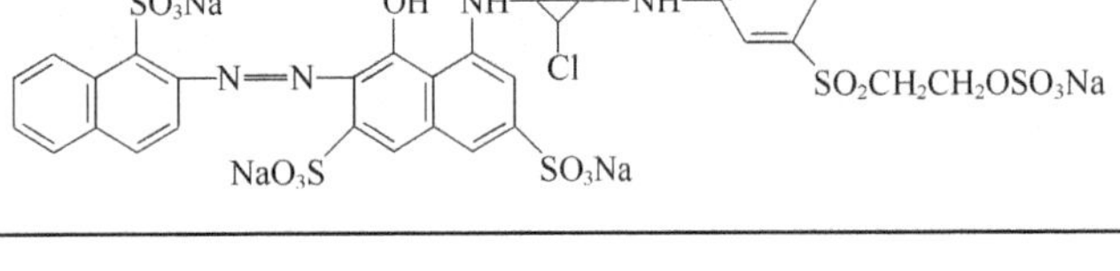	25	53
	50	65

日本住友化学公司于1996年推出的Sumiflx Supra E-XF系列活性染料即是通过减少磺酸基制得的适用于低盐染色的活性染料,其深色三原色Sumifix Supra Yellow Brown E-XF Grain,Rubine E-XF Grain和Blue E-XF Grain,含一氯均三嗪和乙烯砜双活性基。染色时只需加硫酸钠30g/L,就能与Sumiflx Supra普通型染料添加50g/L时的效果相同。1998年开发的Sumiflx Supra NF和Sumiflx HF,无机盐用量也仅为一般染料的60%,具有85%以上的高固色率、适用于70~80℃竭染染色,具有良好的洗净性、提升力,特别适用于中深浓色染色,因其固色率大85%~90%,其染色废水中残留染料量仅为一般活性染料染色的25%~30%。

针对Sumifix Supra E-XF型染料的特点,提出了LETS染色法,即低盐(Low Salt)、匀染(Even Dyeing)、省时(Time Saving)、经济(Save Cost)。该染色法浴比为1:10,元明粉用量只有普通型的1/3~1/2。

3.商品染料中硫酸酯乙基砜和乙烯砜并存

商品级活性染料中β-硫酸酯乙基砜是一个重要组分,它是一个暂溶性基团,具有较好的水溶性,对纤维的亲合力较差,有较好的移染性。染色时染料分子脱去硫酸酯生成乙烯砜基,水溶性降低,染料对纤维的亲合力提高,容易被纤维吸附并均匀地染着。而未被吸附或固着的乙烯砜基则被水解为羟乙基砜基的水解染料,对纤维的亲合力大大降低,但有一定的水溶性,易被洗除。若在商品中按一定比例控制β-羟基乙基砜硫酸酯基与乙烯砜基的量,染色时既可保证活性染料具有足够的水溶性,而且对纤维也有相当的亲合力。因而,这类染料染色时可大大减少盐用量,适用于低盐染色工艺。

Dystar公司推出的适合低盐染色的Remazol EF系列染料,分子结构中就是含有两个β-硫酸酯乙基砜,并含有一定比例的乙烯砜基染料,无机盐的使用量为常规工艺的1/3,染色工艺流程缩短。

4.其他低盐活性染料

1997年DyStar公司筛选出部分Levaflx E-A型染料,这是一类二氟一氯嘧啶型活性染料。由于2、4位氟原子的电负性大于氯原子,导致嘧啶环上2、4位碳原子的电子云密度降低,反应性较强。其反应活性比一氯均三嗪约大128倍,固色率达到80%~90%。因为与纤维素纤维键合后,氟原子离去,嘧啶核上电子云密度较高,因此染料—纤维键相当稳定,耐酸又耐碱,与纤维成键后的水解常数很低。

由于二氟一氯嘧啶活性较高,固色率也很高,本身含有双活性基,所以该类染料分子量较小,染料分子上的磺酸基数量可相应减少到满足一定溶解度即可,因而染色时作为促染剂的盐用量较少,为低盐型活性染料。与此同时,DyStar公司还推出了染色新工艺——Levafix OS系列低芒硝染色法。其特点是可减少2/3芒硝用量,缩短工艺流程,浴比为1:10,减轻排水负荷,染料溶解度高,匀染性优异。但是制造该类染料的中间体2,4,6-三氟-5-氯嘧啶的合成非常复杂,使其价格太高。

其他低盐型活性染料还有日本化药公司1999年开发的Kayacion E-LE conc,为一套中深色环保染料,E-LE的意思是浸染(Exhaustion),低电解质(Low Electrolyte),即竭染时使用低电解质。该套活性染料具有高亲和性和反应性,可获得高染着率与固着率,一般固色率为78%~

81%,适应1:10浴比染色,用盐量少。另外,该公司还开发了 Kayacion E – CM Clean 染料、Kayacion E – MS 染料、Kayacion E – S 染料,它们都具有低盐染色的功能。

(三)不含重金属和不含 AOX 的活性染料

AOX 是"Absorbable Organic Halogens(可吸附有机卤化物)"的英文缩写。这里的卤化物不包括氟化物,只指氯化物、溴化物和碘化物。大多数的有机和无机卤化物对生物生存起到了十分重要的作用。但是,人工合成的有机卤化物,如一些阻燃剂、杀虫剂、防毒剂、干洗剂、漂白剂、羊毛脱脂剂等。这些有机卤化物除了具有优异的使用性能,同时也是对环境危害较大的物质。由于活性染料的固色率低,含有氯代均三嗪活性基的染料,一般不能100%吸尽和固着,是造成染色废水中的 AOX 增加的主要原因之一。

染料中重金属的含量也是一个较难处理的问题,欧盟早在2002年5月15日颁布的欧盟纺织品生态标签(Eco – label)的新标准中就明确规定了禁用铬媒染料和限制使用金属络合染料。因此,新开发的活性染料基本上不再含有重金属,而且染料的结构集中于乙烯砜型活性染料和含氟均三嗪型活性染料,避免了产生 AOX 的危险。

不含重金属的新型活性染料开发主要是取代金属络合酸性染料和后铬化毛用染料。Huntsman 公司的毛用活性染料 Lanasol CE 系列,为含 α – 溴代丙烯酰胺活性基团的染料,含有两个活性基,具有很高的吸着率和固着率、优异的重现性、良好的匀染性、高可靠性。不含金属、不含可吸附的有机卤化物,能完全满足 Oeko – Tex® Standard 100 的要求。染羊毛时,在羊毛等电点(pH 值 4~4.5)染色,不仅减轻了对羊毛的损伤,而且不会产生酸性或碱性水解,与羊毛形成共价键结合,有极好的固色率和湿处理牢度,可以取代媒介染料,无铬害。其中最突出的是 Lanasol 黑 CE,可以代替媒介黑,有好的经济性。DyStar 公司的 Realan 染料、C&K(威特科)公司的 Intrafast 染料也是不含重金属和不含可吸附有机卤化物的环保型毛用活性染料。

对于纤维素纤维染色也开发了不含重金属和不含 AOX 的新型活性染料。如 DyStar 公司的 ReaNova CA,具有两个不同的活性基,固着率约90%,适于浅到深色的低盐中温染色,有好的各项牢度、洗净性和重现性。此外,Huntsman 公司的 Novacron C、FN、LS 活性染料中绝大部分品种,也是不含金属和不含可吸附有机卤化物的环保型活性染料。

日本化药公司的 Kayacelon React CN 染料,也是一类重要的不含重金属和不含可吸附有机卤化物的活性染料。结构中含有两个3 – 羧基吡啶季铵盐均三嗪活性基,适合弱酸性或中性与高温染色,使用时脱落的3 – 羧基吡啶对环境和人体无害。而且这类染料可与分散染料一起用于涤/棉织物的一浴一步法染色,其匀染性和牢度优良。

(四)新型深黑色活性染料

棉纤维染色中黑色占了40%~50%,过去用得较多的黑色染料是硫化黑和直接黑,特别是联苯胺结构的黑色直接染料。目前黑色活性染料 C. I. 活性黑5由于价格低廉、牢度良好,好的固着率和可洗除性,在棉的黑色染色中占据重要的地位。但是由于该染料与纤维素纤维之间形成的键在反复洗涤时的脆弱性和染料母体对氯与氧化洗涤剂的敏感性,其反复洗涤牢度较差;染料的提升力较差,乌黑度达不到要求;染色时需要使用较多的电解质即浓度为80~100g/L,适用范围有限。不推荐用于热法竭染工艺中,在温热竭染中的可靠性也有限,一般用于冷轧堆和轧—干—轧—蒸工艺中。

为了提高 C. I. 活性黑 5 的乌黑度和各项牢度,改善染色性能,并能取代联苯胺结构黑色直接染料和硫化黑染料,不少公司研究开发了新的黑色活性染料。它们不仅适用于轧染、热法竭染和温热竭染工艺,也能用于印花,如 Huntsma 公司的 Novacron 黑 C - NN 和 Novacron 黑 W - NN,可用于浸轧和低温浸染,是两只优良的黑色染料、可获得极深的如硫化染料似的红光黑色,乌黑度好,提升性好,具有优异的水洗牢度、良好的可拔染性和重现性,可以取代非环保型的硫化黑。Novacron 黑 C - 2R 具有与 Novacron 黑 C - NN 相似的性能,可用于染带蓝光的黑色。Novacron 黑 LS - N 是低盐染色中目前最好的黑色活性染料,它不仅可染深黑色,而且适用于热竭染工艺,盐用量只有传统活性染料的 $1/3 \sim 1/2$,对浴比也不敏感,具有优异的染色重现性。

(五)开发适于一次准染色的新型活性染料

纺织品的一次准染色是一种先进的控制染色技术,也是一种经济、生态友好的染色工艺。一次准染色的目标是:实现产品的"零缺陷",工艺过程的高效和稳定,即无论是实验室的小样,还是生产大样以及大样的各批次之间,都应有良好的染色重现性、优良匀染性和较高的染色准确性,而无须在工艺中作调整或返修处理。

影响一次准染色的因素很多,而染料是重要的因素之一。因此要适应这一需求,必须开发用于一次准染色的新型活性染料。这类活性染料应具有:优异的相容性和提升性,良好的匀染性和重现性,对染色工艺参数变化的低敏感性,优异的可洗涤性和高色牢度。若用活性染料的染色特征值来表征,即 S 值(直接性)一般应为 $50\% \sim 80\%$,理想值为 $70\% \sim 80\%$;E 值(竭染率) $>90\%$,一般 $E - S \leqslant 30\%$;R 值(反应性)为 $35\% \sim 60\%$;t_{50}(半染时间)为 10 min 左右;F 值(固色率) $>80\%$;$E - F < 15\%$;LDF(匀染因子) $>60\%$,理想值 $>70\%$。Procion H - EXL 染料即是一类能使棉织物及其混纺织物实施一次准染色的新型活性染料。它的 $S = 70\% \sim 80\%$、$t_{50} = 10$min,属匀染型活性染料,$E - S < 30\%$,意味着染色时在添加碱后不会产生颜色深浅不匀的现象,一般乙烯砜型活性染料 $E - S = 50\% \sim 60\%$、t_{50} 多数在 3min 以下,有的甚至仅 1min、染色时添加碱后极易产生颜色深浅不匀等情况。所以,Procion H - EXL 染料具有优异的匀染性和重现性,还适用于小浴比染色。另外,它对染色工艺参数(如浴比、温度、盐用量等)的变化也不敏感,故用其染色可获得一次准染色的效果。

Levafix CA 染料也是一类适用于棉织物及其混纺织物的一次准染色的活性染料。染料无 AOX 的危害,由可生物降解的添加剂组成,具有高固着率和优异洗涤性,能耗、水耗及 COD 负荷均低,良好的匀染性和染色重现性。可用于由 DyStar 公司和 Then 公司合作开发的改进气流染色技术,Then - airflow Synergy 染色技术,用于涤/棉织物的一次准染色。与其他染色技术相比,节时 25%,节能 40%,节料(化学品) 10%,耗水量和废水量极小,加工成本很低。该类染料也适用于 Luft - rotoplus 染色技术(由 DyStar 公司和 Thies 公司共同开发的纤维素纤维小浴比染色技术),与其他染色技术相比,最多可节时 30%,最高可节水 50%,最大可节能 30%,最多可节料(化学品) 40% 等。该类染料还适用于 Econtrol 染色技术,即湿短蒸连续轧染技术等。

适用于一次准染色的新型活性染料还有：如 Levafix CA、AviteraSE、Novacron NC、Drimaren HF – CD、Remazol Ultra RGB 、Procion XL⁺、Intracron CDX、Sumifix HF 等染料。

第二节　环保型分散染料

分散染料是一类用途广泛的染料。近年来,由于超细旦涤纶、装饰用涤纶的开发以及涤纶、锦纶与棉等混纺织物新产品的增加,推动了新的分散染料的开发。近年来,分散染料的开发主要集中在符合 Oeko – Tex® Standard 100 要求,取代过敏性分散染料,不含可吸附有机卤化物,由可生化降解分散剂组成的新型分散染料;具有优异洗涤牢度和耐热迁移牢度的高性能分散染料;以及汽车装饰材料专用、涤纶超细纤维专用、涤纶混纺织物专用的分散染料。

一、禁用分散染料的代用品

在 Oeko – Tex® Standard 100 和欧盟 Eco – label 规定的致癌芳胺涉及的禁用分散染料中,产量最大、影响最广的是以对氨基偶氮苯作为重氮组分的 C. I. 分散黄23（分散黄 RGFL）。它是低温型分散染料三原色（C. I. 分散红60 和 C. I. 分散蓝56）的黄色组分。因此,世界各国都对其代用品进行了深入的研究和开发。比较被市场接受的黄色分散染料代用品种有:C. I. 分散黄 54（分散黄 E – 3G）,C. I. 分散黄 64（分散黄 3G）,C. I. 分散黄 104（分散黄 SE – 5R）,C. I. 分散黄 119（分散黄 5G）,C. I. 分散黄 134（分散嫩黄 H – 4GL）,C. I. 分散黄 211（分散黄 4G）和 C. I. 分散橙 29（分散橙 3GL）等。这些品种都已产业化,染色性能大大超过被禁用的 C. I. 分散黄 23（表6 – 2）。

表6 – 2　C. I. 分散黄 23 代用染料的染色牢度

	日晒（级）	皂洗（95℃,级）		汗渍（级）		摩擦（级）		升华（180℃,级）	熨烫（160℃,级）
		原样褪色	白布沾色	原样褪色	白布沾色	干	湿		
C. I. 分散黄 23（分散黄 RGFL）	6	4 ~ 5	4 ~ 5	4 ~ 5	4 ~ 5	3 ~ 4	4	3 ~ 4	4 ~ 5
C. I. 分散黄 104（分散黄 SE – 5R）	7	5	5	—	—	4 ~ 5	—	4	—
C. I. 分散黄 54（分散黄 E – 3G）	6	3	4	4 ~ 5	4 ~ 5	4 ~ 5	4	4	4
C. I. 分散黄 64（分散黄 3G）	6 ~ 7	4 ~ 5	—	—	—	—	4 ~ 5	—	4 ~ 5
C. I. 分散橙 29（分散橙 3GL）	6 ~ 7	5	4	5	5	4	4	5	4
C. I. 分散黄 134（分散嫩黄 H – 4GL）	7	4 ~ 5	4 ~ 5	4 ~ 5	4 ~ 5	4	4 ~ 5	3 ~ 4	4 ~ 5
分散黄 SE – 4R	6 ~ 7	4 ~ 5	4 ~ 5	4 ~ 5	4 ~ 5	3 ~ 4	4	4	4 ~ 5

如图6 – 12 所示是部分分散黄 RGFL 代用染料的结构式。这些染料通过引入取代基增加相对分子质量,引入极性基团—Br、—Cl,以及形成分子内氢键,使得染料更稳定,具有良好的耐升华牢度和耐日晒牢度。

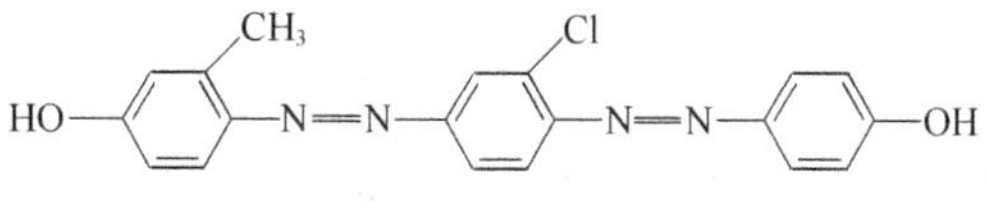

(a) C.I分散黄104 (分散黄SE-5R)

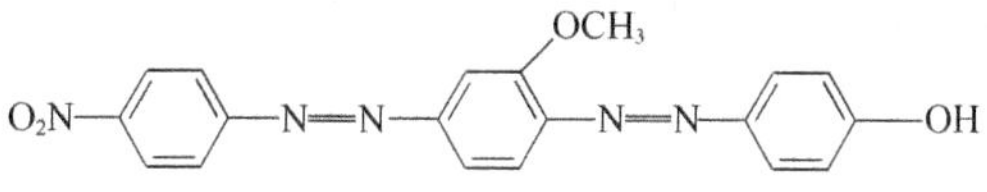

(b) C.I分散黄29 (分散黄3GL)

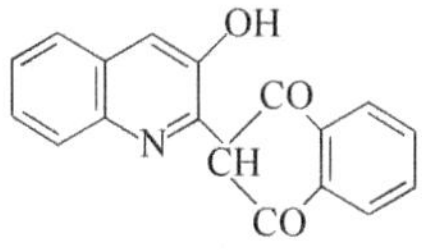

(c) C.I.分散黄54 (分散黄E-3G) 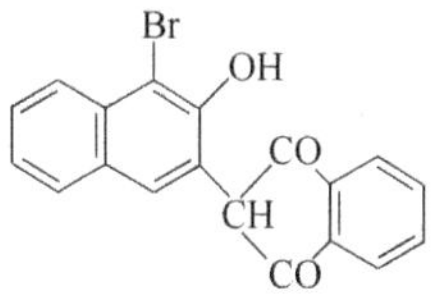　　　　(d) C.I.分散黄64 (分散黄3G)

图 6 – 12　分散黄 RGFL 代用染料的结构式

二、致敏分散染料的代用

2002 年版的 Oeko – Tex® Standard 100 规定了 20 只致敏分散染料,2004 年修订本增加了 C.I. 分散棕 1,2011 年修订本共有 21 只致敏分散染料。在这些染料中除分散蓝 102、106 和 124,其余 18 只都是早期醋酯纤维用分散染料,相对分子质量较小,在 200 ~ 400 之间,容易渗透到活的表皮层中,再加上其不溶于水,属脂溶性,分子结构中又含有强给电子基团,容易发生人体过敏。

过敏性分散染料中用得较多的是 C. I. 分散橙 76 和 C. I. 分散橙 37,它们是用于制造高强度黑色和藏青色分散染料的橙色组分,如分散黑 SE – 4B 300% (Kayalon Polyester – Black EX – SF),分散黑 SE – 5R 200%。因此,它们的代用染料的开发各国研究得颇多。新型橙色分散染料不仅要考虑其抗过敏的问题,还要研究其染色性、吸尽性、提升性、复配时的相容性,对纤维的覆盖性和染色牢度等。

市场上最早提出来的代用染料 C. I. 分散黄 163,其分子结构相似,色光接近,但提升力和覆盖性都不如 C. I. 分散橙 76,后又出现了 C. I. 分散橙 29(分散橙 3GL)、C. I. 分散橙 30(分散橙 S – 4RL)、C. I. 分散橙 44(分散黄棕 S – 3RFL)和 C. I. 分散橙 61(分散橙 2RL)。但它们的吸尽性、对染色温度和 pH 值的依存性以及覆盖性等都不能与 C. I. 分散橙 76 相比。日本化药公司开发的 Kayalon Polyester Yellow Brown 3RL(EC)143 的色相、吸尽性、提升力、相容性、覆盖性、对染色条件的依存性和牢度性能等都与 C. I. 分散橙 76 相似,要比 C. I. 分散橙 29、C. I. 分散橙 30 和 C. I. 分散橙 61 好,它们的染色性和牢度情况列于表 6 – 3 和表 6 – 4 中。

表 6 – 3　C. I. 分散橙 76 代用染料的染色性能比较

染料	浓度 (owf,%)	吸尽性	温度依存性	pH 值 依存性	覆盖性	载体染色	
						适用性	毛污染
K. P. Y. B. 3RL(EC)143	71.5	◎	◎	◎	△	○	发红

续表

染料	浓度 (owf,%)	吸尽性	温度依存性	pH 值 依存性	覆盖性	载体染色	
						适用性	毛污染
C. I. 分散橙 76	100	◎	◎	◎	△	○	基准
C. I. 分散橙 29	100	△	○	△	◎	△	发红
C. I. 分散橙 30	40	△	○	△	×	△	同等
C. I. 分散橙 61	37	○	◎	◎	△~×	○	—

注　◎—优;○—良;△—可;×—差。

表 6-4　C. I. 分散橙 76 代用染料的色牢度比较

牢度(级) 染料浓度	光		升华(180℃)		水(A 法)		洗涤剂(37℃)		洗涤(AATCC)	
	N/5	N	PES	PA	N	2N	N	2N	N	2N
K. P. Y. B. 3RL(EC)143 (N = 1.4%)	5~6	>6	3~4	3~4	5	4~5	5	4~5	4~5 4~5	4 4
C. I. 分散橙 76 (N = 1.0%)	5~6	>6	3	3	5	4~5	5	4~5	4~5 4~5	4 4
C. I. 分散橙 29 (N = 1.0%)	5	6	4	4	4	3	4	3	4 4	3 3
C. I. 分散橙 30 (N = 2.5%)	6	>6	4	4	4~5	4	4~5	4	4 4	3~4 4
C. I. 分散橙 61 (N = 2.7%)	5	>6	3~4	3~4	5	4~5	5	4~5	4~5 4~5	3~4 3~4

注　1. 水、洗涤剂—绢污染;2. 洗涤(AATCC,Ⅱ-A法)—上段,醋酯纤维污染;下段,锦纶污染。

由两表可见 Kayalon Polyester Yellow Brown 3RL(EC)143 可直接用来取代 C. I. 分散橙 76 合成高强度黑色分散染料和高强度藏青色分散染料,如 Kayalon Polyester Navy Blue ECX 300、Kayalon Polyester Navy Blue GX-SF(EC)200、Kayalon Polyester Black ECX Paste 150 等,它们与由 C. I. 分散橙 76 合成的对应高强度深色分散染料相比具有相同的吸尽性、提升力、染色温度与 pH 值的依存性和坚牢度等。

此外,DyStar 公司开发的环保型橙色分散染料 Dianix Orange UN-SE 01 具有与 C. I. 分散橙 76 相近的吸尽性、提升力、坚牢度,以及对染色温度与 pH 值的依存性也相近,可直接取代 C. I. 分散橙 76。

三、非环保蒽醌型分散染料的代用

蒽醌型分散染料是分散染料中第二大类染料,C. I. 分散红 60(分散红 3B、FB)和 C. I. 分散蓝 56(分散染料 2BLN)是 E 型分散染料中的重要品种,产量较大,约占分散染料总产量的20%。蒽醌型分散染料尽管色泽鲜艳、日晒牢度高,但发色强度较低,价格较贵,而且在整个制造过程中存在环境污染的问题。

　　C. I. 分散红60和 C. I. 分散蓝56的基本原料蒽醌的合成,存在三废现象,如废气(氯化氢)、废渣(硫酸铝)和废液(硫酸),严重污染环境。而 C. I. 分散红60和 C. I. 分散蓝56合成的起始原料1 - 蒽醌磺酸和1,5 - 蒽醌二磺酸是在定位催化剂硫酸汞存在下磺化得到。虽然硫酸汞的用量仅为蒽醌的1%,但是我国 GB 8978—2002污水综合排放标准,汞为第一类污染物,最高允许排放浓度 $0.05mg/L$,纺织品上的极限值为 $0.02mg/kg$,难以达标。因此,改进染料的生产工艺,研究非汞法生产蒽醌磺酸,开发蒽醌类染料的代用品成为了研究热点。目前主要采用偶氮型分散染料进行代用。

(一)C. I. 分散红60的代用染料

　　C. I. 分散红60的代用染料有:C. I. 分散红210(分散大红 S - RL),C. I. 分散红305(Eastman Polyester Brill. Red B - LSW),C. I. 分散红307(Eastman Polyester Brill. Red R - LSW),C. I. 分散红343(分散红 F3BS SE - 3B)。这些红色分散染料的日晒牢度6~7级,水洗褪色牢度5级,沾色牢度4~5级,达到蒽醌型分散染料的水平。其中 C. I. 分散红343,分子结构如图6 - 13所示,为鲜艳的蓝光红,与分散红 3B 十分接近。牢度优良,耐日晒牢度高于6级,耐升华牢度4~5级,竭染率达98%,拼色性能和匀染性优良,染色强度比分散红 3B 高2~3倍,适用于涤纶超细纤维的染色。

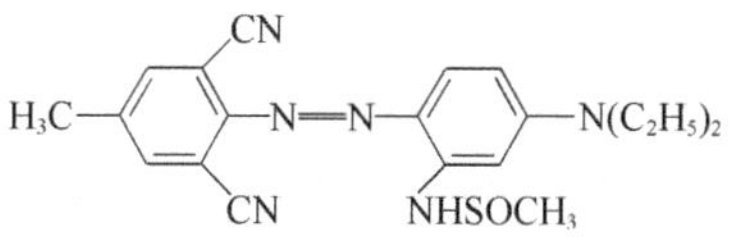

图6 - 13　C. I. 分散红343(分散红 F3BS SE - 3B)

(二)C. I. 分散蓝56的代用染料

　　C. I. 分散蓝56的代用染料有:C. I. 分散蓝165:2(分散蓝 BBLSN),C. I. 分散蓝165:1(分散蓝 BGLS),C. I. 分散蓝316,C. I. 分散蓝337(Eastman Polyester Blue RBS),C. I. 分散蓝257(分散蓝 S -3RF),C. I. 分散蓝366(分散蓝 CR - E)。

　　蓝色分散染料的重氮组分都引入了氰基。氰基的引入,不仅使吸收波长红移,具有深色效应,而且还提高了耐日晒牢度和耐升华牢度。C. I. 分散蓝337,分子结构如图6 - 14所示的摩尔吸光系数达到 $7.2 \times 10^4 L/(mol \cdot cm)$,比蓝色蒽醌型分散染料 $1.3 \times 10^4 \sim 1.4 \times 10^4 L/(mol \cdot cm)$ 高出5倍。

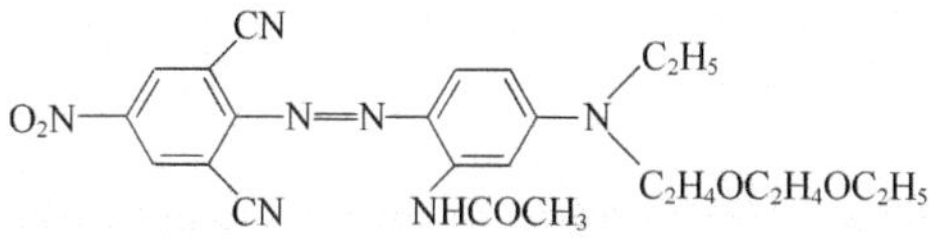

图6 - 14　C. I. 分散蓝337(Eastman Polyester Blue RBS)

　　C. I. 分散蓝257,分子结构如图6 - 15所示,具有优良的全面牢度、上染率和提升力,色光鲜艳,不仅可用于单色,还可以拼黑色和棕色,适用于涤纶超细纤维的染色。

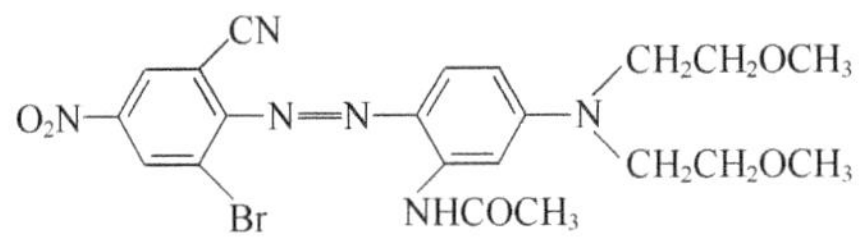

图 6－15　C.I. 分散蓝 257（分散蓝 S－3RF）

C.I. 分散蓝 366,分子结构如图 6－16 所示,其结构特点是其偶合组分的偶氮基邻位引入了甲基,由于空间位阻作用使得偶氮基的氮原子不易受游离基氧化反应,从而提高了染料的耐日晒牢度。而且甲基的存在,增加了染料的疏水性,从而提高了对聚酯纤维的亲合力、提升力和固着率。这类分散染料色泽鲜艳,染色强度约是 C.I. 分散蓝 56 的 3 倍,热稳定性好,不会因受热而色变,升华牢度优良,重现性好,与 C.I. 分散红 343 有很好的相容性。

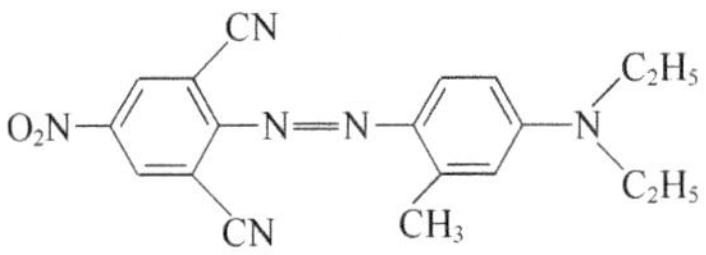

图 6－16　C.I. 分散蓝 366（分散蓝 CR－E）

四、杂环类新型分散染料的开发

最近三十年间,由芳香杂环制得的分散染料,引起了人们的重视。由于有杂原子的存在,杂环分散染料的发色强度高于苯系偶氮类和蒽醌类分散染料,色泽浓艳。在同一深度范围内,蒽醌的摩尔吸光系数最小为 $1 \times 10^4 \sim 3 \times 10^4$ L/(mol·cm),偶氮类为 $3 \times 10^4 \sim 4 \times 10^4$ L/(mol·cm),而杂环类在 $4 \times 10^4 \sim 11 \times 10^4$ L/(mol·cm),为偶氮类的 1.5～2 倍,蒽醌类的 2.5～6 倍。因而大多数杂环类分散染料的提升力较高,若染同一深度,杂环类分散染料用量最少,染料利用率最高。大多数苯系偶氮类分散染料的初始上染率较快,不利于匀染,蒽醌类其次,杂环类较慢,而最终上染率却最高,其移染性也优于苯系偶氮类和蒽醌类分散染料,所以杂环类分散染料匀染性优良。此外,由于杂环较稳定,故染色牢度也较好。但是杂环类分散染料合成较复杂,生产成本较高,价格昂贵。

（一）杂环作偶合组分的偶氮分散染料

以吡啶酮作为一种偶合组分是杂环类偶合组分中品种最多的一类,主要用于合成嫩黄色染料,结构如图 6－17 所示。吡啶酮具有很强的偶合能力,吡啶酮引入后的染料,不仅色泽鲜艳,有的还带有鲜亮的荧光,具有较高的摩尔吸光系数,是传统的吡唑啉酮的 1.5 倍左右,给色量高。耐晒牢度可达 7 级,升华水洗牢度均达 4～5 级。除此之外,作为偶氮分散染料偶合组分的还有:喹啉酮、喹啉衍生物及苯并咪唑。

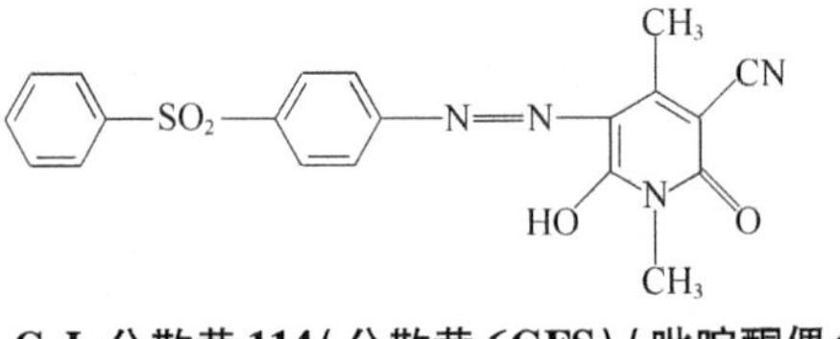

图 6－17　C.I. 分散黄 114（分散黄 6GFS）（吡啶酮偶合组分）

（二）杂环作重氮组分的偶氮分散染料

偶氮分散染料重氮组分的杂环有：苯并噻唑、噻唑、噻二唑、苯并异噻唑、噻吩、吡唑、咪唑等。例如，以噻二唑为重氮组分合成的红色系列染料：C. I. 分散红 338（Eastman Polyester Red BST）、C. I. 分散红 339（Eastman Polyester Red YSLF）、C. I. 分散红 340（Eastman Polyester Red LFB）。它们具有很高的鲜艳度、耐日晒牢度达 6~7 级，为红色蒽醌类分散染料的 4 倍。

（三）非偶氮杂环分散染料

除偶氮类杂环分散染料外，也有通过缩合反应得到的杂环类分散染料，如 3 - 羟基喹啉酰酮类、苯乙烯类、香豆素类、苯并二呋喃酮类。图 6 - 18 即为苯并二呋喃酮结构的分散染料。分子中含有两个呋喃酮呈对称分布，性能稳定，具有很高的提升力，摩尔吸光系数高，耐日晒牢度较好，耐升华牢度、耐洗牢度和热迁移性优异。

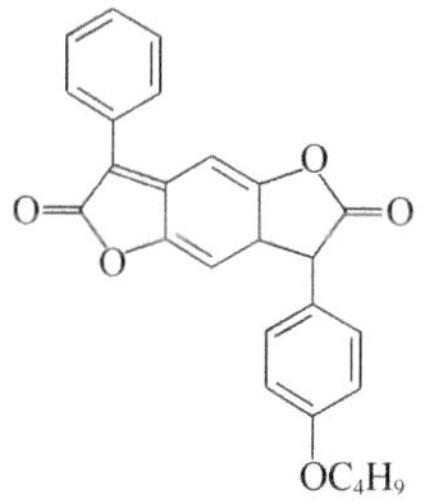

图 6 - 18　C. I. 分散红 356（分散艳红 S - BWF）（苯并二呋喃酮结构）

五、防热迁移分散染料

热迁移牢度较差是分散染料在牢度性能上存在的主要问题之一。热迁移是分散染料在两相（涤纶和非离子助剂）中的一种再分配现象。所有能溶解分散染料的助剂都可能产生热迁移作用。如果无第二相溶剂存在，就不可能产生热迁移现象；如果第二相溶剂对染料的溶解性较弱或溶解量较少，则染料的热迁移现象也相应减弱。因为热定型时，高温使纤维大分子发生运动，毛细管扩张，而纤维外层的助剂对染料产生溶解作用，染料从纤维内部迁移到纤维表层，使染料在纤维表面堆积，造成染色样品色变，熨烫时沾污其他织物，耐摩擦、耐水洗、耐汗渍、耐干洗和耐日晒色牢度较热定型前下降。而且升华牢度越好的分散染料所呈现的热迁移牢度越差。这一现象在长期储存和运输途中也经常发生，造成纺织品和服装相互渗色，影响产品质量，也带来了对环境的污染。

Huntsman 公司的 Terasil W 系列分散染料是一类具有卓越湿处理牢度和升华牢度的新型分散染料，为高温型分散染料。这类染料还具有高发色强度、很好的提升力、优良的吸着率、很好的染色重现性和对纤维素纤维的防染性等特点。适用于涤纶和涤纶混纺织物染色，也适于涤/氨纶混纺织物的染色，其在氨纶上的沾色容易清除，有 12 个品种，但结构式还未公开。表 6 - 5 是 Terasil W 系列分散染料的牢度性能。

表 6 – 5　Terasil W 分散染料热定形后的染色牢度

Terasil W	坚牢度(级)					
	耐日晒 (1/1标准深度)	耐升华 (180℃,30s)	60℃皂洗牢度 ISO105 – C03(经180℃,30s后定形)			
			醋酯纤维	棉	锦纶	涤纶
黄 Yellow W – 6GS	7 ~ 8	4 ~ 5	4 ~ 5	5	4 ~ 5	5
黄 Yellow W – 4G	7	3	5	5	4 ~ 5	5
金黄 Yellow W – 3R	7 ~ 8	3 ~ 4	4	5	4 ~ 5	5
红 Red W – RS	6 ~ 7	4 ~ 5	4	5	4 ~ 5	5
红 Red W – FS	5	4	4 ~ 5	5	4 ~ 5	5
红 Red W – BF	6 ~ 7	4 ~ 5	5	5	5	5
红 Red W – 4BS	7	4	4	5	4	5
蓝 Blue W – RBS	6 ~ 7	4 ~ 5	3 ~ 4	5	2 ~ 3	4
蓝 Blue W – BLS	7	4 ~ 5	4 ~ 5	5	4 ~ 5	5
蓝 Blue W – GS	5	4 ~ 5	4	5	4	4
藏青 Navy W – RS	6	4	4	5	3 ~ 4	4 ~ 5
黑 Black W – NS	7 ~ 8	3 ~ 4	4	4 ~ 5	4	4 ~ 5

Clariant 公司推出的分散染料 Foron S – WF 系列,具有极高的升华牢度、湿处理牢度和耐日晒牢度,特别适用于涤纶超细纤维的染色,其中一个分子结构如图 6 – 19 所示。该染料分子结构特点是偶合部分的相对分子质量特别大,含有酯基和邻苯二甲酰亚胺,与聚酯纤维的酯基结构有相似性,已经固着的分散染料,即使在高温下,以及纤维表面存在非离子表面活性剂情况下,由于染料与纤维有很好的亲和力,因此不容易迁移到纤维表面。

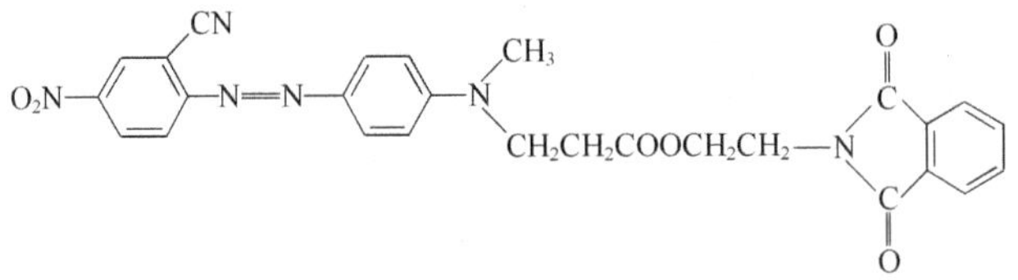

图 6 – 19　Foron Scarlet S – WF

Huntsman 公司开发的 Terasil WW 型也是一类含有邻苯二甲酰亚胺类偶氮结构的分散染料。高温干热处理时,其热迁移性良好,在涤纶和锦纶上的水洗牢度能达到 4 ~ 5 级,是涤/锦织物良好的防沾色(对锦纶)分散染料。

六、其他环保分散染料

Terasil SD 为低温至中温型快速分散染料,有好的匀染性、分散稳定性及优良的重现性。SD 表示安全染色,此染料适用于涤纶及其混纺织物的快速染色。Yorkshire(约克夏)公司的 Serllene VX 系列,也是特别配制的快速染色型分散染料,扩散速率高,匀染性、重现性好,染色一次成功率高。其 Serllene ADS 系列,适合碱性条件染色,可节省一般的前处理工艺过程,织物手感及低聚物积聚问题得到很大改善。

Huntsman 公司的 Auto top 系列和 Clariant 公司的 Foron AS 系列为专用于汽车装饰布的超级耐晒分散染料。

分散染料水溶性很差,染色后部分染料黏附在纤维表面,影响着色的鲜艳度、耐洗牢度和耐摩擦牢度。染色完成后,一般需用保险粉还原清洗,使染料的偶氮基被破坏,但分解出的芳胺可能有致癌性,同时由于保险粉的使用,废水的 BOD 值很高。因此有人研究了碱可清洗分散染料。有三种类型结构可以作碱清洗分散染料:含有磺酰氟基团、酯键基团、环亚氨基团。所有这三种基团染料都可在温和碱存在下水解,并可被碱水洗去。

第三节 环保型直接染料

直接染料由于其价格便宜,色谱较齐全,应用方便,是使用量较大的一类染料。但是 1994 年德国政府颁布的 22 只致癌芳胺所涉及的禁用染料中直接染料占了绝大多数,118 只涉嫌致癌芳胺的偶氮染料有 77 只为直接染料,占 65.2%,其中联苯胺、3,3′-二甲基联苯胺(联甲苯胺)和 3,3′-二甲氧基联苯胺(联大茴香胺)三只致癌芳胺结构的禁用染料有 83 只,其中直接染料 72 只,占总数的 93.5%。因此直接染料的替代和环保型直接染料的开发是近年的研究重点。

一、二氨基类环保型直接染料

禁用染料中联苯胺、3,3′-二甲基联苯胺(联甲苯胺)和 3,3′-二甲氧基联苯胺(联大茴香胺)为中间体的直接染料占多数,而且都是二氨基化合物,所以其代用染料的研究和开发也集中于二氨基化合物。

(一)4,4′-二氨基二苯乙烯-2,2′-二磺酸类直接染料

4,4′-二氨基二苯乙烯-2,2′-二磺酸(简称 DSD 酸)最早作为联苯胺的代用品,由它制备的直接染料色泽鲜艳,牢度适中,代表性的品种有直接耐晒橙 GGL(C. I. 直接橙 39,分子结构如图 6-20 所示);直接耐晒黄 3RLL(C. I. 直接黄 106),耐晒牢度达 6~7 级;Sirius Green BTL 结构中含有三氮唑的铜络合物,具有优异的染色牢度,耐晒牢度达 6~7 级,耐水洗牢度达 3~4 级,这类染料是耐晒牢度最高的直接染料。

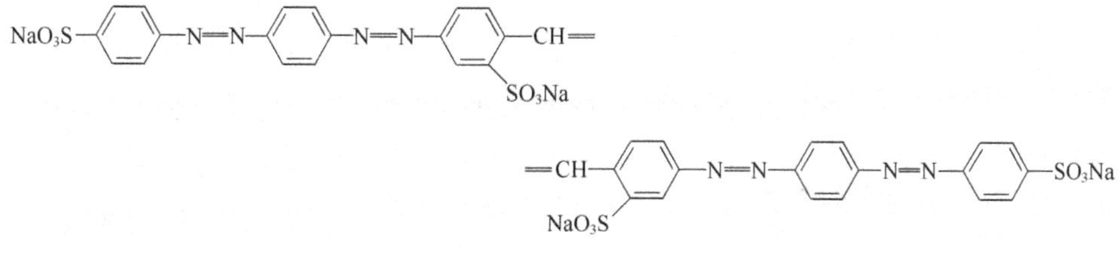

图 6-20 直接耐晒橙 GGL(C. I. 直接橙 39)

(二)4,4′－二氨基二苯脲类直接染料

4,4′－二氨基二苯脲(DABA)为中间体制造的直接染料,色光与相对应的联苯胺类直接染料相近,大都具有较高的日晒牢度,因此都冠以直接耐晒染料。色谱有黄、橙、紫、棕,以黄、红为主,无蓝、绿、黑品种。主要品种有直接耐晒黄 RS(C. I. 直接黄 50),直接耐晒桃红 BK(C. I. 直接红 75,图 6－21),直接耐晒红 F3B(C. I. 直接黄 80),以及直接耐晒棕 8RLL(C. I. 直接棕 112)等。

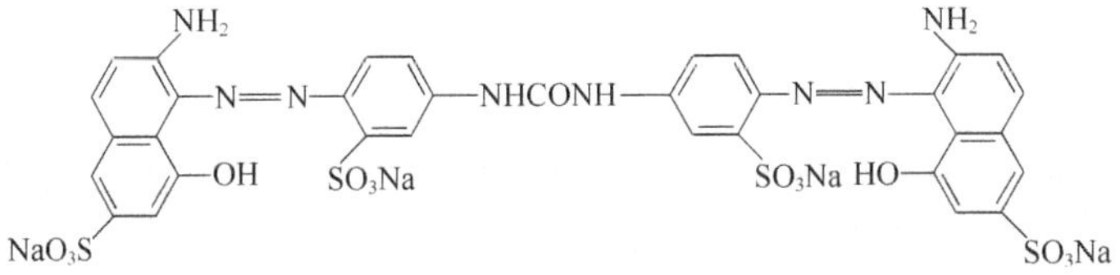

图 6－21　C. I. 直接红 75(直接耐晒桃红 BK)

(三)4,4′－二氨基苯甲酰替苯胺类直接染料

用 4,4′－二氨基苯甲酰替苯胺制造的直接染料牢度优良冠以 N 型(New)直接染料。如直接绿 N－B(C. I. 直接绿 89,分子结构如图 6－22 所示),直接黄棕 N－D3G(C. I. 直接棕 223),直接深棕 N－M(C. I. 直接棕 227),直接黑 N－BN(C. I. 直接黑 166)。

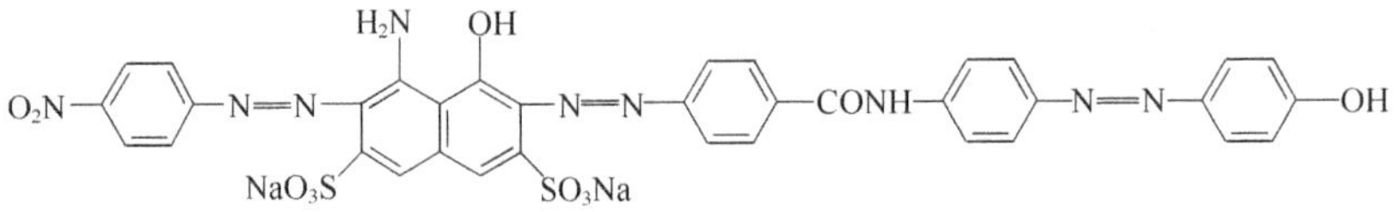

图 6－22　直接绿 N－B(C. I. 直接绿 89)

(四)4,4′－二氨基－N－苯磺酰替苯胺类直接染料

4,4′－二氨基－N－苯磺酰替苯胺(DASA)都是用来合成新型黑色染料的中间体,用来合成直接染料和酸性染料。如 C. I. 直接黑 170、178、187、188,C. I. 酸性黑 210、242、234(图 6－23)。这些染料乌黑度高,染色性能和牢度优良。直接黑色染料可作为 C. I. 直接黑 38 的替代染料。

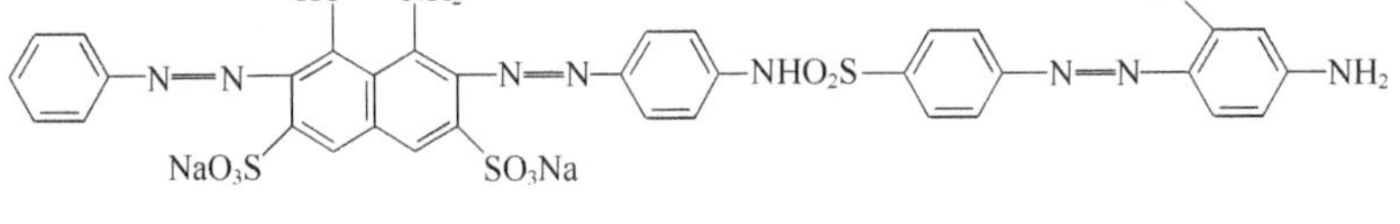

图 6－23　C. I. 酸性黑 234(酸性黑 NB－G)

(五)4,4′－二氨基二苯胺－2－磺酸类直接染料

4,4′－二氨基二苯胺－2－磺酸作中间体生产的直接染料,染棉为黑色,有较好的牢度和应用性能,可用来取代 C. I. 直接黑 38,也能用于皮革和纸张的染色。该中间体还能用来制造 C. I.

直接黑 32、151、175 和 C. I. 直接蓝 297 等,图 6 - 24 是 C. I. 直接黑 22(直接耐晒黑 GF)的结构式。

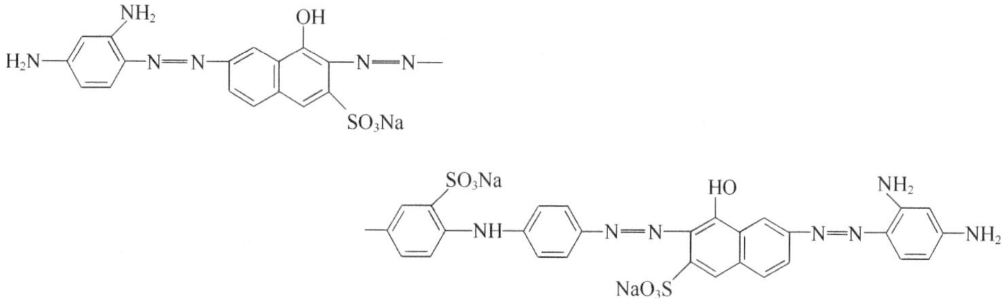

图 6 - 24　C. I. 直接黑 22(直接耐晒黑 GF)

(六)二氨基杂环类直接染料

二氨基杂环化合物合成的直接染料和酸性染料,无致癌毒性,色谱较广,可用于棉、羊毛和聚酰胺纤维等的染色。其中最有应用价值的是二苯并二噁嗪类染料,其色泽鲜艳,有很高的着色强度和染色牢度,耐晒牢度达 7 级。如直接耐晒艳蓝 FF2GL(C. I. 直接蓝 106),直接耐晒蓝 FFRL(C. I. 直接蓝 108,图 6 - 25)等。

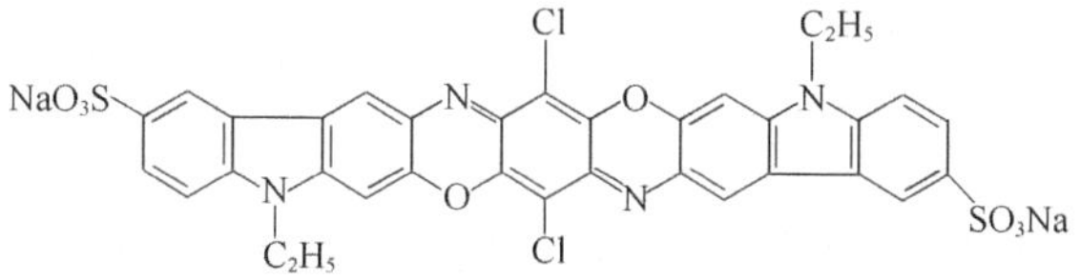

图 6 - 25　直接耐晒蓝 FFRL(C. I. 直接蓝 108)

用于合成直接染料的二氨基杂环化合物主要有:三苯并二噁嗪、3,5 - 二(对氨基苯基) - 1,2,4 - 三氮唑、2,5 - 二(对氨基苯基) - 1,3,4 - 噁二唑、2 - (对氨基苯基) - 5 - 氨基苯并咪唑、2 - (间氨基苯基) - 5 - 氨基苯并咪唑、3 - (对氨基苯基) - 7 - 氨基喹啉、2 - (对氨基苯基) - 5 或 6 - 氨基苯并噻唑。

二、涤/棉(涤/粘)织物用环保型直接染料

涤/棉(涤/粘)织物分散/直接一浴一步法染色主要用于深色品种,为了提高染色效率,减少废水排放,要求直接染料要有优良的高温稳定性、提升力和重现性,较好的牢度性能。

上海染料公司开发的直接混纺 D 型染料,即是一类新型的能满足上述要求的环保型直接染料。其分子结构的设计不同于一般的直接染料,其中一部分就是直接耐晒染料。它色泽鲜艳,牢度优良,溶解性好,pH 值适用范围广,上染率和提升力高,对涤纶沾污少,但是由于其直接性大,不能用于轧染染色,适用于竭尽法染色,特别是高温高压染色。目前品种已达 28 种,如 C. I. 直接黄 86(直接混纺黄 D - R)、C. I. 直接黄 106(直接混纺黄 D - 3RLL)、C. I. 直接红 224(直接混纺大红 D - F2G)、C. I. 直接紫 66(直接混纺紫 D - 5BL)、C. I. 直接蓝 70(直接混纺蓝

D-RGL,图6-26)、C. I. 直接黑166(直接混纺黑 D-ANBA)等。其中个别品种是铜络合物,游离铜在 ETAD 规定的极限值(250mg/kg)范围内。

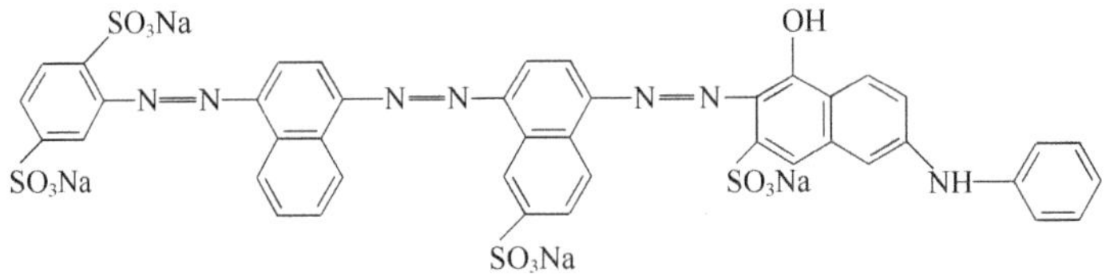

图6-26　C. I. 直接蓝70(直接混纺蓝 D-RGL,直接耐晒蓝 RGL)

日本化药公司开发的 Kayacelon C 型染料也属此类染料,现有 13 个品种。有 C. I. 直接黄161(Yellow C-3RL)、C. I. 直接红83(Rubine C-BL)、C. I. 直接蓝288(Blue C-BK)、C. I. 直接绿59(GreenC-CK)、C. I. 直接黑117(Grey C-RL)等。后又开发了适用于涤/棉织物一浴一步法酸性染色的 Kayacelon TR 系列和碱性染色的 Kayacelon TRA 系列染料。

适用于涤/棉织物一浴一步法染色的还有 DyStar 公司的 Sirius Plus 系列、Huntsman 公司的 Cibafix ECO 系列、BASF 公司的 Diazol 系列和 Yorkshire 公司的 Benganil 系列直接染料,它们都具有优异的高温稳定性、良好的色牢度。这些新型直接染料采用一浴一步法对涤/棉织物染色,与两步法染色工艺相比,能耗低、用盐少、耗水少和废水色度低,有利于生态和环境保护,可取得显著的经济效益和生态效益。

第四节　环保型酸性染料

酸性染料主要用于羊毛、丝绸和锦纶的印染,也用于皮革、纸张和墨水。在禁用染料中,酸性染料约占22%,仅次于禁用的直接染料。近年新开发的酸性染料除采用新型二氨基化合物制成的环保型酸性染料外,新品种的开发集中在锦纶用弱酸性和中性染料;皮革专用酸性染料;毛用弱酸性浴染色酸性染料;含杂环结构色泽鲜艳的酸性染料;金属络合染料的代用染料。

一、禁用酸性染料的替代

环保酸性染料的开发要求不仅不会还原分解出致癌芳胺,而且不含重金属,并有较好的耐日晒和耐水洗牢度。禁用酸性染料的替代与直接染料一样主要用新型二氨基化合物生产环保型染料,如 C. I. 酸性红97(弱酸性大红 R,图6-27),采用了联苯胺-2,2′-磺酸中间体,由于水溶性磺酸基的引入,使联苯胺的致癌性消失。又如 C. I. 酸性黄117:1(弱酸性嫩黄 GN,图6-28),用2,2′-二甲基联苯胺重氮化后与吡唑啉酮衍生物偶合而成。替代了3,3′-二甲基联苯胺,使联苯胺的氧化电位、离子化能、偶极矩、油/水相分配系数等发生变化,诱变性下降。

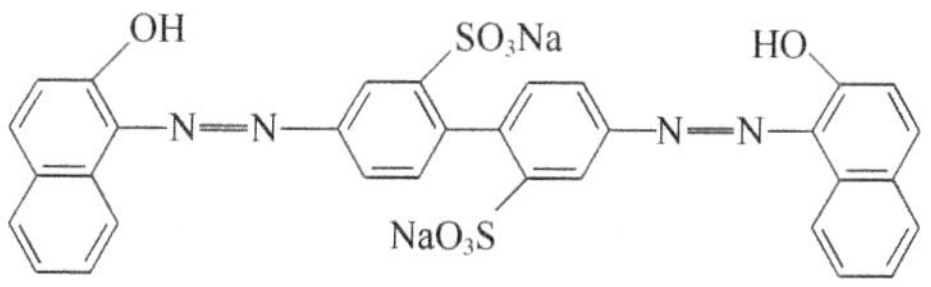

图6-27 C.I.酸性红97(弱酸性大红R)

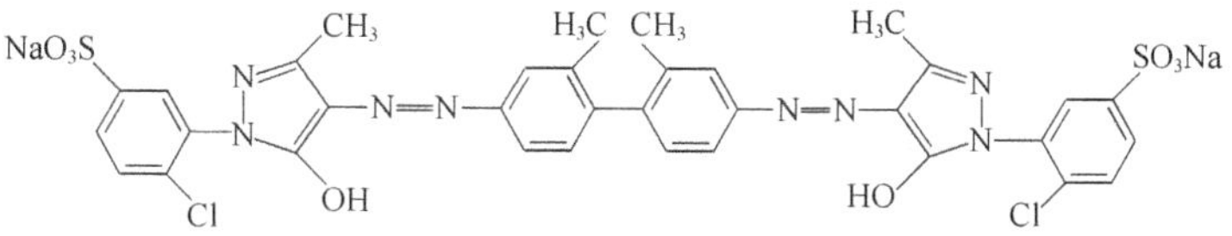

图6-28 C.I.酸性黄117:1(弱酸性嫩黄GN)

由于禁用酸性染料中红色色谱高达65%,因此禁用酸性染料的代用以红色为主。新开发的红色酸性染料以C.I.酸性红151(酸性红2R),C.I.酸性红249(酸性艳红B),C.I.酸性红337,C.I.酸性红361和C.I.酸性红299等最为重要。它们不含重金属,染色性能和牢度性能优于原来被禁用的酸性染料。

C.I.酸性红266(弱酸性艳红2B),主要用于锦纶织物的染色和印花,尤其适用于锦纶地毯的染色,不适用于拔染印花。与C.I.酸性红219和C.I.酸性蓝277组成Sandolan E型和Nylosan E型的三原色,分子结构式如图6-29所示。

C.I.酸性红337(酸性红F-2G)与C.I.酸性红266(弱酸性红2BS)同为含氟酸性染料,色光特别鲜艳,耐晒牢度可达6~7。主要用于锦纶的染色和印花,也可用于皮革的着色,尤其适用于锦纶地毯染色。与C.I.酸性黄49和C.I.酸性蓝40组成Telon K型染料的三原色,结构如图6-30所示。

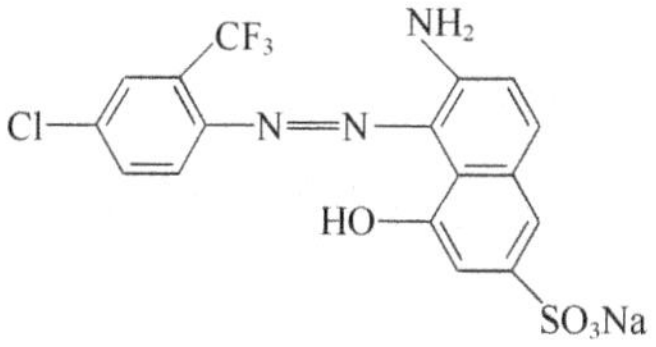

图6-29 C.I.酸性红266(弱酸性艳红2B)

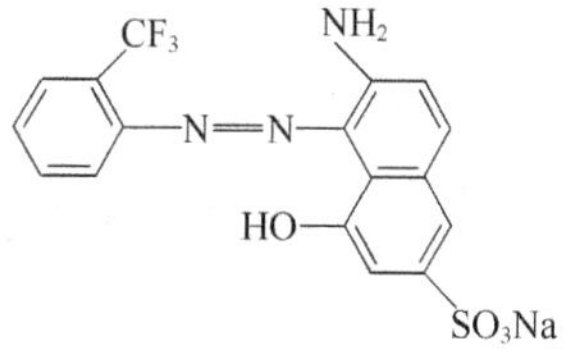

图6-30 C.I.酸性红337(酸性红F-2G)

C.I.酸性红299(弱酸性红N-5BL),适用于羊毛、锦纶、丝绸的染色和印花,也可用于皮革的着色。与C.I.酸性黄292和C.I.酸性蓝260组成Erionyl系列酸性染料的三原色,结构如图6-31所示。

DyStar公司的Supranol红玉S-WP系列是一类不含金属的双磺酸基及缩绒型混合的酸性染料。与一般耐缩绒的酸性染料相比,该系列有更佳的迁移性、匀染性。其红玉色谱补充了丝绸、羊毛、锦纶染深红色的需要。Supranol红GWM是DyStar公司的一只高级酸性红色染料,有特别鲜艳的色泽,用于染羊毛和锦纶。

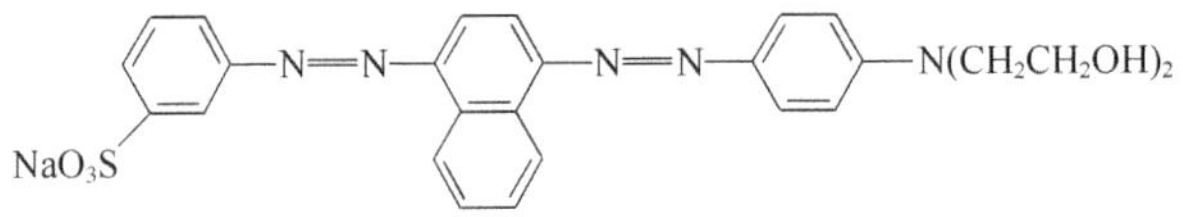

图 6 - 31　C. I. 酸性红 299(弱酸性红 N - 5BL)

二、不含金属的弱酸性染料开发

金属络合染料中的金属络合酸性染料是目前金属络合染料中品种和产量最多的一类,它们主要用于羊毛、丝、锦纶等的染色加工。按照欧盟委员会颁布的判定纺织品 Eco - label 的新标准,金属络合染料染色后,被排放到废水中进行处理的染料量应小于 7% ,即金属络合染料的上染率要超过 93% ,同时排放到水中进行后处理的铜、铬、镍应不超过规定限量。

金属络合离子在染料中的络合稳定性与染料的母体结构有关,金属络合离子的络合稳定性大致上可以分成强稳定性、中等稳定性和弱稳定性三种。人体排泄的汗液等也具有与金属离子络合的能力, 形成的络合物具有中等稳定性。因此对于具有弱到中等络合稳定性的金属络合染料来说,当用于染色时,人体中排泄的汗液等能将纤维上这种染料的金属离子解析出来,特别是六价铬离子,它对人体具有高毒性,危害很大。因此,国内外染料行业都很重视研究和开发不含金属的弱酸性染料。

Clariant 公司的 Sandolan MF 型弱酸性染料,不含金属,对羊毛损伤小,染色吸尽率高,色谱齐全,拼色性好、匀染性优异、湿处理牢度较高。Sandolan 黑 N - BRp 不含金属,力份特强,特别是有优良的耐蒸呢、耐热水洗牢度。

Huntsman 公司的 Neolan A 和 Erionyl A 也是不含金属的弱酸性染料,有良好的匀染性、高吸尽率、好的重现性、优良的日晒牢度和湿处理牢度,前者用于羊毛以及羊毛/锦纶产品的染色,后者用于聚酰胺纤维染色,有良好的覆盖性和相容性。

第五节　天然染料的开发与应用

天然染料是指由动植物提取或由矿物获取的色素物质,与环境相容性好,可以减少染料对人体的危害,由于可生物降解,大大减少了染色废水的毒性。天然染料的染色废水的 COD 值比合成染料的 COD 值低得多。除染色功能外,天然染料还具有药物、香料等多种功能。天然染料大多为中药,在染色过程中,其药物和香味成分与色素一起被织物吸收,使染色后的织物对人体有特殊的药物保健功能。

天然染料良好的环境相容性和药物保健功能,引起了许多国家染料研究和应用机构的关注。日本、印度等国家都在进行天然染料染色的研究。日本专门成立了"草木染"研究所,应用现代科学技术对天然染料进行研究开发。

一、天然染料的来源和颜色

天然染料主要有三大类:植物色素、动物色素和矿物。矿物类色素多是无机物,而且一般不溶于水,通常作为颜料使用,只有少数能作为染料用。天然染料大多数来自植物,主要是植物的根、茎、叶、花、果,少量来自动物,如紫胶虫、胭脂虫。天然染料的颜色以黄色和红色品种最多,蓝色、绿色和黑色较少。

(一)天然红色染料

大多数红色色素存在于植物的根、树皮或暗灰色的昆虫中。尽管红色色素的来源有限,但其在植物中存在的量较多,容易提取。胭脂红是最漂亮的红色色素。

茜草能染色,是由非洲人首先发现的,他们发现茜草不仅好吃,它的根还会把嘴唇染成红色,难以洗掉,因此茜草成为最早的化妆品之一。茜草有两个主要来源,印度茜草和英国茜草。用于提取染料的茜草的根生长期应为两年或三年,此时根径约为 0.6cm,长大约为 60cm。将符合生长年限的根挖出,洗净,晒干,然后放入细薄布袋中,加入水沸煮,红色的染料就会从根中析出。一般从干根中可得到 2% 的染料。

茜草提取的色素叫茜素,其主要成分是 1,2 – 二羟基蒽醌。用茜草可直接染色,将茜草根加到 30℃ 的温水中,然后加入预先已媒染过的毛织物,染液温度缓慢升至 100℃,染色 1~1.5h后,温度马上降至 90℃,然后再于 90℃ 染色半小时,定期搅拌,当得到要求的色光时,将毛织物在染液中冷却后,逐次在温水、清水中漂洗,脱水、晾干,大概 120g 毛织物需用 60g 茜草和 4.5L水。在棉织物上茜草与媒染剂络合,形成不溶性的金属络合染料,染得鲜艳的红色,俗称土耳其红。

紫胶是紫胶虫分泌的一种树脂状的起保护作用的分泌物。紫胶虫是生长在大量野生或种植物上的寄生虫。将黏性的紫胶用水和碳酸钠溶液溶解,再用石灰沉淀就可得到紫胶染料,这种染料为鲜艳的红色和猩红色。在水溶性染料虫胶片的生产中要除去无用的紫胶色酸,提取出的红色染料中常有灰尘,所以在染色前要仔细过滤去除,以免染色过程中灰尘沾到被染织物上。染色时先将染液煮沸,再将棉绞纱浸入其中染色,直到得到所需的颜色。染布时,过程相同,但所得颜色通常深一些。如果在染色前先将布在酸豆叶子中沸煮,所得颜色牢度更好。

天然红色染料还有许多,如由红曲真菌分泌的红曲色素,是红曲菌所生产的色素,在等电点以下的酸性染浴中能把蚕丝染成美丽的深红色。此外,由酵母菌生产的红甜菜中的甜菜红素,以及许多红色花朵(指甲花)都可提取红色色素。

(二)天然黄色染料

含有天然黄色色素的植物的数量较其他颜色的要多得多,并以黄酮类化合物居多。部分黄酮化合物还具有对人类健康有益的生理活性,有一部分具有紫外吸收特征和抗氧化性,其利用价值有待进一步发掘。

姜黄染料是姜黄的衍生物,是天然来源黄色染料中最有名和最鲜艳的染料之一。姜黄染料是从姜黄的新根或干根中提取的。将干燥的根在水中煮 45min,染料就开始析出,将提取液过滤,就可用于染色。媒染过程是预先进行的,在 50~60℃ 媒染 30min,毛的浴比为 1:30,丝的浴比为 1:40。媒染后织物样品冷却后,均匀挤干,不经水洗或干燥直接放入染液中,于沸腾状态下染色 45min,浴比为 1∶40。染色样在染浴中冷却,然后水洗、皂洗、水洗、干燥。

由酵母菌生产的核黄素是染色用微生物黄色色素,安全性高、染色色泽鲜艳。

（三）天然蓝色染料

从古至今,靛蓝一直是最主要和最常用的蓝色染料之一,它是从生长在亚洲、非洲、菲律宾和美国等地的一种植物的叶子中提取的。从靛类植物中提取靛蓝的过程很简单,主要包括以下三个过程:

（1）将植物浸泡在水中发酵;

（2）将提取液分离并在空气中氧化;

（3）最后将染料进行沉淀并分离,制成可供销售的饼状或粉末状。

靛蓝主要以葡糖苷形式存在于植物中,在稀酸、碱或酵母的作用下可以较充分水解,水解产物为吲哚酚和糖,吲哚酚可以被再次氧化成靛蓝。在发酵过程中,靛蓝植物首先分解成葡萄糖,然后再转化成乳酸,乳酸依次转化成丁酸、二氧化碳和氢气。溶液中放出的氢气将靛蓝还原成靛白。靛白在碱性溶液的存在下形成黄绿色溶液,以作染色用。只要一接触到空气中的氧,靛蓝在纤维内重新转化成最初的不可溶形式,因此靛蓝染料有良好的耐洗牢度。

松蓝既是中国重要的色素植物,其叶含靛蓝素,可提取蓝色色素;又是常用的药用植物,其根药材商品名称为"板蓝根",叶为"大青叶"。松蓝主要用于染棉纱或棉布,也可染羊毛和丝绸,其着色理论与靛蓝相同。

（四）其他颜色的天然染料

儿茶棕染料是从一种名为儿茶的木材中提取的,这种树主要生长在印度等地。儿茶棕染料主要含两种着色组分,儿茶单宁酸和儿茶酸。其中前者在冷水中可溶,后者在热水中可溶。根据两者溶解性的不同,可将儿茶单宁酸和儿茶酸从儿茶棕染料中分离出来。在儿茶棕中,儿茶酸的比例可高达 17%。目前儿茶棕染料主要用于棉和丝绸的增重。

苏木黑是比较常见的黑色天然染料,是从苏木的木材中提取的。刚刚被砍下来的木头并非黑色的,被空气氧化后就会变色。柏木树皮、番茄枝的果实、阿拉伯金合欢的树皮中都存在黑色染料。

绿色天然染料接骨木是从生长在苏格兰高地的一种灌木中提取的,春天是从叶子中提取,秋天是从浆果中提取。浆果在最初时是紫色的,用溶有氨和苏打的水浸泡后,呈漂亮的苹果绿色,在浸泡 24h 后可对铝媒染过的毛染色,染色时无须加热,只要浸泡 24h。绿色染料的天然来源还有铃兰和大葛麻等植物。

橙色天然染料可以从植物中提取,如大丽花属植物的花;或是从矿物质来源得到,如一种红色的黏土。

二、天然染料的染色方法

由于天然染料分子结构复杂,种类繁多,对纤维的上染机理因类型而异,其染色方法也有较大差异,对蛋白质纤维和纤维素纤维而言,染色方法主要有无媒染色法、先染后媒法、先媒后染法;对合成纤维而言,主要分为常压染色和高温高压染色。一般来说,棉、麻的染色性较之蚕丝、羊毛的差。

（一）直接染色法

某些植物染料的天然色素对水的溶解度好，染液能直接吸附到纤维上，就可以采用直接染色法，如栀子。将栀子果加水煮沸 60min，提取 2 次。提取液在 40～45℃，加醋酸调节 pH 值在5 左右，放入棉织物染 10min 后水洗，可得灰黄色。亲水型天然染料如胭脂红酸，水溶性好，具有阳离子性的化学结构，可以直接上染蚕丝。

（二）媒染法

某些植物染料天然色素对水的溶解度很好，染液也能直接吸附到纤维上，但染色牢度不佳，需用媒染法进行染色。媒染的过程一般分为先染后媒、先媒后染或先媒再染再媒等方法。先染后媒法的染色步骤为：

（1）染液的制备。将植物的树皮、树干、根、叶等切碎，放入有水或乙醇的容器中，提取染液。

（2）染色。将提取的染液加热，浸入纱线或织物沸染 20～30min。

（3）媒染。将染色后的纱线或织物，在含有媒染剂的溶液中浸渍 30～40min，媒染剂视要求的色泽，使用含铝、铜、铁或锡等的化学品。

（4）水洗干燥。对于像茜草类本身对纤维的直接性很低，但分子中具有络合配位基团的，可通过先媒染，使纤维上吸附金属离子，然后染料与金属离子以络合键在纤维上固着。其染色顺序为：媒染→水洗→染色→水洗→干燥。无论先染色后媒染或先媒染后染色，都可视需要进行反复若干次的染色。

（三）还原染色

还原染料型天然染料如靛蓝，本身不溶于水，需在碱性溶液中用还原剂将其还原成可溶性的隐色体靛白，溶解于水中后染料分子吸附在纤维表面而上染纤维，然后将织物透风氧化，靛蓝隐色体重新变为不溶性的靛蓝而固着在织物上。染色过程与还原染料的染色过程相似。

（四）合成纤维染色

对合成纤维而言，可采用常压染色和高温高压染色，染色工艺根据染料性质而定。茜草、紫草（图 6-32）和大黄等天然染料的色素结构中都有蒽醌或萘醌，与分散染料的结构十分类似。它们的相对分子质量很小，并具有疏水性。用这几种染料对聚酯纤维进行染色试验，其吸附等温线符合分散染料染聚酯的 Nernst 等温线，表明这些天然染料上染聚酯的机理类似分散染料。

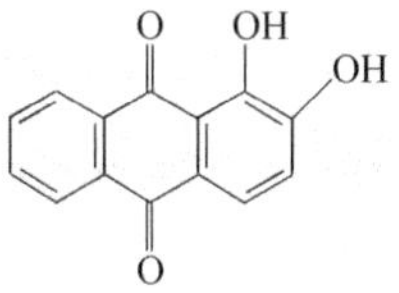

(a) 茜草 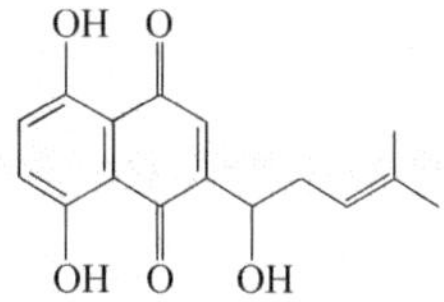　　　　　　　(b) 紫草

图 6-32　茜草和紫草的分子结构

聚酰胺纤维中含有氨基和羧基,可用离子型染料染色,如酸性和金属络合染料,其吸附机理为 Langmuir 机理;同时作为疏水性纤维也可用分散染料染色。用紫草、胡桃醌等萘醌型天然染料染色时,其吸附机理符合分散染料染聚酯时的 Nernst 等温线;而用胭脂树染色时,因其色素为线型离子型分子,则应用时不止出现一种机理,但 Langmuir 机理占优势。

天然染料黄檗中所含的小檗碱(图 6-33)是一种阳离子染料。这种染料生长在小檗属植物的根部,具有明亮的荧光黄颜色。小檗碱是一种生物碱,其结构与阳离子染料相似,可以用它来染丙烯腈纤维。热力学研究结果表明其染色机理符合 Langmuir 吸附等温线,表明带正电荷的染料可以和带负电荷的纤维形成离子键,使染料吸附在纤维上。

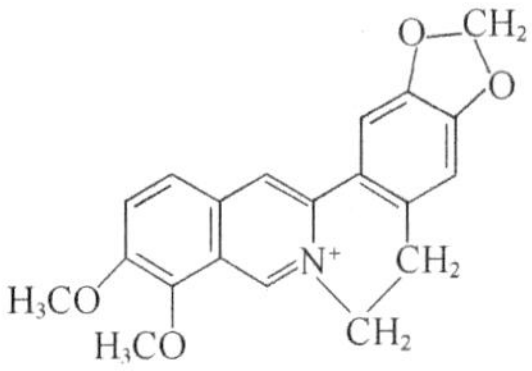

图 6-33 小檗碱的分子结构

三、天然染料的提取

天然染料的工业生产可采用水溶液浸提,浸提后采取连续式倾出,连续式离心沉淀等处理将液体与固体分离,大于 $5\mu m$ 较纯净的悬浮粒子通过非织造布气泡过滤器或反渗透系统得以去除,然后沉淀染料,用过滤器挤压或离子机分离,在低温下真空干燥,这样可磨细成小于 200 目粒子尺寸的粉末染料,即得到标准化天然染料。为了保证结果的重现,原料应明确湿度、灰分含量、水或碱浸提物和吸收光谱,原料磨成 50~100 目的粉末,通过剧烈膨胀,浸提过程用不含金属杂质的水(硬度低于 $50mg/kg$)在抗腐蚀的不锈钢容器内进行。对于难溶于水的染料也可采用乙醇萃取,此外,超声波辅助提取、超临界萃取、酶法提取等新技术也正应用于此。

各种染料的特性通常用水溶物、灰分含量、湿度、pH 值、光谱强度和染料强度(通过染色试验)来描述,从而对其进行标准化。

四、天然染料应用中的问题

天然染料有利于环境保护,但是由于天然染料多来源于动植物体中,色素含量较少,要想获得足够染料,需要大量采摘或砍伐植物,或者猎捕动物。这又会造成对生态环境的破坏。因此如何合理地开发生产天然染料是当前这一领域的重要课题,如植物染料的人工栽培,微生物色素的生产和应用。

目前对于天然染料的结构还不十分清楚,提取工艺落后,这使得它难以进行标准化生产,不利于大规模应用。

在应用方面,除少数几种外,天然染料普遍存在上染率低和染色牢度差的问题,即使使用媒染剂也有许多仍达不到要求,尤其是日晒牢度和皂洗牢度。如天然染料所染的黄色,日晒牢度仅为 3～4 级。此外,传统的天然染料染色方法还存在给色量低,染色时间过长等问题。大部分天然染料在染色时都要使用媒染剂,传统的媒染剂大多含重金属离子,其中有许多被列入生态纺织品所禁用的名单。因此,有必要改进传统的染色方法,开发新型的媒染剂取代传统的含重金属离子的媒染剂。如有研究者用稀土—柠檬酸络合物做媒染剂对苎麻纤维进行染色。

思考题

1. 什么是环保型染料?
2. 染料的上染率和色牢度对纺织品的生态性有何影响?
3. 天然染料就是生态染料,此说法正确吗?
4. 简述活性染料存在的生态问题,改善其生态性的途径有哪些?
5. 简述分散染料存在的生态问题,改善其生态性的途径有哪些?
6. 哪类染料中禁用偶氮染料的数量最多,解决的途径有哪些?
7. 还原染料、硫化染料是否存在生态问题?

参考文献

[1] 王建平,陈荣圻. REACH 法规与生态纺织品[M].北京:中国纺织出版社,2009.

[2] 章杰.可持续发展的活性染料技术进展(一)[J].印染,2013(3):50-53.

[3] 章杰.可持续发展的活性染料技术进展(二)[J].印染,2013(4):49-53.

[4] 赵雪,赵德峰,简卫,等.低盐染色活性染料的研究[J].染整技术,2012,34(3):1-6.

[5] 邢雷,王柏华,张辉.AOX——一类应引起重视的纺织化学污染源[J].纺织导报,2008(1):87-90.

[6] 陈荣圻.绿色染化料的开发和应用(三)[J].印染,2006(8):47-52.

[7] 张晓琴,章杰.用于纺织品一次准染色的新型纺织化学品[J].印染助剂,2011,28(4):1-4.

[8] 章杰.禁用染料和环保型染料[M].北京:化学工业出版社,2001.

[9] 章杰,晓琴.禁用含金属染料的新情况及新染料的开发[J].印染,2003(8):43-46.

[10] 宋心远,沈煜如.新型染整技术[M].北京:中国纺织出版社,1999.

[11] 侯学妮,王祥荣.天然染料在纺织品加工中的应用研究新进展[J].印染助剂,2009,26(6):8-11.

[12] 魏玉娟,柴爽连.天然染料的性质及其应用[J].染料与染色,2006,143(16):12-16.

第七章 染整助剂的生态评估和环保型助剂的开发

本章学习指导

1. 了解表面活性剂和纺织助剂生态环保性的评价指标和手段。

2. 了解与纺织助剂相关的法律法规,掌握相关生态纺织品标准中明确限制和禁用的主要纺织助剂的生态问题和当前解决的方法。

3. 熟悉染整加工中用到的各类环保型助剂。了解当前纺织用助剂的发展趋势和相关的应用技术。

第一节 染整助剂的生态评估

纺织染整助剂中约80%是以各种表面活性剂为原料进行加工或复配制成的。因此开发应用新型表面活性剂是发展环保型染整助剂的有效途径。环保型染整助剂是指符合环保生态要求,具有在染整工艺上的应用功能和性能;经过染整加工后在织物上残留的有害物在规定限量范围(如甲醛含量),对空气和水的污染减少到最低程度。

目前,国外主要发达国家对任何一种表面活性剂新品种投放市场之前,厂商都必须提供相关的毒性和生物降解性方面的报告。各国各地区对安全性确定的标准有所差异,最常用的是欧共体的《危险品的分类、包装和标识标准》和美国的 *The Federal Hazardous Substances Act*(USA)1973。

染整助剂对环境的影响主要是其安全性和可生物降解性,同时应符合 Oeko – Tex® Standard 100 所规定的生态纺织技术标准。安全性是指急性和慢性毒性,致癌性,对皮肤刺激性、致畸性、致变异性,对水生物毒性和生理效应等。可生物降解性差的印染助剂在环境中会积聚,从而造成严重影响。因此,按环保生态的要求,选用好安全无毒和易生物降解的环保助剂对纺织印染的清洁生产和产品的生态性十分重要。

一、表面活性剂的安全性

当前对表面活性剂的选用原则基本趋向为:首先满足对身体健康、保护皮肤、对人体产生尽可能小的毒副作用,在此前提下才考虑如何发挥表面活性剂的最佳功能。因此有必要重新评价原有的表面活性剂和新开发的表面活性剂的安全性。

（一）急性毒性

表面活性剂对人体毒性分为急性、亚急性和慢性三种。急性毒性又分为经口服急性毒性、经皮急性毒性和吸入性急性毒性。毒性大小一般用半致死量 LD_{50}（mg/kg）表示。LD_{50} 指单位体重的受试动物一次口服、注射或皮肤涂抹表面活性剂后产生急性中毒半致死所需该试剂的最低剂量。故 LD_{50} 值越大，毒性越小（100mg/kg 以下为剧毒，100～500mg/kg 为中毒，500～10000mg/kg 为低毒，10000mg/kg 以上为无毒）。

一般，阳离子表面活性剂具有较高的毒性，是常用的消毒、杀菌剂，与人体接触时会使中枢神经系统和呼吸系统机能下降，并使胃部充血，如十六烷基三甲基氯化铵的 LD_{50} 值为 400mg/kg，为中毒物质。阴离子表面活性剂的毒性较低，如硬脂酸钠的 LD_{50} 值为 1000mg/kg，一般不会对人体造成急性毒性伤害，但口服后会使胃肠产生不适感，十二烷基苯磺酸钠对肝脏有损害和引起脾脏缩小等慢性症状。非离子表面活性剂的毒性最低，大多属于低毒或无毒，如 PEG 类最小，其次是蔗糖酯类（SE）、脂肪醇聚氧乙烯醚（AEO）和吐温（Tween）类，而烷基酚聚氧乙烯醚（APEO）类毒性较高。

（二）亚急性和慢性毒性

亚急性指染毒期不长（一般为 3 个月），或接触毒物时间不长（数十天乃至数月）对机体引起功能和（或）结构的损害。

慢性毒性指污染物在生物大部分或整个生命周期内持续损害机体的过程，可能通过遗传造成对下一代生物的不良效应。

亚急性和慢性毒性试验一般耗时很长，而且由于实验动物和实验条件不同结果差异很大。一般认为急性毒性 LD_{50} 超过 10000mg/kg，如一些非离子表面活性剂，其亚急性和慢性毒性试验结果均为无毒，这类表面活性剂长期服用不会造成病态反应，有的非离子表面活性剂可作为高安全物质使用，在食品工业中用作乳化剂或添加剂。但作为食品乳化剂使用的表面活性剂是受到严格限制的，只批准了几个品种可以使用，还受到日允许摄入量 ADI（mg/kg）指数的限制，即人体对某些添加剂连续摄入，对单位体重不会产生侵害性影响的最大剂量。

（三）致畸性、致变异性和致癌性

致畸性是指某种环境因素（化学因素、物理因素及生物因素）使动物和人产生畸形胚胎的能力。这一实验难度较大，尚无有关表面活性剂致畸性的重复性结果报道。

致变异性是指在母体受孕前受化学影响使卵细胞造成后代遗传缺陷的危险，这一实验难度更大。

因摄入化学物质或药剂致使生物体产生癌细胞的特性即致癌性。采用与急性毒性的实验类似的方式进行检验，在实验末期对受试动物器官与空白组进行对比。二乙醇酰胺的致癌性已经由美国保健和环境保护机构证实。商品 Ninol（国产名 6501）即二乙醇月桂酰胺与二乙醇胺缩合的产品。

（四）对皮肤和眼睛的刺激性

表面活性剂渗入皮肤后引起接触性皮炎、真皮皮炎，使皮肤出现红斑或水肿；接触眼睛刺激眼黏膜造成眼睛红肿，严重的对角膜和血膜造成伤害。表面活性剂对皮肤和眼睛的刺激性影响次序与急性毒性一致，阳离子最强，阴离子次之，非离子因不带电荷不会与蛋白质结合，刺激性最小。此外,小分子表面活性剂易经皮肤渗透,刺激性较大,大分子表面活性剂则刺激性较小;聚氧乙烯基的引入有利于降低表面活性剂对皮肤和眼睛的刺激性;离子基的极性越小,对皮肤和眼睛的刺激性越小,如羧酸盐的刺激性小于硫酸盐,铵盐的刺激性小于钠盐。

二、表面活性剂的生态性

(一)水生物毒性

化学品的使用和排放对人类生活的环境产生的影响极为重要,几乎所有工业化国家都制定了相应的法规和指令。表面活性剂及其代谢产物对环境的影响可调查其对各种水域环境中的鱼类、藻类等水生物的毒性。

表面活性剂对鱼类的急性毒性用 LC_{50}(mg/L)表示,所有表面活性剂的鱼类急性毒性很相似,一般都在 $1 \sim 15$mg/L 的范围内。对水生细菌和藻类的毒性以 ECO_{50}(mg/L)表示,它表示24h 内对水生细菌和藻类运动抑制程度的性质,一般在 $1 \sim 67$mg/L 的范围内。与 LD_{50} 一样,数值越低则毒性越大。

(二)生物降解性

染整加工使用后的表面活性剂最终大部分被排放到水体中,被环境中的细菌等微生物分解净化。但是,不是所有的表面活性剂都能被微生物分解,某些结构的表面活性剂,微生物对其不发生降解作用,将在环境中长久留存下来,从而给环境造成巨大的危害。

生物降解是指微生物将有机物氧化为结构比较简单组分的过程,自然界中的生物降解主要是由环境中的细菌来完成。细菌能够以有机物为养料进行新陈代谢,通过一系列生物酶催化将其氧化为较为简单的化合物,最终转化为 CO_2 和 H_2O 以及其他元素的氧化物。

欧盟制定了较完整的指令性规则,指出环保型表面活性剂必须具有80%的最初生物降解率(一般是指 $5 \sim 10$ 天)和90%的平均生物降解率,并规定了各种类型表面活性剂生物降解性测定的方法,如阴离子表面活性剂适用 73/405/EEC 和 82/243/EEC,非离子表面活性剂适用82/242/EEC;尚未有阳离子和两性离子表面活性剂的生物降解率的指令性测定方法。表 7 - 1是一些阴离子和非离子型表面活性剂的生物降解性。

表7 - 1 一些阴离子和非离子型表面活性剂的生物降解性

	表面活性剂	最初生物降解率(%)	总 BOD 消除百分率(%)	有机碳消除率(%)
阴离子型	直链烷基苯磺酸钠(LAS)(C_{12})	93	$54 \sim 65$	73
	四聚丙烯基苯磺酸钠(TPS)	18	< 10	—
	直链烷基磺酸钠(AS)($C_{14} \sim C_{15}$)	89	75	—
	α - 烯烃磺酸钠(AOS)	$89 \sim 98$	77.5	85
	仲烷基磺酸钠(SAS)	96	77	80
	仲醇($C_{11} \sim C_{15}$)聚氧乙烯(3)醚硫酸酯钠盐(AES)	98	73	88
	醇醚羧酸盐(AEC)	$96 \sim 98$	—	—
	十二烷基醇磷酸酯钾盐(MAP)	$90 \sim 95$	—	—

	表面活性剂	最初生物降解率(%)	总 BOD 消除百分率(%)	有机碳消除率(%)
非离子型	壬基酚聚氧乙烯(9)醚(NPEO)	4~80	0~9	8~17
	壬基酚聚氧乙烯(2)醚(NPEO)	4~40	0~4	8~17
	脂肪醇聚氧乙烯(3~14)醚(AEO)	78	70~90	80
	辛基环己醇聚氧乙烯(9)醚	0~50	0~4	—
	聚醚[C_{11}~C_{15},EO(8),PO(5)]	>80	20	18

　　表面活性剂的生物降解性与分子结构有关。对于阴离子表面活性剂一般直链比支链好,羧酸盐比硫酸盐或磺酸盐好,磷酸盐的生物降解性也好。硫酸盐和磺酸盐需要硫细菌参与才能完全分解,降解时间较长。阴离子表面活性剂的生物降解性的难易程度大致存在下列规律:

　　线型脂肪皂类 > 高级脂肪醇硫酸酯 > 线型脂肪醇聚氧乙烯醚硫酸酯(AES) > 线型烷基或烯基磺酸盐(AS,SAS,AOS) > 线型直链苯磺酸盐(LAS) > 支链高级烷烃硫酸酯 > 支链脂肪醇聚氧乙烯醚硫酸酯 > 支链烷基苯磺酸盐。

　　对于非离子表面活性剂的分子结构与生物降解性的一般规律了解得不如阴离子表面活性剂。在非离子表面活性剂中,脂肪醇聚氧乙烯醚的生物降解性最好,直链烷基和 α – 甲基支链的烷基聚氧乙烯醚的生物降解性差不多,支链增多,生物降解性下降。吐温型的生物降解性较好。烷基酚聚氧乙烯醚特别是带支链的烷基酚聚氧乙烯醚的生物降解性很差。非离子表面活性剂的分解速度一般按聚氧乙烯醚的长短来决定,链越长,分解越慢,生物降解性越差,OPEO就不如 NPEO。

　　阳离子表面活性剂由于其具有较大的毒性,常因为杀死细菌而使生物降解受阻。单长链的阳离子表面活性剂的生物降解性相对较好,而双长链季铵盐,如双(氢化牛油烷基)二甲基氯化铵(DTDMAC)、二硬脂肪酰基二甲基氯化铵(DSDMAC)和二(硬化牛油)二甲基氯化铵(DHTD-MAC)的生物降解性很差。Eco – label 规定不能使用生物降解率低于 95% 的洗涤剂、柔软剂和螯合剂,因此欧盟 2002/371/EC 指令禁止使用上述三个季铵盐。

　　两性离子型表面活性剂的生物降解性一般较好,最初生物降解率大于 80%,甚至 90%,例如氧化胺两性表面活性剂的生物降解率两周后达到 80%,四周后达到 93%。

　　(三)最终生物降解

　　以上的生物降解性的测试值是表面活性剂的初级生物降解率,表征的是表观的生物降解,不能代表表面活性剂被生物降解成什么碎片以及降解到什么程度。已经丧失了表面活性剂性质的这些降解中间体一般会继续生物降解直至原始分子全部消失,所有原子都转化为 CO_2、H_2O 和 N_2,这就是最终生物降解。

　　有机化合物的碳(有机碳)不可能 100% 降解为 CO_2,因为降解过程中微生物合成新的细胞以及形成可溶性有机物中间体均需耗费一小部分有机碳。BASF 公司规定绿色表面活性剂的有机碳去除率应大于 70%。表 7 – 1 中,大部分阴离子表面活性剂都符合这一指标,非离子表面活性剂中脂肪醇型聚氧乙烯醚(AEO)最好。

若要求提供表面活性剂的详细生物降解数据,不但要有初级生物降解率,还要有最终生物降解率。欧共体提供的 EEC 指令的测试方法是不能为之的,1993 年 OECD(经济合作和发展组织)报道了 301 – B,301 – F 方法。

OECD301 – B 法通过测量在密闭容器的生物降解过程中产生的 CO_2 量,占 CO_2 理论值(Th-CO_2)的百分比使生物降解定量化。301 – B 法规定一种化合物必须在 28 天内至少产生 60% $ThCO_2$,并在 10 天内产生 10% $ThCO_2$,则可被 OECD 法认为是可以生物降解的。两性表面活性剂烷基($C_{14} \sim C_{15}$)甜菜碱的 $ThCO_2$ 为 81%,烷基(C_{12})甜菜碱为 91%,最终生物降解性较好。NPEO 的代谢氧化物 NPEC 和 $NPEC_2$ 很接近这一指标,所以认为这些氧化物在有氧和水的环境中不可能存在,而继续生物降解为 CO_2 和 H_2O。

OECD 301 – F 法是由水中微生物作用下 O_2 的消耗量与理论氧消耗量(ThOD)的百分数评价试验物质的生物降解性。301 – F 法规定经过 28 天的三次平行测定,至少消耗 60% ThOD。NP 的有氧降解率为 57.4% ~ 68.4%,平均为 62%,所以 NP 不会存在于环境中。

第二节　环保型助剂的开发

一、烷基酚聚氧乙烯醚的生态问题和代用品的开发

(一)烷基酚聚氧乙烯醚的应用现状

烷基酚聚氧乙烯醚(Alkylphenol Ethoxylation,APEO)是烷基酚与不同摩尔数的环氧乙烷(Ethylene Oxide,EO)加成所得。APEO 是一种优良的非离子表面活性剂,是目前全球继脂肪醇聚氧乙烯醚之后的商用第二大类非离子表面活性剂,产品主要有 TX 系列和 OP 系列。其中壬基酚聚氧乙烯醚(NPEO)为主要品种,占 80% ~ 85%;其次是辛基酚聚氧乙烯醚(OPEO)约占 15% 以上,而十二烷基酚聚氧乙烯醚(DPEO)和二壬基酚聚氧乙烯醚(DNPEO)各占 1%。

APEO 性质稳定,具有良好的润湿、渗透、乳化、分散、增溶和洗涤性能,广泛用于洗涤剂、纺织皮革助剂。

(二)APEO 的危害性

APEO 本身并不具有较高的毒性,如 NPEO(EO = 9 ~ 10)的 LD_{50} 值为 1600mg/kg 为低毒物质。但是 NPEO 类表面活性剂的生物降解速度缓慢且分解率低,生物降解率仅为 0 ~ 9%,而且在生物降解过程中,NPEO 的链被打断,形成保留 1 ~ 2 个 EO 的 NPEO1 和 NPEO2,这些代谢物可氧化成相应的羧酸(NPEC1 及 NPEC2),最终代谢物为壬基酚(NP)。随着 EO 链的缩短,中间代谢物的水溶性越差,随着 NPEO 的逐渐降解,其毒性逐步增加。对于水生物 NP 比 NPEO 有更大的毒性。NPEO 及其分解产物在水体中可形成很高的毒性,NPEO1 和 NPEO2 对鱼、无脊椎动物、海藻和微生物的急性毒性 ECO_{50} 的范围 4.6 ~ 14mg/L,NP 的 ECO_{50} 范围为 0.017 ~ 3mg/L。

NPEO 生成的代谢产物会在环境中累积,毒性较未分解前的表面活性剂高,且当浓度到达一定程度时,对野生动物和人类的内分泌功能、生殖能力造成干扰和损害,属于环境激素。美国

环境保护局（EPA）在 1997 年提出 70 种属环境激素的化学物质，其中有烷基酚（NP 及 OP）。也有报道说 NPEO1 和 NPEO2 具有相似于 NP 的雌激素效应。

此外，APEO 在生产过程中会产生副产物，如二氧杂环己烷、二噁烷等有害物质，这些物质已被确认为致癌物。还有 2,2′ - 联环氧乙烷，又称 1,2,3,4 - 联环氧丁烷，是欧洲议会于 2002 年 2 月 5 日通过的根据 76/769/EEC 指令提出的禁用 25 种有害化学物质之一，也是致癌物质和诱变剂。

（三）APEO 的禁用或限用的法规

欧盟在纺织品生态标志新标准《欧盟未来化学品政策战略白皮书》中，将 APEO 列入禁止使用的表面活性剂，同时也禁止在纺织品生产过程中使用含有 APEO 的化学品。2003 年 6 月 18 日，欧盟颁布 2003/53/EC 指令，规定从 2005 年 1 月 17 日起，除特定的情况，如用于涂料印花的黏合剂等除外，对烷基酚聚氧乙烯醚使用、流通以及排放作出了相应的限制。限定若化学品及其制备物中的 APEO 及 AP（烷基酚）含量高于 0.1%，则该化学品及其制备物不能用于纺织品和皮革加工、纸浆生产和造纸生产、化妆品、杀虫剂和生物杀灭剂的配方。英国、瑞士及德国等国家已经禁止使用 APEO 类表面活性剂及含有该类物质的产品。欧盟有关部门同时也宣布对于想要获得"欧洲纺织品生态标签（Eco - label）"的纺织品供应商，必须提供所用的纺织助剂不含 APEO 的证明，但未公布检测方法。

在 2013 版的 Oeko - Tex® Standard 100 的附件 4 中已经作出规定，在纺织化学品中的 APEO 总含量不得超过 500mg/kg。实际上欧洲许多企业标准对 APEO 的限量控制更严，有的要求低于 100mg/kg。世界著名检测公司如天祥、申美、SGS 等均限定低于 100mg/kg。法规中对 APEO 的限制通常指，NPEO、NP、OPEO、OP 检测结果必须是 4 个化合物的总量低于限量，才算是合格产品。

（四）APEO 的代用

1. 脂肪醇聚氧乙烯醚（AEO）

AEO 由天然脂肪酸还原得到的天然脂肪醇，在碱金属氢氧化物催化下，与环氧乙烷加成聚合，AEO 毒性小，LD_{50} 在 3000 ~ 8000mg/kg，环氧乙烷（EO）加成数低的 LD_{50} 在 20 ~ 25g/kg；其生物降解率都大于 80%，毒性比 APEO 低，而最初生物降解率高于 APEO，是一类无公害的非离子型表面活性剂。

1982 年、1988 年法国和丹麦已明确用 AEO 代替 APEO，其他欧洲国家也提出用 AEO 取代 APEO。BASF 公司的 Lutenol 系列 TO、XA（XL）、XP、ON 等，系十三、十五碳异构醇聚氧乙烯醚等合成醇带有支链的聚氧乙烯醚，其性能更优于天然醇聚氧乙烯醚。例如，法国 Rhodia 公司的氨基硅油 21637 和 21642（HLB = 11.42），所用乳化剂 BC 610 为异十三醇聚氧乙烯醚（6）（HLB = 11.38），可制得稳定性良好的微乳液。

2. 烷基多糖苷（APG）

APG 是由天然原料淀粉中的葡萄糖和脂肪醇或脂肪酸反应制得的非离子表面活性剂，其结构如图 7 - 1 所示。其生物毒性很小 LD_{50} = 1000 ~ 15000mg/kg，水生物毒性 APG（C_{12} ~ C_{14}） ECO_{50} 为 3mg/L，APG（C_8 ~ C_{10}）为 101mg/L，对皮肤和眼睛的刺激比最低的非离子表面活性剂还低,对人体无害,生物降解快而彻底,可达93%~94%。

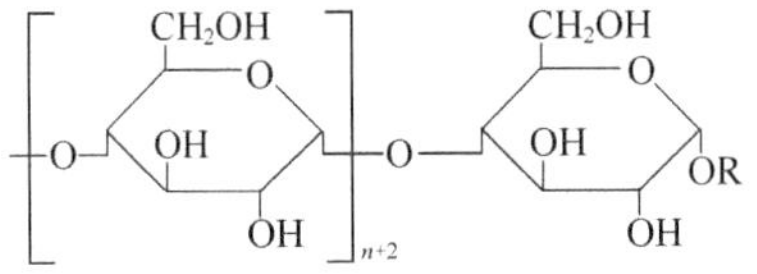

图7-1 烷基多糖苷分子结构

APG 的亲水性来自糖环上的多个羟基,由于糖环上有多个羟基,在水中能相互形成氢键,因此 APG 没有浊点,稀释时也无凝胶现象。因而 APG 兼有非离子和阴离子两类表面活性剂的特性,其 HLB 值和表面张力与非离子和阴离子表面活性剂接近,APG 的 HLB 值随碳原子数增加而减小,表面张力则随碳原子数增加而降低,表7-2给出了一些 APG 的界面性质。

表7-2 APG 的界面性质

APG 碳链	HLB	表面张力 σ(mN/m)	CMC(mol/L)
C_8	19	30.5	1.2×10^{-2}
C_{10}	12	28.2	8.0×10^{-4}
C_{12}	9	27.3	5.0×10^{-4}
C_{14}	7	—	—
C_{16}	5	—	—
C_{18}	3	—	—

由于 APG 的生物安全性,可作为个人保护用品使用,常作为洗涤剂、乳化剂、润湿剂、分散剂、精练剂、消泡剂、增稠剂和防尘剂等,其乳化性能比 TX-10、平平加 O、吐温-20、斯盘-60 都好,应用领域广泛,与其他表面活性剂有较好的协同效应。此外,由于 APG 分子中存在羟基,可通过硫酸酯化、磷酸酯化、醚化、乙氧基化等改善 APG 的性能,扩大其应用范围。但须注意与一般缩醛一样,糖苷在碱性条件下稳定,在酸性条件下易水解,给应用带来了局限性。

3. N-烷基葡萄糖酰胺(NAGA)

NAGA 是以葡萄糖(或淀粉)和脂肪酸为原料合成的一类新型绿色表面活性剂,由于分子中引入了氨基而具有新的功能(图7-2)。

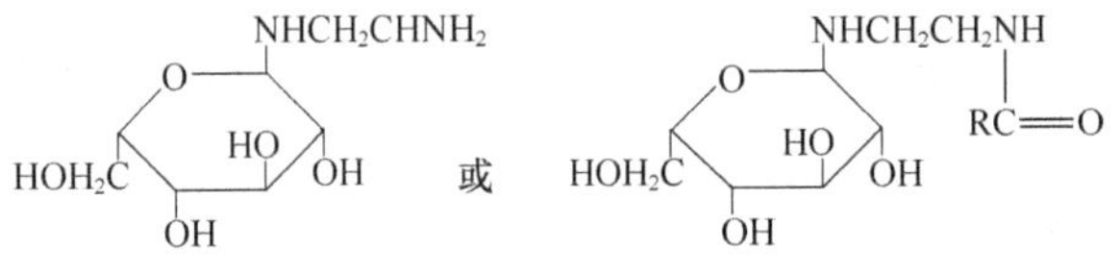

图7-2 N-烷基葡萄糖酰胺(NAGA)分子结构

NAGA 与 APG 一样以多个羟基为亲水基,烷基为疏水基,其 HLB 值、σ 值和 CMC 值会随碳原子数增加而减小。NAGA 的表面张力很低 NAGA（C_{12}）$\sigma = 28.5mN/m$，$CMC = 5.79 \times 10^{-3} mol/L$。NAGA 无毒、易生物降解，对皮肤无刺激作用，性能近似于 APG，同时由于分子中引入了酰氨基后，具有耐酸、耐碱、耐热等性能，与其他表面活性剂有协同作用。但 NAGA 的耐硬水较差，易与钙离子等作用生成沉淀，应用时需加螯合剂，如柠檬酸。

4. 脂肪酸聚氧乙烯甲醚（FMEE）

FMEE 是近年发展起来的非离子表面活性剂，可用来替代 APEO。FMEE 的合成是在特殊的粉状氧化物催化剂存在下，与环氧乙烷进行加成反应，实现嵌入式聚合（图 7-3）。

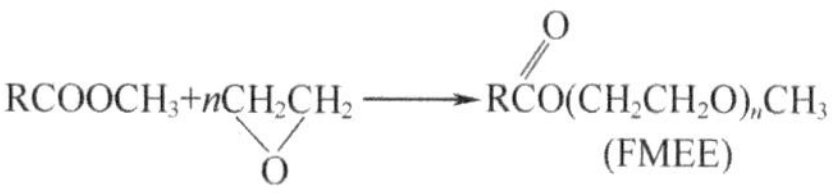

$$RCOOCH_3 + nCH_2CH_2 \xrightarrow{\quad} RCO(CH_2CH_2O)_nCH_3$$
$$(FMEE)$$

图 7-3　脂肪酸聚氧乙烯甲醚合成及结构

FMEE 无毒性，对人体刺激性与脂肪醇聚氧乙烯醚相似，对鱼类和水生物毒性小，较安全，能很快被生物有降解。FMEE 的 HLB 值和降低表面张力的能力随脂肪酸碳链和氧乙烯链长短而变化。$C_{12} \sim C_{14}$，$EO = 8 \sim 9$ 的表面张力为 $31.5mN/m$，$CMC = 2.9 \times 10^{-2} mol/L$，具有优异的渗透性、润湿性，卓越的发泡力，优良的洗涤性、钙皂分散力、增溶性和乳化性。但是耐碱性差，只能在烧碱浓度为 2g/L 的条件下应用。

二、直链烷基苯磺酸代用品的开发

直链烷基苯磺酸（LAS）是继肥皂之后在日用化学品中最广泛使用的表面活性剂，它的产量占世界表面活性剂的 1/3。有报道，十二烷基苯磺酸钠经皮肤吸收后，对肝脏有损害，会引起脾脏缩小，具有致畸性和致癌性；应用中泡沫多，不耐碱，功能性差，难以生物降解。LAS 已逐步被十二烷基聚氧乙烯醚硫酸盐（AES）、仲烷基磺酸钠（SAS60）和 α-烯基磺酸盐（AOS）、脂肪酸甲酯-α-磺酸钠（MES）、脂肪醇醚羧酸盐（AEC）、脂肪醇醚琥珀酸单酯磺酸钠（AESS）和烷基二苯醚二磺酸盐（ADPEDS）等取代。表 7-3 是几种阴离子表面活性剂的主要生态指标。

表 7-3　几种阴离子表面活性剂的主要生态指标

品种	刺激强度	LD_{50}（g/kg）	最初生物降解率（%）
十二烷基苯磺酸（ABS）	1.16	1.3	93
仲烷基磺酸钠（SAS）	—	1.3 ~ 2.5	96
十四烯基磺酸钠（AOS）	0.67	3.0 ~ 3.5	89 ~ 98
十八酸钾皂	0.48	6.7	—
月桂醇醚硫酸酯钠盐（AES）	0.75	1.8	97
十二烷基磷酸酯钾盐（MAP）	0.315	1.8	97
醇醚羧酸盐（AEC）	0.375	—	96 ~ 98
烷基多醣苷（APG）	0.25	10 ~ 15	99

（一）α-烯基磺酸盐

α-烯基磺酸盐（AOS）主要组成：烯基磺酸盐［RCH═CH(CH₂)ₙSO₃Na］64%～72%、羟基磺酸盐［RCH(OH)CH₂(CH₂)ₙSO₃Na］21%～26%及二磺酸7%～11%。它的性能和R的碳链长度、双键位置、各组成比例、杂质质量分数等因素有关。它的合成反应如图7-4所示。

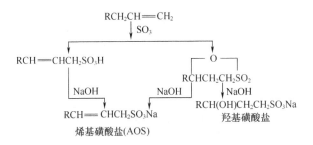

图7-4　α-烯基磺酸盐的合成反应

比较AOS与LAS、AS（脂肪醇硫酸盐）的性能，AOS中C_{15}～C_{17}的表面张力较低（≤40mN/m），C_{14}～C_{16}有较好的润湿力，C_{12}以上具有较好的去污力（C_{15}～C_{18}最好），并且具有较好的耐硬水性能，起泡性好。AOS对皮肤刺激性小，毒性低（AOS的LD_{50}为3.26g/kg，而ABS为1.62g/kg，AS为1.46g/kg）；生物降解性好，5天后可达到98%，不污染环境。LAS则需20～22天后才能100%降解。

AOS与非离子表面活性剂和阴离子表面活性剂有良好的配伍性，与酶有良好的协同效应。除适用于重垢和轻垢洗涤剂以外，还可用于棉的丝光、羊毛洗涤、纺织印染和造纸的润湿、丙烯酸酯聚合等。

世界上Shell公司和Chevron公司是生产AOS及其原料AO的最大企业。美国Chemithon公司的磺化技术和设备有独到之处，可以生产活性物的质量分数达到94%（常规产品质量分数只有38%），色度低于40Klett的AOS片状、条状和粉状产品。国内已有西安南风日化公司生产，浙江、辽宁、山东等省也有企业开始工业化生产。

（二）脂肪酸甲酯-α-磺酸钠

脂肪酸甲酯-α-磺酸钠（MES）是利用天然油脂制得的表面活性剂，结构通式如图7-5所示。式中：R为C_{14}（肉豆蔻酸），C_{16}（棕榈酸），C_{18}（硬脂酸）；R′为CH_3。它具有良好的去污力和钙皂分散力，生物降解率高，毒性低。

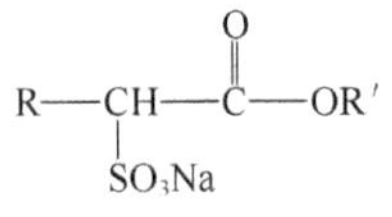

$$R-\underset{\underset{SO_3Na}{|}}{CH}-\overset{\overset{O}{\|}}{C}-OR'$$

图7-5　脂肪酸甲酯-α-磺酸钠的结构通式

MES的合成过程如图7-6所示，可以看出反应过程中会产生二钠盐，而且除此外，成品后加工和储存过程中也会水解生成，当二钠盐量高达15%～20%，即失去实用价值。早期生产的

MES 中二钠盐的含量高达 20%,影响其应用性能。目前生产的 MES 中二钠盐的含量都在 10%以下。日本狮王公司改进了磺化生产工艺,抑制了二钠盐的生成,制成的 MES 活性物含量达 60%,二钠盐含量小于 5%。美国 Chemithon 公司生产的 MES 中二钠盐的含量为 4% ~ 6%。此外,美国的 Stepan 公司、德国的 Henkel(汉高)公司都有生产。国内成都南风集团有 1 万吨/年的 MES 生产装置,常州 1.8 万吨/年,辽宁丹东化工厂、长春助剂厂、无锡大众化工厂等有小规模生产。

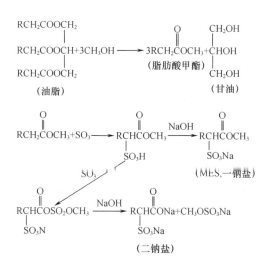

图 7-6 脂肪酸甲酯 - α - 磺酸钠的合成过程

MES 具有较好的抗硬水能力和钙皂分散能力,与 AOS 和 LAS 有近似的表面张力(表 7-4),具有较高的去污力。MES 的主要原料来自油脂,以棕榈油为原料的 MES 性能最好,即 C_{16} 的去污力最好,C_{14} 和 C_{18} 次之。与 AOS、AS、LAS 的性能相比,不管含磷或无磷情况下,MES 都显示出优异的性能。以 MES 为主剂的配方,其用量低于 LAS 用量 1/3 的情况下,仍达到相同的洗涤效果。MES 除了用作洗涤剂中的活性物,还在皮革脱脂,染料、颜料、农药用作分散剂、润湿剂,在印刷行业上用作脱墨剂。

表 7-4 MES 的表面张力和界面张力(测定温度 25℃)

表面活性剂	含量(%)	表面张力(mN/m)	界面张力(mN/m)	CMC(mmol/L)
C_{14} MES	0.2	39.9	10.9	2.8(13℃)
C_{16} MES	0.2	39.0	9.7	0.73(23℃)
C_{18} MES	0.2	39.0	8.4	0.18(33℃)
C_{15} ~ C_{18} AOS	0.1	36.0	—	—
C_{12} LAS	0.1	37.0	—	—

(三)脂肪醇醚羧酸盐

脂肪醇聚氧乙烯醚羧酸盐(AEC)的化学结构通式为:$RO(CH_2CH_2O)_nCH_2COONa$,R 为 C_{12} ~ C_{18}。AEC 是在脂肪酸皂结构中嵌入聚氧乙烯基,其亲水基为羧基,兼有阴离子和非离子表面活性剂的特性。当它以酸式存在时呈非离子性,以盐式存在时呈阴离子性,因而具有非常好的水溶性和耐硬水性能,水溶性比皂式结构高,且无脂肪醇聚氧乙烯醚受浊点的限制。产品温和、无刺激性,具有优良的乳化、分散、润湿、增溶等性能,去污力强,配伍性好,可用于棉布煮练、漂白、丝光,羊毛、羊绒洗涤,可用作净洗剂、分散剂、染色助剂、抗静电剂、乳化剂和润湿剂等。

(四)脂肪醇聚氧乙烯醚硫酸盐

脂肪醇聚氧乙烯醚硫酸盐(AES)是烷基硫酸盐的改性产物,由脂肪醇聚氧乙烯醚(EO 数通常为 1~3)经三氧化硫硫酸化,再用相应的碱中和制得。AES 根据生产原料不同,可分为天然醇和合成醇两大类。结构通式为 $RO(CH_2CH_2O)_nSO_3Na$。

AES 由于在亲水基和疏水基中间嵌入了聚氧乙烯链,因而兼具非离子和阴离子表面活性剂的一些特性,它的溶解性、抗硬水性、起泡性和润湿力均优于烷基硫酸盐,且刺激性低于烷基硫酸盐,其中以天然月桂醇为原料制得的 AES 刺激性最小、生物降解性最好、毒性最低。故可取代烷基硫酸盐而广泛用于餐具洗涤剂、香波和浴液等洗涤产品中,也是轻重垢洗涤剂、地毯清洗剂以及硬表面清洗剂配方中的重要组分,还可以作为分散剂、抗静电剂、乳化剂、润滑剂、润湿剂、软化剂和渗透剂的成分,在纺织、金属加工、农药和造纸等工业领域都有应用。在阴离子表面活性剂的生产中,AES 产量仅次于 LAS,其增长明显高于整个表面活性剂行业的增长水平。

据研究报道,AES 降解快速且完全,在正常使用情况下,AES 对环境影响极小。AES 的生物降解率大于 80%,达到了欧盟洗涤剂相关法规对表面活性剂生物降解的要求。环境中 AES 的平均浓度为 0.0065mg/L,基本达到了可忽略的风险等级;LD_{50} 一般在 4000mg/kg 以上,属于低毒性物质,服用 1% 的 AES 溶液,或 AES 溶液反复使用于皮肤时,未发现毒性反应和肿瘤病变发生。AES 主要由肠道吸收,通过皮肤吸收的量较少,摄入微量 AES 也可以通过代谢排出体外,不会造成生物积累。未稀释的 AES 是强刺激性物质,10%(质量分数)下,刺激性中等到强,被稀释到 1% 使用时,刺激性是温和轻微的。现有生产方法中,1,4 - 二噁烷是 AES 中极小的污染物,含量不高于 100mg/kg 时没有毒性反应;经两代生物的跟踪研究结果表明,AES 不会导致胎儿畸形,对人体是安全的。

(五)脂肪醇醚琥珀酸单酯磺酸钠

脂肪醇醚琥珀酸酯磺酸盐(AESS)是由马来酸酐与脂肪醇反应后引入磺酸基制得。按琥珀酸上两个羧基的酯化情况,可分为单酯和双酯。琥珀酸双酯磺酸盐亲水性磺酸基在分子结构中间,是优良的润湿剂,如著名的渗透剂阿罗素 OT(Aerosol OT)。单酯的结构特征是亲水基在一端,润湿性低,去污力好。单酯中最主要的品种即为 AESS,分子结构如图 7-7 所示。

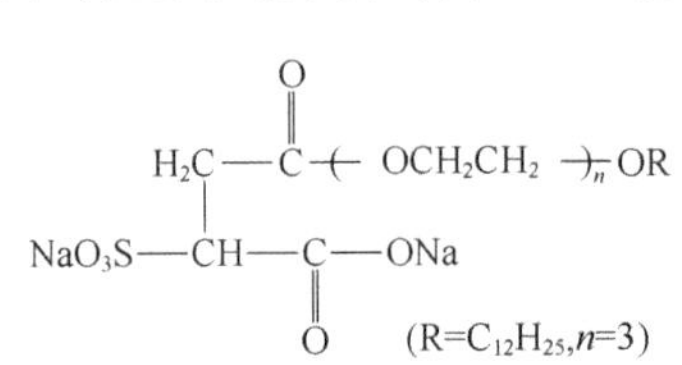

$$H_2C-C\overline{(\!-OCH_2CH_2-)_n}OR$$
$$NaO_3S-CH-C-ONa$$
$$(R=C_{12}H_{25}, n=3)$$

图 7-7　脂肪醇琥珀酸单酯磺酸钠分子结构

AESS 的刺激性低于 AES 和 AS,表面张力低于 AES,发泡力略低于 AES,具有良好的配伍性和增溶作用。由于琥珀酸酯类含有酯基。在碱性介质中易被水解，因此，应在中性或弱酸性介质中使用。

若以脂肪酰胺聚氧乙烯醚为原料，得到脂肪酰胺聚氧乙烯醚琥珀酸单酯磺酸钠(AMESS)，由于酰胺结构不会水解、可耐高温及在各种介质中应用。AMESS 的刺激性比 AESS 更低，分子结构如图 7－8。

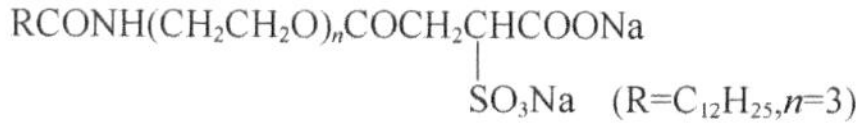
RCONH(CH2CH2O)nCOCH2CHCOONa
SO3Na (R=C12H25,n=3)

图 7－8　脂肪酰胺聚氧乙烯醚琥珀酸单酯磺酸钠分子结构

(六)烷基二苯醚二磺酸盐

烷基二苯醚二磺酸盐(ADPEDS)是一类新型的阴离子表面活性剂。其中，烷基的合成路线是由烯烃与二苯醚反应，然后进行磺化，最后中和得到磺酸钠盐。以十二烯烃与二苯醚反应为例，过程如图 7－9 所示。

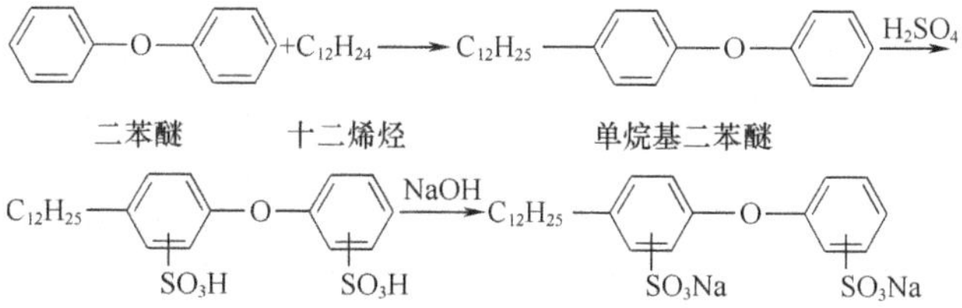
O
+C12H24
C12H25
O
H2SO4
二苯醚
十二烯烃
单烷基二苯醚
C12H25
O
NaOH
C12H25
O
SO3H
SO3H
SO3Na
SO3Na

图 7－9　十二烷基二苯醚二磺酸盐合成过程

十二烷基二苯醚二磺酸盐分子结构中含有 2 个带负电荷的磺酸基，它们之间会产生 1 个负电荷增强的重叠区，较高的电荷密度导致较大的分子间的引力，产生较大的溶解作用。其次，2 个苯环间的醚键可允许 2 个苯环绕氧原子转动，于是 2 个磺酸基之间的距离可以改变。这就允许与体积庞大的长链烃相结合。

ADPEDS 独特的分子结构使其具有多种特性。与单磺酸基相比，在酸碱溶液中亲水性好。如它在 50% 的 H_2SO_4 中不失活性，在 40% 的 NaOH 中不凝聚，而 5% 的 LAS 在 4% 的 NaOH 中即有不溶物。

ADPEDS 与金属离子 M^{2+} 能形成稳定的络合物(图 7－10)，因此 ADPEDS 在硬水中仍能溶解，如在 50% 的 $CaCl_2$、$MgCl_2$、$FeCl_3$ 水溶液中不沉淀，在硬水中不失活性。

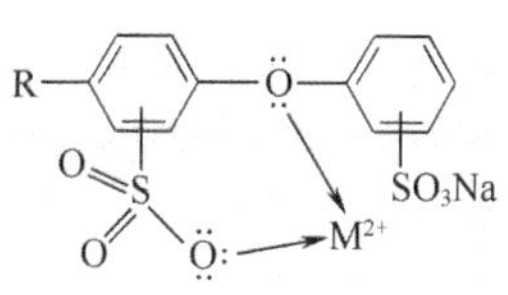
R
O
O
S
O
O
M2+
SO3Na

图 7－10　ADPEDS 与 M^{2+} 络合物的结构

ADPEDS 有极强的乳化能力,可用作乳液聚合乳化剂。泡沫适中,具有良好的稳泡性。高度的化学稳定性,可以与 H_2O_2、$NaClO$、Na_2SO_3、$NaHSO_3$ 共存,用作氧化漂白剂的稳定剂。

因此,ADPEDS 有良好的去污性,污垢分散性,而且易生物降解,环境相容性好。ADPEDS 可以软化棉籽壳,用于棉织物的精练,羊毛的清洗,也可用作锦纶染色的匀染剂,是一种很好的纺织助剂。

三、Gimini 表面活性剂

Gimini 表面活性剂是新一代的表面活性剂,它将 2 个单链的普通型表面活性剂在离子基处通过化学键连接在一起,从而极大地提高了表面活性。从分子结构看,它们相似于 2 个表面活性剂的聚合,有时又称为二聚表面活性剂,它的分子结构见图 7 – 11。

长碳链　　连接基　　长碳链
离子基　　离子基

图 7 – 11　Gimini 表面活性剂的分子结构

由于 Gimini 表面活性剂分子中 2 个离子基通过连接基以某种化学键连接在一起,使得 2 个表面活性剂单体的离子基相互紧密连接,离子基之间的排斥倾向被大大削弱,并且致使其疏水基碳链更容易产生强烈的相互作用,加强了长碳链间的结合力,使其在气—液界面排列更紧密。又由于连接基的作用,两个疏水基团在同一分子中,就比只有一个疏水基的单分子表面活性剂有更强烈的逃离水相的倾向,更易自发地吸附到气—液界面。这就是 Gimini 表面活性剂与普通单疏水链和单离子基表面活性剂最大的不同,也是它具有高度表面活性的根本原因(表 7 – 5)。

CMC 反映了表面活性剂形成胶束的能力,CMC 值越小,表明聚集形成胶束的能力越强。表 7 – 5 中可看出结构为双长碳链双离子头的表面活性剂的 CMC 值大大低于单长碳链单离子头的表面活性剂。C_{20} 为降低水溶液表面张力 20mN/m 所需表面活性剂的用量,该值越小表明界面吸附能力越强。CMC/C_{20} 值的大小用来比较界面吸附和聚集形成胶束倾向的相对强弱,该比值越大,表明越易吸附于界面。一般而言,CMC 值低的有利于乳化、分散;C_{20} 值低的有利于润湿、渗透。

表 7 – 5　Gimini 的表面活性

表面活性剂	Y	CMC(mmol/L)	C_{20}(mmol/L)	CMC/C_{20}
$C_{12}H_{25}OSO_3Na$	—	8.2	3.1	2.6
A	—OCH_2CH_2O—	0.013	0.0010	13
$C_{12}H_{25}SO_3Na$	—	9.8	4.4	2.2
B	—O—	0.033	0.0080	4.1
B	—OCH_2CH_2O—	0.032	0.0065	4.9
B	—$O(CH_2CH_2O)_2$—	0.060	0.0010	6.0

注　
$$H_{21}C_{10}OH_2C \diagdown \underset{HC}{\overset{}{}} \diagup OSO_3Na$$

(A)

(B)

$$H_{21}C_{10}H_2C \diagdown \underset{HC}{\overset{}{}} \diagup OCH_2CH_2CH_2SO_3Na$$

同时,Gimini 表面活性剂分子中的 2 个离子基通过化学键紧密连接并不破坏其亲水性,从而赋予 Gimini 广泛的应用性能。与普通型表面活性剂相比,Gimini 表面活性剂更易吸附在气—液界面上,从而更有效地降低水溶液的表面张力,具有优良的润湿和乳化特性;更易聚集形成胶束,使胶束量增大,临界胶束浓度降低,是一类优良的增溶剂;具有很低的克拉夫特(Krafft)点,容易溶解于水,水溶性随亲水基类别和数量而变化,良好的钙皂分散力;与普通型表面活性剂间能产生更大的协同增效作用,尤其和非离子型表面活性剂的复配。

Gemini 作为新一代表面活性剂,具有良好的表面活性和生物降解性。开发最早的是阳离子 Gemini 表面活性剂,其应用研究也最广,可用于石油开采、生物学上抗菌、制备新材料等,而且阳离子 Gemini 表面活性剂具有显著的缓染作用,可作为一种新型缓染剂应用于纤维染色。阴离子 Gemini 表面活性剂中磺酸盐和硫酸酯类水溶性好,具有良好的润湿、乳化、分散性,其表面活性优于普通的阴离子表面活性剂;其磷酸酯盐类主要用于生命科学和药物载体的研究。非离子 Gemini 表面活性剂可作为乳化剂产生 O/W 型乳液,在低浓度下即产生很好的洗涤效果。两性 Gemini 表面活性剂是温和的多功能表面活性剂,在特定的应用中仅需添加少量就可显著改善配方性能。由于 Gemini 表面活性剂的售价较高,因此尚难以大规模用于洗涤剂工业,一般将 Gemini 表面活性剂与传统表面活性剂复配使用。

四、生物表面活性剂

许多生物分子具有亲水和亲油基团,它们在性能上和化学合成的表面活性剂非常相似。通常把具有两亲性,表现出很高的表面活性,由微生物、动物或植物产生的天然表面活性剂称为生物表面活性剂。生物表面活性剂不仅具有优良的化学性质,而且对人体、牲畜无毒无害,对环境无污染,可生物降解等。生物表面活性剂的制取多利用可再生资源,如油脂、蔗糖、磷脂、脂肪酸、氨基酸、葡萄糖等为原料,通过生物发酵,由不同的微生物生产代谢得到,其生产过程不会对环境造成污染。工艺简单、易控(常温常压),对设备要求不高,是一个环境净化、废物利用、变废为宝的过程。因此,开发生物表面活性剂是环保表面活性剂发展的重要方向之一。

(一)生物表面活性剂的分类

生物表面活性剂有多种来源、多种生产方法、多种化学结构和多种用途,因而可作多种分类以满足不同要求。按用途可将广义的生物表面活性剂分为生物表面活性剂和生物乳化剂。前者是一些低分子量的小分子,能显著改变表面张力/界面张力;后者是一些生物大分子,并不能显著降低表面张力/界面张力,但对油—水界面表现出很强的亲合力,因而可使乳状液得以稳定。按来源可将生物表面活性剂分成整胞生物转换法(也称发酵法)和酶促反应法。按照生物表面活性剂的化学结构不同,则可作如下分类:

(1)糖脂:由碳水化合物与长链脂肪酸或羟基脂肪酸以共价键形式结合而成,以糖为亲水基团,脂肪酸或羟基脂肪酸的烷基部分为亲油基团,如海藻糖脂、甘露糖脂。

(2)含氨基酸类脂:以低缩氨基酸为亲水基团的生物表面活性剂,如脂肽、脂蛋白、脂氨基酸。

(3)磷脂:以磷酸基为亲水基团的生物表面活性剂,如磷脂酰乙醇胺、磷脂酰丝氨酸、磷脂酰甘油。

(4)脂肪酸中性脂:以羧酸基为亲水基团的生物表面活性剂,包括甘油酯、脂肪酸、脂肪醇、蜡等。

(5)高分子生物表面活性剂:为生物聚合体,结合多糖的,如脂杂多糖、脂多糖复合物。结合蛋白质的,如明胶蛋白质与氨基酸的烷基酯反应产物,其亲水基为水溶性蛋白质,亲油基为氨基酸的脂肪烃基。

(6)特殊型生物表面活性剂:如全胞、膜载体等。

(二)生物表面活性剂的特性

生物表面活性剂与化学合成表面活性剂具有相同或相近的特性。优良的表面活性,能显著降低表面张力和CMC,具有渗透、润湿、乳化、增溶、发泡、消泡、洗涤、去污等各种表面性能。较好的热稳定性和化学稳定性,可在较高的温度(脂肽在75℃可耐热140h)和较宽的pH值范围(如类蛋白酶表面活性剂在pH值为1.7~11.4范围保持稳定)应用。在许多方面具有优于化学合成表面活性剂的特性。如由于其分子结构复杂而庞大,乳化能力更强,分子结构类型多样,具有许多特殊的官能团,专一性强,可用于一些特殊领域。生物表面活性剂本身无毒,用量少,选择性好,能很快被微生物100%降解,对环境无害。生物相容性好,可用于药品、化妆品及食品添加剂。某些生物表面活性剂还具有抗菌、抗病毒、抗肿瘤等药理作用和免疫功能。

五、环保型有机螯合剂

染整生产是一个湿处理加工过程,对水质有严格的要求,生产用水中的有害碱土金属和重金属离子的浓度必须低于规定的限量值。因为碱土金属和重金属离子的存在会降低染整助剂的作用,形成钙皂、镁皂等吸附在纤维或织物上,难以去除并影响后续加工。在染色过程中,碱土金属和重金属离子与染料结合生成沉淀,造成色点、色花疵病或影响染料的发色。因而在染整生产中为了避免碱土金属和重金属离子的影响,常在水中添加螯合剂或螯合分散剂,生成金属络合物,使之稳定地分散于水介质中。

早期最常用的络合剂或软水剂是聚磷酸盐,如三聚磷酸盐。但由于这类螯合剂高温下会分解,螯合能力下降甚至消失,只适用于碱性介质中使用,对铁离子的络合能力较差,故只能用于硬水的软化。而且三聚磷酸钠虽无毒、生物降解性好,但排放到江河后会引起水系富营养化,致水系溶解氧下降,造成水质恶化,使鱼类及其他水生动植物大量死亡,对环境造成严重影响。后逐渐被氨基三乙酸钠(NTA)、二乙烯三胺五乙酸(DTPA)和乙二胺四乙酸(EDTA)等有机螯合剂所取代。

NTA、DTPA、EDTA 对钙、镁重金属离子的络合能力强,在酸性介质中的络合稳定常数比碱性介质中高。EDTA 的老鼠口服急性毒性半致死量 LD_{50} 为 2600 mg/kg,短期接触鳟鱼能耐受最高 450 mg/L 的质量浓度,属低毒物质。但是,EDTA 价格十分昂贵,且经过研究发现,EDTA 对多种金属离子的螯合作用仅用掉了两个羧基,剩下两个羧基未参与络合作用,白白浪费了一半配位键。而且 DTPA 和 EDTA 的生物降解性不如 NTA,它们与重金属离子形成络合物后生物降解性更差,并且这种高度水溶性的络合物进入废水中会在环境中残留高毒性的重金属离子,故用 NTA 代之。但是 NTA 投放市场不久,就发现它是一种致癌物质,各国相继制定法律禁止使用 NTA。2002 年 5 月 DTPA 和 EDTA 也被 Eco‐lable 列为禁用品。目前新开发的螯合剂主要为有机螯合剂,种类有:氨基羧酸类、有机磷酸类、羟基羧酸类、氨基酸和聚羧酸类。

(一)氨基羧酸类

N,N‐二羧酸氨基‐2‐羟基丙烷基磺酸钠和 3‐羟基‐2,2′‐亚氨基二琥珀酸四钠(HIDS)是氨基羧酸类螯合剂中的两个新品种,它们的分子结构式如图 7‐12 所示。N,N‐二羧酸氨基‐2‐羟基丙烷基磺酸钠对金属离子的螯合容量大于 NTA,易生物降解,可用作氧漂稳定剂,对双氧水有很好的稳定作用。

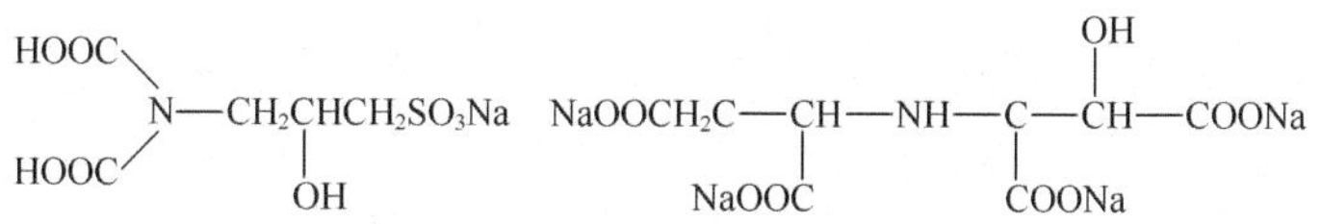

N,N‐二羧酸氨基‐2‐羟基丙烷基磺酸钠　　　3‐羧基‐2,2′‐亚氨基二琥珀酸四钠

图 7‐12　两种氨基羧酸类螯合剂的分子结构

HIDS 对鱼的毒性 $LC_{50} > 2000$ mg/L,易生物降解。对 Ca^{2+} 的络合稳定常数 pK = 4.8,对 Fe^{3+} 的 pK = 12.5,螯合容量 CV 值为 300mg $CaCO_3$/g。在广泛的 pH 值范围内与各种金属离子形成可溶性的络合物,特别是 Fe^{3+},在 pH 值为 4~8 时,0.01mol HIDS 可 100% 络合 0.01mol 的 Fe^{3+},pH 值为 11 时,仍能达到 83%。而 EDTA 在 pH 值 4~6 时,可络合 85% 的 Fe^{3+},pH 值为 8~10 时为 58%,pH 值为 11 时仅 50%,随着 pH 值的升高,螯合容量明显下降。HIDS 在碱性溶液内,在 80℃放置 20h 后,稳定性仍良好,在碱中溶解度远高于 NTA 和 EDTA,因此特别适用于 pH 值为 10.5~11 的氧漂环境。

(二)有机膦酸类

有机膦酸盐类螯合剂是应用较广泛的螯合剂之一,国内生产的氧漂稳定剂中大多以这类螯合剂作为主要组分。如羟基亚乙基二膦酸(HEDP)、氨基三亚甲基膦酸(ATMP)、乙二胺四亚甲基膦酸(EDTMP)、二乙烯三胺五亚甲基膦酸(DTPMPA)、三乙烯四胺六亚甲基膦酸(TETHMP)、双(1,6‐亚己基)三胺五亚甲基膦酸(BHMTPMP)、多氨基多醚基四亚甲基膦酸(PAPEMP)。它们具有良好的化学稳定性,通过与金属离子的 sp^3 杂化轨道构成四面体的螯合物,不易水解,对氧化剂的敏感性较 NTA、EDTA、DTPA 及羟基羧酸类为小;本身为多元酸,在水中可电离出多个氢离子,形成配位氧原子,可与 Ca^{2+}、Mg^{2+}、Fe^{2+}、Fe^{3+}、Cu^{2+}、Zn^{2+}、Al^{3+} 等形成稳定的螯合物,螯合容量大(表7-6);能耐较高温度,如 HEDP 的热碱稳定性可达260℃;易生物降解,无毒或低毒,安全性较高,不污染环境,非常适合配制氧漂稳定剂。

表7-6 部分有机膦酸盐类螯合剂的螯合容量

螯合剂	配位数	钙螯合容量(mg/g)	铁螯合容量(mg/g)
HEDP	5	≥450	≥1000
ATMP	6	≥450	≥900
EDTMP	8	≥200	≥500
DTPMPA	10	≥522	≥850

这些膦酸酯类螯合剂中有的品种是通过脂肪胺类与过量甲醛经羟甲基化后,再与亚磷酸酯化反应而制得,所以产品中是否存在残留甲醛,值得注意。这类螯合剂虽然是磷酸酯衍生物,但不会像无机磷酸盐那样使水体富营养化。因为磷酸酯通过亚甲基相连,而 C—P 的键能为246kJ/mol,离解能为1387kJ/mol 结合比较牢固,很难使单体磷进入水体中造成富营养化。

HEDP 在较高温度(125±2)℃下脱水聚合成膦酸酯的低聚物,聚膦酸酯是一种新型的既具有吸附力,又有螯合功能的优良稳定剂,分子结构中含有膦酸酯基及羟基等空间配位基团,结构式如图7-13所示。

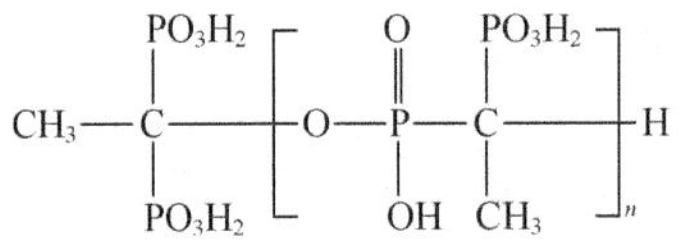

图7-13 聚膦酸酯分子结构

聚膦酸酯氧漂稳定剂的商品是与镁盐的复配物,与 Mg^{2+} 络合后形成高度分散的胶体物。其稳定机理是聚膦酸酯镁盐络合物中的 Mg^{2+} 是一个共价性很强的缺电子体,在氧漂液中是一个电子接受体,而双氧水在碱性介质中电离成活泼的 HOO^-,HOO^- 的电子云密度很高,是一个富电子体,易与聚膦酸酯的镁盐络合物结合,HOO^- 被吸附在络合物的胶体上,使 HOO^- 失去活动能力,从而抑制了 HOO^- 继续分解。一旦织物受热或遇到还原性物质,又可以把织物上的色素氧化而去除。

聚膦酸酯镁盐络合物的络合稳定常数比其他重金属络合物低得多。因此,聚膦酸酯镁络合物可以被 Cu^{2+} 或 Fe^{3+} 取代,而形成更为稳定的螯合物,从而消除 Cu^{2+} 或 Fe^{3+} 对双氧水的催化分解作用,达到稳定双氧水的目的。

聚膦酸酯在95~100℃时(热漂)耐碱50g/L;30~35℃时(冷堆)能耐碱100g/L;在5mg/kg Fe^{3+} 存在下仍有很好的稳定作用,漂白成品手感柔软,白度可与水玻璃稳定剂相媲美,是一种较理想的氧漂稳定剂。

（三）羟基羧酸类

柠檬酸、酒石酸、葡萄糖酸等属羟基羧酸类螯合剂，但这类螯合剂不适宜在酸性介质中使用，一般在碱性介质中具有良好的螯合性能，pH 值越高其螯合力越强，尤以葡萄糖酸钠表现突出，可在高碱液下作氧漂稳定剂。

（四）氨基酸类

聚天门冬氨酸（PASP）是近年来合成的一种生物高分子，具有水溶性聚羧酸的性质。PASP 的相对分子质量分布很宽，从 1000～100000 不等，纺织工业中一般应用相对分子质量在 15000 以下的，其分子结构如图 7－14 所示。

PASP 的半致死量 $LD_{50} \geqslant 10g/kg$，是一类无毒，易生物降解，对环境无污染的绿色螯合剂。PASP 对 Ca^{2+} 有优良的螯合性能，具有良好的阻垢作用和分散作用，对 2～4mg/L 碳酸钙的阻垢率 ≥98%。但是 PASP 对 Mg^{2+}、Fe^{3+} 的螯合能力较弱，单独使用存在一定局限性，可与聚丙烯酸类螯合分散剂复配。由于聚丙烯酸类螯合分散剂对 Ca^{2+} 的螯合能力最弱，对 Mg^{2+}、Fe^{3+} 的螯合分散能力则很强，通过复配增效，可以发挥两种螯合剂之间的协同作用。

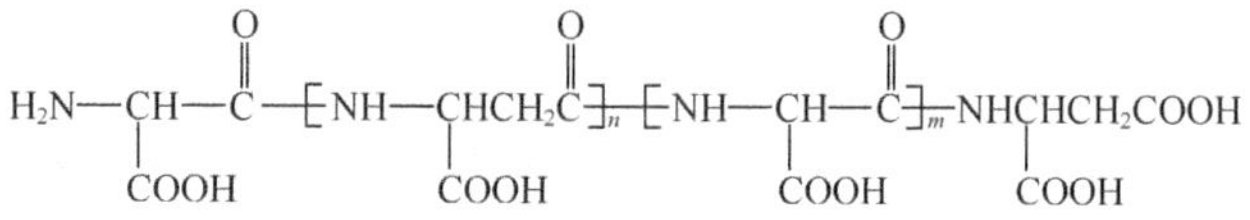

$$H_2N-CH-C-\left[NH-CHCH_2C-\right]_n\left[NH-CH-C-\right]_m NHCHCH_2COOH$$
$$\quad\ \ |\quad\ \ \|\qquad\quad |\qquad\ \|\qquad\quad\ |\quad\ \ \|\qquad\qquad |$$
$$\quad\ COOH\ O\qquad\quad COOH\ O\qquad\quad COOH\ O\qquad\qquad COOH$$

图 7－14　聚天门冬氨酸的分子结构

（五）聚羧酸类

聚羧酸类螯合分散剂是以丙烯酸或马来酸酐为单一单体的均聚物，或这两种单体的共聚物为主，也有使用聚丙烯酰胺与磷酸酯盐，是当前应用最广的系列产品之一。

因为聚羧酸分子中有大量羧酸存在，羧基氧原子具有形成配位键的能力，相邻羧基能与金属离子形成螯合环而稳定存在于水中。同时因吸附在水中悬浮物上，增加螯合物分子表面的负电荷，提高其在水中的分散稳定性，因此是一类既有螯合力又有分散力的螯合分散剂。它们有较强的金属离子络合能力和优良的除垢作用。据测定平均分子量为 5000 的聚丙烯酸盐的螯合能力是三聚磷酸钠的 5 倍，而且还有防止再沉积的功能。聚丙烯酸盐可作为低温金属螯合剂用于精练、净洗等前处理助剂中。在高温下可采用丙烯酸和马来酸酐的共聚物作为金属螯合剂，而且可以调节丙烯酸和马来酸酐的比例，以适应不同的工艺条件。该共聚物本身无毒、生物降解性良好，对环境不会造成污染。

第三节　环保型前处理助剂

前处理是印染加工过程中保证产品质量的一个必须的和重要的基础工序。前处理助剂的质量和安全性直接关系到纺织品的最终质量和生态安全性。前处理助剂有退浆剂、洗涤剂、精练剂、渗透剂、氧漂稳定剂、螯合剂等。这些助剂大多数是表面活性剂及有机化合物、无机盐类和溶剂等。表面活性剂中使用较多的是阴离子表面活性剂、非离子表面活性剂和少量两性表面活性剂。

一、精练剂

织物的精练是为了去除织物自身所含有的或黏附在其上的油污等杂质,提高印染后整理的产品质量。最常用的精练剂是热烧碱,一般无生态问题。但为了增强碱液对纤维的渗透作用,促进油脂和蜡质的乳化,使脱离纤维的杂质进一步乳化分散在精练浴中,防止其重新黏附在织物上,通常需添加精练助剂以提高精练效果。

精练助剂主要以渗透剂、润湿剂和乳化剂为主,大多为非离子和阴离子表面活性剂或它们的复配物。过去使用较多的品种含有 OP – 10、壬基酚聚氧乙烯醚(TX – 10),NP – 9 和十二烷基苯磺酸钠(LAS)等不良成分。虽然 TX – 10 能生化处理,但生化后分解产物仍为酚类,有鱼毒性,且能破坏人体的生殖系统,并且壬基酚已被国际市场列为被限制使用的 70 种环保激素之一(又称内分泌扰乱化学物质),欧洲部分国家已通过法律禁止使用。当前的趋向是采用天然脂肪醇聚氧乙烯醚或失水山梨醇酯和失水山梨醇乙氧基化合物等替代。LAS 也在禁用之列。APEO 和 LAS 的代用品的开发已在前面详述,这里介绍几种市场上提供的环保型精练助剂。

BASF 公司开发了一系列的可生物降解的表面活性剂来取代烷基酚聚氧乙烯醚。如 Laventin CW 用于高温精练;Laventin LNB 的浊点较低,适于低温非连续精练工艺;Laventin TX 1537 是含较少酯基的表面活性剂,浊点较高,适于原毛煮练;Kieralon OLB Conc. 适用于各种精练工艺。

Sandoclean T10 lig. 是 Clariant 公司开发的一种集润湿、洗净、稳定为一身的三合一煮漂助剂,为脂肪醇聚氧乙烯醚和芳香族磺酸盐的复配物,在碱中稳定,易生物降解,使用量低,能获得好的白度与毛细管效应。

Invatex OD new 是 Huntsma 公司的具有分散、螯合、抗钙结晶等性能的复合煮漂助剂,用此助剂后,可以将退浆、碱煮两步工艺合而为一,退煮漂三步工艺简化为两步,具有白度好、防止纤维损伤等特点。

Lenetol HP – jet 是 ICI 公司开发的用于棉织物的高性能低泡精练剂及漂白助剂,生物降解性很好,适用于喷射设备中使用。另一产品 Lanaryl RK 可用于涤纶超细纤维去油剂,使精练后残留率低于 0.2%,也可用于棉/氨纶和涤/氨纶的精练,由一种可生物降解的非离子表面活性剂和一种不含有机氯的溶剂拼混而成。

二、漂白助剂

(一)绿色氧漂稳定剂

织物漂白时除了使用漂白剂外,还需添加一些漂白助剂,以抑制漂白剂的分解或活化漂白剂以提高其漂白效果和效率。为了避免水质中的重金属铁、铜、锰等或灰尘、污垢、菌类等对双氧水分解的加速作用,传统的工艺中往往加入硅酸钠作稳定剂。但是由于硅酸钠在溶液中水解产生硅垢吸附到织物上,影响织物的手感,后又采用有机螯合剂作为双氧水漂白的稳定剂,如

EDTA、DTPA 等,由于这些有机螯合剂被列入欧盟的禁用物质清单而被新型环保的有机螯合剂替代。有机磷酸酯类、聚丙烯酸钠与马来酸酐的共聚物是用得较多的新型环保有机螯合剂,目前已形成产品的有:Prestogen PL、Sandopur PC、PSK、Securon 540 和 Mirokai 54 H 等。双氧水稳定剂 GJ-201 和德国 Breitlich Gmbh 公司开发的漂白助剂 Beiquest AB 是丙烯酸与糖类化合物的共聚物,具有优良的螯合性能及良好的生物降解性。它的生物降解性与 APG 相似,比聚丙烯酸盐好,可取代常规聚丙烯酸螯合剂。

Huntsma 公司的 Tinoclarite CBB 和 Yorkshire 公司的 Seriquest CA 是耐强碱的双氧水漂白稳定剂,能耐 120g/L 的浓烧碱,对钙、镁、铁离子有良好的螯合作用,特别适合棉及其混纺织物的双氧水连续高温蒸煮漂白,具有白度好,去杂效果显著和防止纤维损伤的优点。

拜耳公司采用黏土技术开发了天然矿物质系列氧漂助剂 Tannex GEO 和 Tannex RENA。与常规有机氧漂稳定剂比较,其矿物质产品使漂白的织物具有更高的白度和聚合度值,同时具有相当低的 COD 和 BOD 值,属于环境友好的绿色产品。

Tannex GEO 的加工泥土是一种天然的、细微的颗粒物质,由小于 $2\mu m$ 的粒子组成。不仅具有防止金属离子催化分解双氧水和提供镁源的作用,同时它还提供了一种有机稳定剂所不具备的独特的保护功能,更加降低了双氧水的分解速度。机理如下:

$$H_2O_2 + OH^- \longrightarrow HOO^- + H_2O$$
$$2HOO^- + Mg^{2+} \longrightarrow HOO—Mg—OOH$$
$$HOO—Mg—OOH + GEO \longrightarrow GEO[HOO—Mg—OOH]GEO$$
$$GEO[HOO—Mg—OOH]GEO \longrightarrow 缓慢释放 HOO^-$$
$$HOO^- + H_2O_2 \longrightarrow HO^- —HO\cdot + HOO\cdot$$
$$HOO\cdot \longrightarrow O_2\cdot$$

由于黏土本身的润滑特性,Tannex GEO 具有优良的织物润滑性,漂白浴中无须另外加入润滑剂,也不需要加入消泡剂。Tannex GEO 还具有优良的净洗性能,其净洗机理是基于黏土的四面体和八面体的片状结构,黏土的主要成分为 SiO_2 和 Al_2O_3。当黏土放入高速搅动的水中时,这些片体被润湿而彼此分离,产生巨大的表面积(1g Tannex GEO 具有 $800m^2$ 的表面积),使之可以吸附所有类型的亲油性物质,在退浆、精练中使用是极佳的织物油脂、蜡质和浆料的去除剂,并可用于去除弹性纤维上的有机硅油。

Tannex RENA 也是拜耳公司利用新的生产技术,将水玻璃的物理和化学行为改性后获得的连续式氧漂稳定剂。它保留和提升了水玻璃作为氧漂稳定剂的优点,同时又避免了水玻璃易结硅垢、手感差等诸多缺点。产品稳定性好,降低碱的用量,保持设备清洁。

(二)氧漂活化剂

双氧水即过氧化氢,是一种优良的氧化型漂白剂,其漂白产品纯正,白度稳定性良好,没有污染,对设备不腐蚀,广泛用于纤维素纤维及其他纤维的漂白。

双氧水漂白的机理至今仍未形成定论,尚在探讨之中。多数研究者认为,双氧水像弱酸一样,在碱性条件下分解生成过氧化氢负离子 HOO^-。而过氧化氢负离子是一种亲核试剂,具有引发过氧化氢形成 $HO_2\cdot$、$HO\cdot$ 等游离基的作用。过氧化氢负离子可与色素的双键发生加成反应,使色素的发色体系遭到破坏,达到漂白的目的。同时由于引发的游离基也可破坏色素的结构,而具有漂白作用。但是双氧水分解很复杂,远非这么简单,真正起漂白作用的有效成分只是其中一部分,甚至相当少的一部分,大部分是无效分解。为此双氧水漂白过程中常加入稳定剂,控制双氧水的无效分解和重金属离子对其的催化作用,以提高双氧水的有效分解率和利用率,并使漂白温度降低,减少双氧水对纤维的过度损伤。

经研究发现,过氧乙酸的活化能比双氧水低,而氧化电位比双氧水高,可以在较低温度下活化,可以低温漂白,而氧化能力高于双氧水。但是,过氧乙酸不能受热,加热至110℃,将引起爆炸。受此启发,通过酰氯或酸酐将酰基接枝在含氮、含氧或含硫的化合物上,其生成物在双氧水存在下生成过酰基化合物,即过氧羧酸的化合物,同时分离出游离基。因过羧酸的漂白活化能低,分解物中含有发生漂白作用的成分多,使其利用率大大高于双氧水,而起到漂白活化的作用,并使漂白温度降低,减少纤维在高温和高碱条件下的损伤。

很多家用洗涤剂中加入过硼酸钠或过碳酸钠活性氧漂白剂,可在洗涤时低温漂白。在欧美,洗涤剂中加入四乙酰乙二胺(TAED)、壬酰氧基苯磺酸钠(NOBS)作漂白活化剂已广泛使用。漂白活化剂与过氧化氢负离子(HOO^-)作用生成漂白能力明显强于双氧水的过氧羧酸,从而使洗涤剂具有较好的低温漂白能力。

用于氧漂的活化剂与家用洗涤剂中施加的漂白活化剂完全相同,主要有以下一些品种:四乙酰基乙二胺(TAED)、壬酰氧基苯磺酸钠(NOBS)、$N-$[4-(三乙基铵亚甲基)苯酰基]己内酰胺氯化物(TBCC)、6-($N,N,N-$三甲基铵)亚甲基己酰基己内酰胺对甲苯磺酸(THCTS)和甜菜碱氨基氰化物(BAN)等。

1. 酰氨基类氧漂活化剂

这类化合物的代表性品种为四乙酰基乙二胺(TAED),其分子结构如图7-15所示,是第一代商业化的漂白活化剂,它无毒,生物降解性好,合成工艺简单,性价比高,但其水溶性不高,略有气味,最佳有效漂白温度60~70℃。TAED由乙二胺与乙酰氯反应而得。

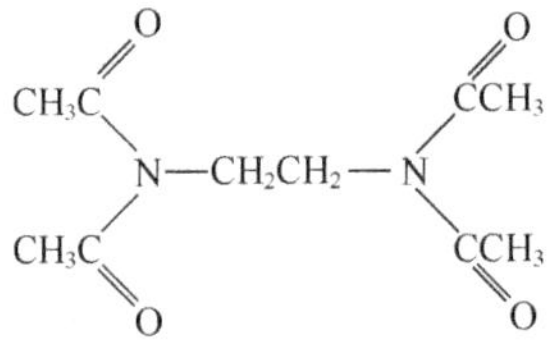

图7-15　TAED

在较低温度和碱性条件下,TAED遇到过氧化氢负离子(HOO^-)生成具有更强漂白活性的过氧乙酸阴离子(CH_3COOO^-)。过氧乙酸的氧化电位(2.9×10^{-19} J)很高,仅次于臭氧(3.32×10^{-19} J),高于其他常用漂白剂过氧化氢(2.13×10^{-19} J)、次氯酸钠(2.18×10^{-19} J)及二氧化氯(2.52×10^{-19} J)。

由于TAED具有低温漂白作用,促进了纤维素纤维、蛋白质纤维等纺织品的低温氧漂工艺的应用。而且在低温条件下的漂白白度明显高于单独使用双氧水的,并降低了纤维在高温下的损伤风险。上海天坛助剂公司的氧漂促活剂 TA－116 即是用 TAED 配制的,广东德美也有相应的产品。

2. 烷酰氧基苯磺酸盐类氧漂活化剂

烷酰氧基苯磺酸盐(AOBS)是一种表面活性剂,代表性品种为壬酰氧基苯磺酸钠(NOBS),其分子结构如图 7－16 所示,称为第二代漂白活化剂,属于释氧活化能更低的低温高效型活化剂。NOBS 在碱性介质中与双氧水分解的过氧化氢负离子作用,生成过氧壬酸和没有氧化能力的过氧二壬酰。

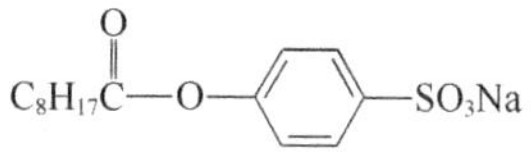

图 7－16　NOBS 的分子结构

NOBS 漂白工艺温度为 40～50℃,由于温度低,对纤维损伤小,适用于冷轧堆练漂工艺。如果升高温度对漂白是不利的,因为在产生壬基过氧酸的同时,还生成酸性很强的对羟基苯磺酸,中和部分碱剂,使 pH 值下降,不利于生成过氧化氢负离子。并且 NOBS 在漂液中浓度也不宜太高,工艺进程中容易与过氧化氢负离子结合生成无活性的过氧二壬酰。一般 NOBS:H$_2$O$_2$ = 1:4 即能满足漂白的需要。另一方面,碱浓度也要控制适当,避免 NOBS 水解失去活化作用,一般 pH 值控制在 10.5 左右。

AOBS 对纤维的漂白作用还与其羧酸碳原子数有关。如果羧酸碳原子数小于 8,生成的过氧羧酸能溶解于水中,不易吸附到纤维上,使纤维表面上的过氧羧酸与溶液中相同。其对双氧水活化效率不高,漂白白度较差。如果过氧羧酸的碳原子数大于 8,过氧羧酸不易溶于水,而易被纤维所吸附,使纤维表面上过氧羧酸的浓度高于溶液,对双氧水的活化效率高,漂白白度较好。这种活化剂又称为疏水性活化剂,NOBS 是典型代表。

3. N－酰基己内酰胺氧漂活化剂

N－酰基己内酰胺化合物为阳离子型季铵盐类过氧化物的活化剂品种,已开发应用的两只品种为:N－[4－(亚甲基三乙基铵)苯酰基]己内酰胺氯化物(TBCC)和 6－(N,N,N－亚甲基三甲基铵)己酰基己内酰胺对甲苯磺酸(THCTS)。它们的分子结构式如图 7－17 所示。

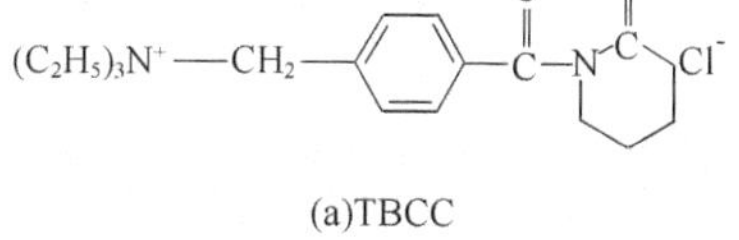

(a)TBCC

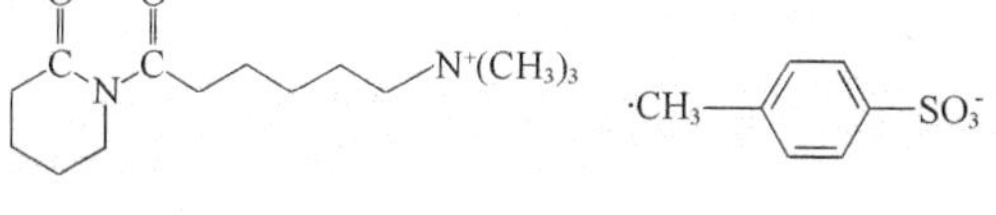

(b)THCTS

图 7－17　TBCC 和 THCTS 的分子结构

TBCC 与过硼酸钠分解出的过氧化氢在碱性条件下生成的过氧化氢负离子反应,产生的 N－

[4-亚甲基三乙基铵苯甲酰]过氧酸负离子具有漂白活化作用。TBCC 与 NOBS 一样会发生水解和二酰化反应,其活化最佳 pH 值应控制在 11.6 左右。THCTS 的活化作用与 TBCC 相同。由于 TBCC 和 THCTS 是阳离子型活化剂,对在漂白液中呈阴离子性的纺织品(pH >7 时,水中纤维表面电荷:棉为 -26mV,粘胶为 -29mV,羊毛为 -47mV,蚕丝为 -28mV)有较强的吸附能力。与 NOBS 相比,它们的活化能力更强。用于冷轧堆练漂时,工艺时间由 24h 缩短到 4~6h。在双氧水热漂工艺中,温度可以降低,白度比常规漂白还好,有利于节能。而且若采用常规工艺 95℃漂白时,碱浓度可以降低,尤其适用于对碱剂敏感的纤维,如 Tencel、氨纶、羊毛等及其与棉的混纺织物。

注意应用上述过氧有机酸活化剂时,还应添加适量的金属螯合剂,如二乙烯三胺五亚甲基膦酸(DTPMP),目的是防止 HOO⁻ 被重金属离子催化分解,起到稳定作用。过氧有机酸活化剂的固态比较稳定,而它们的水溶液不如固态稳定,因此只能用固态存放,不宜预先配成溶液,必须应用前进行溶解配制。

以上四个过氧化物活化剂(TAED、NOBS、TBCC、THCTS)的分子结构中都存在羰基。羰基中由于氧的负电性高于碳,电子云的密度趋于氧原子,碳原子处于缺电子状态(部分负电荷),可与 HO_2^- 产生亲核加成反应,去除离去基后生成过氧化有机酸。反应如下:

该反应的难易取决于活化剂的羰基碳原子的正负电性和离去基的性质。比较以上四个活化基的羰基,显然季铵盐型活化剂由于阳离子的缺电子性和己内酰胺羰基吸电子性的影响,酰基碳原子的正电荷性最大,其次是 NOBS,受苯磺酸吸电子性的影响,酰氧基碳原子的正负电性较 TAED 羰基碳原子的正负电性大。

此外,离去基离去的难易取决于获取电子的能力大小,因而根据电负性大小,离去基对活化剂的活化能力的影响次序为:己内酰胺(TBCC、THCTS) > 对羟基苯磺酸钠(NOBS) > 二乙酰基乙二胺(TAED)。

4. 甜菜碱衍生物两性型活化剂

北京工商大学化学与环境工程学院刘云等研制的甜菜碱氨基氰化物(BAN)活化剂,由甜菜碱通过二氯亚砜酰氯化后与氨基乙胺腈反应,得到甜菜碱酰胺乙胺腈化物,属季铵盐类阳离子型化合物。

含酰基的 TAED、NOBS、TBCC 和 THCTS 的漂白活化机理都是过氧化氢负离子对酰基碳原子发生亲核取代反应,生成过氧羧酸。这里过氧化氢负离子的亲核试剂对酰基碳原子的进攻需要较高的能量。而甜菜碱衍生物 BAN 因引入氰氨基,亲核试剂过氧化氢负离子进攻不太稳定的叁键氰基,生成活性很强的亚胺过氧酸阴离子,使该化合物具有更高的活性。反应如下:

从其分子结构式看,存在酰基碳原子和氰基碳原子两个亲核试剂进攻点,但更倾向进攻氰基,而且不存在由于离去基的离去而生成亚胺过氧化酸负离子。酰基碳原子相对进攻较难,既有大分子离去基离去,又有空间障碍存在。因此该化合物较前述四种漂白活化剂的活性更大,可在更低温度和缓和条件下漂白去污。

第四节　染色助剂

一、无甲醛固色剂

固色剂 Y、固色剂 M 是双氰胺与甲醛的缩合物,含有较高的游离甲醛,已被列为淘汰产品。环保型固色剂主要以无甲醛固色剂开发为主,用于提高活性、直接和酸性染料染色物的色牢度。这类固色剂品种繁多,有阳离子树脂型、反应型和季铵盐类等。

(一)由多乙烯多胺与双氰胺缩聚制成的阳离子树脂型固色剂

分子呈直线结构,正电荷在直线上,可与棉纤维通过范德华力结合并与染料分子的阴离子基团形成离子键,在后续的烘干过程中可进一步缩合成三维网状结构,在织物表面形成一层透明的薄膜,结合比较牢固,从而改善湿处理牢度。这类固色剂商品有 Clariant 公司的 Indosol CR、E－50,日本染化的 Suprafzx DFC、NFC,日本日华公司的 Neofix RP－70、SS,三洋化成的 Sunfix 555－FT、PRO－100,明成的 Fixoil R－810 和国产的 DFRF－2、IFI－841 等。

但是这类固色剂不具有反应性,不能与纤维和染料形成共价键。使用时需加入带有能与纤维和染料形成键合的交联剂,如二羟甲基二羟基乙烯脲(DMDHEU)树脂,其分子上的一个羟甲基可与固色剂分子上的亚氨基相结合,余下的羟甲基可作为固色剂的反应性基团与纤维和染料反应键合,从而可进一步提高染色纺织品的各项色牢度。但是 DMDHEU 树脂含有游离甲醛,若采用醚化的 DMDHEU 树脂,产品经热水处理后游离甲醛含量可降至 5mg/kg。为了满足无游离甲醛释放的需求,可选用环氧氯丙烷作交联剂。

(二)反应性无甲醛固色剂

以环氧氯丙烷为反应性基团,与各种胺类(甲胺、乙二胺、己二胺等脂肪胺类、多乙烯多胺等)、聚醚、羧酸和酰胺等反应制得。具有阳离子性和反应性,既能与阴离子染料结合成盐,又能与纤维和染料分子中的羟基、氨基等基团交联提高湿处理牢度。

交联固色剂 DE 是环氧氯丙烷与双 N,N－二甲氨基苯酚甲烷的缩合物,具有较强的阳离子性,可与染料和纤维交联提高活性、直接、酸性、硫化染料的湿处理牢度。但这种固色剂不能提高干、湿摩擦牢度。

环氧氯丙烷与多乙烯多胺的缩合物带有弱阳离子性,为弱阳离子交联固色剂,可提高活性染料的湿处理牢度,不影响染色物的色光和耐日晒牢度。如果用 $C_8 \sim C_{12}$ 的脂肪胺(或乙二胺、二乙烯三胺)与醚化剂 3－氯－2－羟丙基氯化铵进行醚化,在其分子中引入季铵基,增加其阳离子性,可制得强阳离子性固色剂。它的皂洗牢度可达 4~5 级,湿烫牢度达 4 级。这类固色剂有爱博尔公司的 Eceotix FD－3 和 NF－50,用于酸性染料羊毛织物的固色;广东德美公司的固色剂 TCD - R(图 7 - 18)。

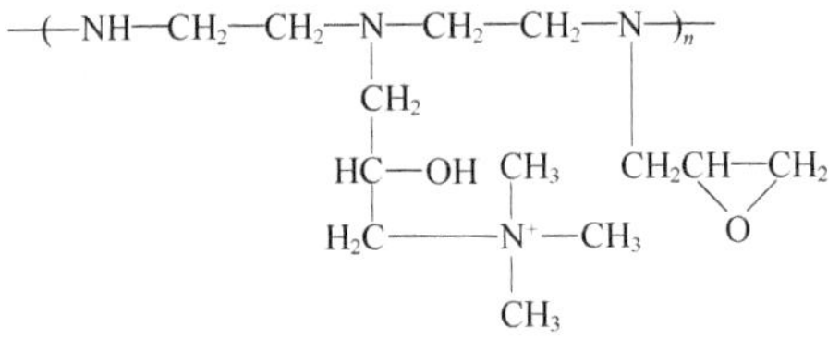

图 7 - 18　固色剂 TCD - R

(三)季铵化高聚物无甲醛固色剂

由二烯丙基二甲基氯化铵(DMDAA)进行自由基聚合得到的均聚物为季铵化高聚物无醛固色剂。如北京油田化学公司的固色剂 CS,涌立化学公司的固色剂 RF,上海天坛助剂公司的固色剂 DUR 和杭州妹夫来化工公司的无甲醛固色剂 MF - 2035。

这类固色剂的氧离子强度大,增加了与染料阴离子反应的概率,染色牢度有所提高。不形成胶束,不影响染料与纤维结合,因而色光和耐光牢度不受影响,也不影响织物风格和手感。但是此固色剂只耐 70℃洗涤,不耐 95℃洗涤。

由二烯丙基二甲基氯化铵与 2,2′ - 偶氮双(2 - 咪基丙烷)二盐酸盐聚合的高聚物,再与环氧氯丙烷反应,获得具有反应性基团的季铵化高聚物,可进一步提高其固色效果。若再增加环氧氯丙烷和二乙烯三胺反应生成的反应性固色剂,固色效果更加明显。这类固色剂无色变,不影响日晒牢度,湿处理牢度提高明显。

二、低甲醛和无甲醛分散染料的分散剂

传统的分散染料制造和染色过程中需使用大量的分散剂,以增加分散染料的分散稳定性、溶解性、匀染性和坚牢度。但是大量分散剂的加入会降低沾色牢度、上色率,增加染色废液的 BOD 和 COD 值。

分散染料制造和染色中大量使用萘磺酸甲醛缩合物类(如扩散剂 N、CNF、MF 等),酚醛缩合物磺酸盐类(如扩散剂 SS 等)以及多元醇聚氧乙烯氧丙烯醚非离子类分散剂,合成它们时有些使用了甲醛,使产品中有甲醛残留,有些则生物降解性很差仅有 25% ~30% 可生物降解,其生态性能不能满足印染清洁生产的要求。

BASF 公司新开发的分散剂 Setamol E 为芳香族磺酸和羧酸钠的混合物,既有优良的分散性,又有良好的生物降解性。已大量用于 BASF 公司的 Palanil 分散染料和 Indanthren 还原染料中。另外,木质素磺酸类分散剂,如分散剂 WA、W,分散剂 SS 等,虽为 2 - 萘酚 - 6 - 磺酸、甲苯酚、亚硫酸氢钠和甲醛的缩合物,但由于缩合物是 C—C 键结合,键能高,很难水解释放出甲醛,其应用面正在扩大;丙烯酸类合成环保分散剂也在不断研制和投入使用中。

三、染色匀染剂

(一)不含 APEO 和 AOX 的表面活性剂

匀染剂是染色时使用最多的助剂,常用的染色匀染剂含有 APEO 表面活性剂和产生 AOX。

新开发的环保型匀染剂,如 BASF 公司的 Palegel SFD,它在低温时起缓染作用,进入高温阶段(125～130℃)具有促染作用,对各种拼色的染料有同步效应,故有良好的匀染作用。另外,BASF 公司的 Palegel SF,Palegel HF;DyStar 公司的 Ievegal PK,Ievegal HTC 和 Eastern 公司的 Polyol H2V-5 等都是环保型匀染剂,不含 AOX,且能生物降解。

酸性染料和金属络合染料匀染剂有日本北兴化学公司开发的ソロポ-Ⅳ EPN(脂肪酰胺衍生物,两性离子型),ソロポ-Ⅳ VNB(高度硫酸化脂肪酸,阴离子型),用于羊毛及锦纶的酸性染料及 1:2 金属络合染料染色,安全性高,生物降解性优异。

(二)pH 值滑移功能

Eulysin WP 用于羊毛和锦纶的染色的一个突出特点是能自动控制 pH 值。当染浴的 pH 值连续从 8 下降到 5 时,用户不必去调节它。它使染料稳定、均匀地上染到纤维上,从而缩短染色时间和减少染疵。另外,它还避免了由于偶然添加助剂过多而需要的中和工艺。

四、净洗剂

(一)分散染料的还原清洗剂

分散染料染色后的还原清洗对染色纺织品的质量至关重要。BASF 公司新推出的 Cyclanon ECO 环保型还原剂适用于涤纶、涤纶混纺、醋酯纤维织物染色的还原清洗过程。它用化学方法分解和清洗织物上残留的染色成分,具有更快、更有效、更彻底和更环保的特点。经有关生态效益的最新分析,证明使用 Cyclanon ECO 的清洗工艺比用传统还原剂的耗水量可降低 40%,时间节约 30%;在不增加设备的前提下,水洗浴从 4 个减少到 1 个。

Cyclanon ECO 以液体形式使用,计量简便,可以实现完全自动化加料。另外,由于为液态,在接触大气中的氧时,仍能保持稳定,不会像传统还原剂那样易与大气中的氧发生反应,因此处理更简便、使用效率更高。

(二)活性染料皂洗剂

活性染料染色完成后由于存在未上染或未固着及水解的染料,影响染色成品的色牢度。但是皂洗需在较高温度 90～95℃下进行,并且需用热水和冷水反复洗涤,才能去除浮色,故活性染料的皂洗存在耗能、耗水、费时的问题。

Tannaterge REX 为拜耳公司的又一矿物质产品,在电子显微镜下可观察到呈海绵球状。与传统的皂洗剂比较,在溢流、喷射等有湍流的设备中,它对未键合的水解染料可同时起到分散、吸附和机械摩擦的作用,而不只是净洗、分散作用,因此经 REX 处理的织物具有更加优异的干、湿摩擦牢度。此外其 COD_{Cr} 和 BOD_5 均为零。

此外,通过复配增效技术,将低温具有良好润湿渗透性、乳化分散性、防止再沾污作用的表面活性剂复配制成低温节水皂洗剂。其机理是皂洗剂非离子组分在纤维和浮色染料上定向吸附,并渗透到纤维与染料之间,减弱浮色染料在纤维上的附着力。阴离子组分使纤维表面带负电荷,增加纤维与浮色染料间的静电斥力,辅以机械作用,促使染料从纤维上脱落。利用皂洗剂的胶体性质,使脱落的浮色染料分散在洗液中,并形成稳定的分散体系。BASF 公司的 Cyclanon XC-W 即可降低皂洗温度,可节约 25% 的水和热能。

（三）酶洗剂

酶洗剂的作用机理还不清楚，但可推断是通过破坏染料的发色团，达到使染料脱色的目的。德国拓纳公司的皂洗系统 BERRP（Bayer Enzymatic Reactive Rinse Process）采用 Bayer 的酶洗剂 Baylase RP 和体系调节剂 Assist RP，可在 50～60℃ 对活性染料进行洗涤去除浮色，从而节约能源、水资源，减少污水的排放。但是酶具有专一性，一种酶不可能适用于所有染料染色后的洗涤。

第五节 后整理助剂

一、低甲醛和无甲醛树脂整理剂

免烫整理是棉织物加工的重要工序，按照 Oeko – Tex® Standard 100 的规定，游离甲醛的释放量应在 20～300mg/kg 之间。低甲醛树脂整理剂主要是通过 DMDHEU 的甲醚化、乙醚化或多元醇醚化改性。产品有：BASF 公司的 Fixpret ECD、CM、CNF、CNR 等，Ciba 公司的 Knittex FRM、FRCT conc，Hoechst 公司的 Arbofix NDS、NGF、NFC 等。

无甲醛树脂整理剂是开发应用的重点，但价格较高。主要为双甲基二羟基乙烯脲，多元羧酸、聚氨酯和聚阳离子化合物等。

双甲基二羟基乙烯脲与纤维素羟基反应的活化能为 9284kJ/mol，高于 DMDHEU，反应速率较慢，必须使用催化能力强的 $Zn(NO_3)_2$ 或 $Zn(BF_4)_2$ 作为催化剂，以降低成膜焙烘温度。这类树脂整理剂的国外产品有 BASF 公司的 Fixpret NF，Ciba 公司的 Knittex FF，Sun Chemical 公司的 Permafrerh ZF，住友公司的 Sumitex Resin NF – 500K，大日本油墨公司的 Beck – amine NFS 等。国内有苏州诺瓦化学公司用多元酸合成的 NC – 99。

饱和多元羧酸中含有至少 3 个羧基既可作为棉纤维的免烫整理剂，其中丁烷四羧酸（BT-CA）研究最多，其原料易得，制造方便。经 BTCA 整理的棉织物可达到 DMDHEU 相同的 PP 级，织物经 100 次洗涤，仍在 3.5 级以上，而且整理后的织物耐磨性良好。只是 BTCA 需在高温下与纤维素纤维反应，其反应催化剂以次磷酸钠最好，亚磷酸钠次之。

二、新型柔软剂

阳离子类柔软剂是使用得较多的柔软剂，但是不少阳离子柔软剂特别是双长链烷基的阳离子柔软剂的毒性及生物降解性都很不理想。20 世纪 70 年代开始，通过对聚二甲基硅氧烷改性，开创了纺织品柔软整理的新局面，主要有氨基聚硅氧烷、环氧基聚硅氧烷、聚醚聚硅氧烷、聚醚/环氧聚硅氧烷及聚醚/氨基聚硅氧烷。织物经各种改性聚硅氧烷柔软剂整理后，柔软度和弹性都有不同程度的提高，其中尤以氨基聚硅氧烷的柔软效果最佳（表 7 – 7）。

表7-7　部分改性聚硅氧烷的柔软效果

改性聚硅氧烷	撕破强力（N）		吸湿性（s）		折皱回复角（°）		柔软度（级）	
	无树脂	有树脂	无树脂	有树脂	无树脂	有树脂	无树脂	有树脂
空白	21.87	16.43	25	54	218	259	2.7	1.7
聚醚	25.89	18.04	2	2	238	261	3.8	5.5
聚醚/环氧	26.35	17.69	2	3	236	272	4.2	4.5
聚醚/氨基	26.12	18.73	3	1	253	281	5.0	5.0
环氧	30.01	19.47	>300	>300	249	276	5.2	5.3
氨基	28.27	20.76	>300	>300	269	281	7.0	7.0

由于氨基聚硅氧烷分子中氨基的极性,可与纤维的羟基、羧基等相互作用,产生很好的取向性和吸附性,使纤维之间的摩擦系数下降,获得良好的柔软性。同时,氨基聚硅氧烷在纤维表面结膜,使织物具有良好的弹性。

改性聚硅氧烷柔软剂的安全性和生物降解性都符合环保要求,无特殊的生理和生态危害性。氨基聚硅氧烷的老鼠口服半致死量 $LD_{50} > 15000mg/kg$,短期接触时鲑鱼能耐受 280mg/L,对兔子的皮肤有轻微的刺激性,而对眼睛无刺激性。但是所有有机硅的柔软剂都必须制成O/W型的乳液才能使用,由于各种乳化剂的加入,它们的生物降解性、COD、BOD 等有所差异(表7-8),选用时应充分考虑其安全性和生物降解性。

表7-8　有机硅柔软剂在废水中的各项指标

乳液	固体质量分数（%）	乳化剂量（%）	COD 值（mg/kg）	BOD 值（mg/kg）	COD/BOD 值	5天后去除率（生物降解率）（%）
甲基硅油乳液	40	5	806	25	32.0	94
氨基硅油巨乳液	40	5	960	27	35.6	90
氨基硅油微乳液	50	17	1029	29	35.5	78

新开发的柔软剂中还有德国 CHT R Breitlich Gmbh 开发的两种柔软剂都有较好的生物降解性,且对皮肤无刺激性。最具有特色的是日本明成公司开发的,称为"可食用"的柔软剂,ハイソフタ-SS-15 安全性高,容易分解。主要原料是一种用于化妆品冷霜、乳液等中的蔗糖脂肪酸酯,对皮肤无刺激性。

三、新型抗菌整理剂

Oeko-Tex® Standard 100 在 2002 年之前规定,凡经卫生整理的纺织品均不受理生态纺织品认证。2003 年的修订版规定,对含有生物活性物质的纤维材料或用生物活性物质整理的产品,经 Oeko-Tex® Standard 100 按人类生态观点充分评估后,对人体无害,这些产品的使用可以不受任何限制,并接受认证申请。

抗菌防臭整理剂近年来发展较快,作为一种功能性整理,深受广大消费者欢迎。抗菌防臭整理剂有季铵盐类、有机硅季铵盐类、双胍类、二苯醚类、金属离子型、甲壳素类、天然萃取物等多种,但有些金属离子与二苯醚类因有毒性与致癌物而被摒弃。近年开发的产品以有机硅季铵盐(DC 5700)和双胍类为主,另外,还有以动植物为原料开发的抗菌剂,如甲壳素。

(一)有机硅类抗菌整理剂

美国的道康宁(Dow Corning)公司生产的 DC 5700 是代表产品,其化学结构如图 7 - 19 所示。它的三个—OCH_3 可以与纤维上的羟基进行脱去 CH_3OH 反应而进行交联,形成薄膜,使之具有耐久性。该产品经美国环境保护署(EPA)测定其急性毒性 LD_{50} 值为 12270mg/kg,对皮肤无刺激性。经试验无致畸性,无致变异性,可以认为是一种安全的抗菌整理剂。

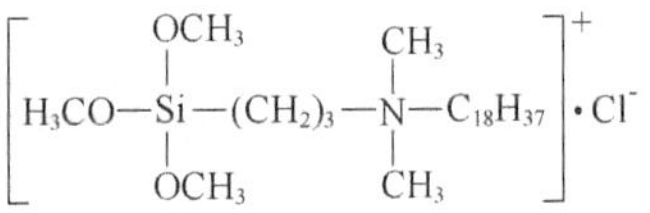

$$\left[H_3CO-\underset{\underset{OCH_3}{|}}{\overset{\overset{OCH_3}{|}}{Si}}-(CH_2)_3-\underset{\underset{CH_3}{|}}{\overset{\overset{CH_3}{|}}{N}}-C_{18}H_{37} \right]^+ \cdot Cl^-$$

图 7 - 19 DC 5700 的分子结构

(二)双胍类抗菌整理剂

在 20 世纪 80 年代,ICI 公司将双胍结构抗菌剂开发用于纺织品的抗菌防臭整理,并组建 Zeneca 公司推向市场,1999 年 7 月起改由 Avecia 公司经营,仍沿用原商品名 Reputex 20。它的有效成分为聚六亚甲基双胍盐酸盐(PHMB),是双胍类抗菌剂的典型代表,其毒性较低 LD_{50} 值为 4000mg/kg,产品中含有 20% 的 PHMB,但此类产品对真菌的杀伤作用不强。同类产品还有:Vantocil IB、Vantocil TC 和 AM - 020 等。PHMB 化学结构式如图 7 - 20 所示。

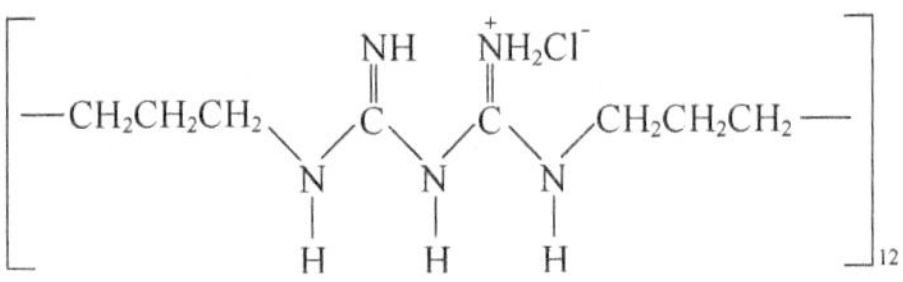

$$\left[-CH_2CH_2CH_2-\underset{\underset{H}{|}}{\overset{\overset{NH}{||}}{N}}-C-\underset{\underset{H}{|}}{N}-C-\underset{\underset{H}{|}}{N}-CH_2CH_2CH_2- \right]_{12} \overset{+}{N}H_2Cl^-$$

图 7 - 20 聚六亚甲基双胍盐酸盐的分子结构

双胍类整理剂只能用于纤维素纤维,混纺织物中纤维素纤维的含量不应低于30%,其安全性,得到美国 FDA 和 EPA 的认可。存在的问题,一是价格较高,二是双胍类抗菌剂,通常不耐氯漂和日晒。但是目前 Avecia 公司已经解决了该问题,并获得相关专利,即在整理之后通过特定强有机酸或者强有机酸的水溶性盐处理,不但可以大大提高耐洗涤性,耐氯漂,而且还抑制了吸氯泛黄的问题。

(三)天然材质抗菌整理剂

以天然动植物为原料,经加工纯化而制取的整理剂,用于织物整理使其获得优良自然的效果也是今后环保型整理剂发展的一个方向。例如:用蟹虾外壳制得的甲壳质或壳聚糖整理剂可用于织物的抗菌防臭和保湿整理,对人体无毒、无刺激性,具有良好的生物相容性和生物活性。天然桧柏油含有的桧柏酮有抑制真菌、细菌和防虫的效果,有很强的广谱抗菌性,桧柏整理剂 HB 将桧柏油包覆在多孔微胶囊中,用于纺织品的后整理。而且,据报道柏木香还具有放松心情、降低血压、提高肝功能的神奇功效。艾蒿是一种多年生草本植物,既可食用又可入药,还可用作天然植物染料。艾蒿的主要成分有桉油精、侧柏酮、己酰胆碱、胆碱和叶绿素等,这些物质都具有抗菌、消炎、抗过敏和促进血液循环的功效。

四、阻燃剂的生态问题和最新发展

对于阻燃剂的环保要求主要是它的安全性和生物降解性。最早被禁用的阻燃剂是三(氮杂环丙基)氧化膦(TEPA,又名 APO),本身剧毒,LD_{50} 为 37 ~ 46mg/kg,并有致癌性。后又发现三(2,3 - 二溴丙基)膦酸酯(TRIS)有致癌性和剧毒(LD_{50} 为 50mg/kg),而被禁用。2002 年版 Oeko - Tex® Standard 100 已将 TEPA、TRIS 和 PBB 列入禁用名单。随后的修订版中,依据欧盟的指令和 REACH 评估体系不断修正,2013 年修订版中除了这三只阻燃剂外,PentaBDE、OctaBDE、DecaBDE、HBCDD、SCCP、TCEP 都已经明确包括在 Oeko - Tex® Standard 100 的禁用阻燃剂的名录中,要求产品Ⅰ类、Ⅱ类和Ⅲ类长期禁止使用这些物质作阻燃剂。这些被禁用物质多为溴系阻燃剂,是目前最大类的阻燃剂品种。由于其含有卤素元素,还受到有关 AOX 法律法规的限制。因此无卤、低毒、抑烟、高效、多功能化阻燃剂的开发将是环保阻燃剂的主要方向。

(一)膨胀型阻燃剂

膨胀型阻燃剂是近年来受国际高度关注的新型阻燃剂,具有无卤、低烟、低毒的特性,主要为磷系和磷—氮系列,用于合成纤维和塑料等高聚物阻燃。膨胀型阻燃体系主要由以下三部分组成:

(1)酸源:一般指无机酸或能在燃烧加热时原位生成酸的盐类。

(2)碳源:一般指多碳的多元醇化合物。

(3)气源:含氮的多碳化合物。

其阻燃机理是阻燃剂受热时,脱水分解,释放出大量的不燃性气体,并帮助熔融的聚合物成碳,在材料表面形成致密的多孔泡沫碳层。该泡沫碳层具有良好的隔热功能和强度,既可阻止内层高聚物的进一步降解及可燃物向表面的释放,又可阻止热源向高聚物的传递以及隔绝氧源,从而能有效地阻止火焰的蔓延和传播,达到阻燃的效果。

世界上已经商品化的膨胀型阻燃剂有美国 GreatLake 公司开发的 CN - 329,Borg - Warner 公司开发的 Melabis。CN - 329 适用于聚丙烯(PP),在 PP 的加工温度下比较稳定,且具有良好的电性能。在添加量为 30% 时,材料氧指数可达 34%。Melabis 改善了酸源、碳源、气源的比例,使得 Melabis 的吸潮性比 CN - 329 低得多,是一种优秀的阻燃剂。此外,1 - 氧基磷杂 - 4 - 羟甲基 - 2,6,7 - 三氧杂双环[2.2.2]辛烷(PEPA),一种新型的双环笼状磷酸酯结构化合物,正受到阻燃剂研究者的高度关注。PEPA 分子呈高度对称的笼形结构(图 7 - 21),成碳性好,热稳定性优异,具有丰富的碳源、酸源和气源。而且以 PEPA 为起始原料可以合成 1 个、2 个和 3 个双环笼状磷酸酯,可作为新型高效阻燃剂的开发原料。

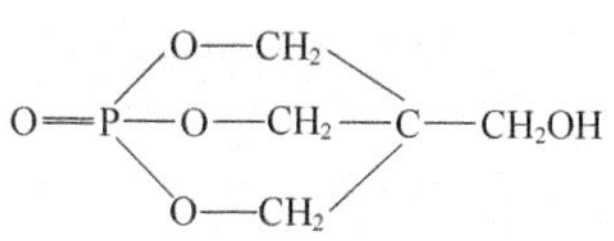

图 7 - 21　P—N 阻燃剂 PEPA

（二）有机硅系阻燃剂

硅是地球上资源较为丰富的元素，其在地表含量达 23%。有机硅系阻燃剂是一种新型的无卤阻燃剂，具有高效、无毒、低烟、防滴落、无污染等特点，也是一种成碳型抑烟剂。由于本身为高分子材料，对材料的性能影响很小。其阻燃机理是：当材料燃烧时有机硅分子中的—Si—O键形成—Si—C键，生成的白色燃烧残渣与碳化物构成复合无机层，可以阻止燃烧生成的挥发物外逸，阻隔氧气与基体材料接触，防止熔体滴落，从而达到阻燃的目的。

目前市场上有机硅系阻燃剂主要有美国 GE 公司的 SFR - 100，它是一种透明、黏稠的硅酮聚合物，可与多种协同剂（硬脂酸盐、多磷酸胺与季戊四醇混合物、氢氧化铝等）并用，已用于阻燃聚烯烃，低用量即可满足一般阻燃要求，高用量可赋予基材优异的阻燃性和抑烟性，使被阻燃材料可用于防火要求严格而以前的阻燃体系不能适用的场所。

北京理工大学国家阻燃材料实验室合成了一系列含硅阻燃剂，如由二甲基二氯硅烷水解后与三氯氧磷反应制得的二甲基硅氧氯代磷酸酯，为 P—Si 系阻燃剂。P—Si 阻燃剂在高温时，P能增进碳层的形成，而硅氧烷因降解生成 SiO_2 层阻止碳层的氧化，并提高其热稳定性。将二甲基硅氧氯代磷酸酯再与三聚氰胺、对苯二胺和双氰胺反应，可制得 P—Si—N 阻燃剂。将这些阻燃剂用于锦纶，用量 6% ~12%，LOI 值可达 26 ~32。

（三）新型溴系阻燃剂

传统的溴系阻燃剂由于存在环保问题，应用上受到限制，但由于其阻燃效率高，价格适中，仍受到人们的关注，为此，一直在努力研制和开发新型溴系阻燃剂，如溴化环氧树脂、十溴二苯乙烷。

十溴二苯乙烷由美国 Albermale 公司率先开发，其相对分子质量、热稳定性和溴含量与十溴二苯醚相当，但不属于多溴二苯醚系统的阻燃剂，在燃烧过程中不产生多溴苯对位二噁英和多溴二苯呋喃。而且十溴二苯乙烷的耐热性、耐光性和不易渗析性等特点都优于十溴二苯醚，其阻燃的塑料可以回收使用，这是众多溴系阻燃剂所不具备的特点。

溴化环氧树脂由于具有优良的熔流速率、较高的阻燃效率、优异的热稳定性和光稳定性，又能使被阻燃材料具有良好的力学性能，不起霜，而被广泛应用。

另外，高分子量溴聚合物也是一种前景广阔的阻燃剂。如美国 Ferro 公司的 PB - 68，主要成分为溴化聚苯乙烯，相对分子质量为 15000，含溴达 68%；溴化学法斯特公司和 Ameribrom 公司分别开发的聚五溴苯酚基丙烯酸酯，含溴量达到 70.5%，相对分子质量为 30000 ~80000。这些阻燃剂特别适用于各类工程塑料，在迁移性、相容性、热稳定性、阻燃性等方面，均大大优于许多小分子阻燃剂，有可能成为今后的更新换代产品。

五、全氟辛烷磺酰基化合物和全氟辛酸的禁用和替代

全氟辛烷磺酰基化合物（PFOS）和全氟辛酸（PFOA）是重要的全氟表面活性剂，广泛用作防水、拒油、易去污整理剂和特殊表面活性剂的生产原料。全氟化合物普遍具有很高的稳定性，PFOS 是目前已知的最难分解的有机物，即使在浓硫酸中煮沸也不会分解。研究表明，PFOS 对肝脏、神经、心血管系统、生殖系统和免疫系统等多种器官有毒性和致癌性。人体一旦摄取，体

内持久性强，且不易降解，半排出时间为 8.7 年。PFOS 有远距离环境迁移能力，全世界的地下水、地表水、野生动物和人体无一例外存在 PFOS 的踪迹。

2005 年 12 月 5 日，欧盟发布了关于限制销售和使用 PFOS 的法案，建议其质量分数达到或超过 0.1% 时，不得在市场上销售或用作生产原料及制剂成分。2006/122/EC 又对 76/769/EEC 指令进行了修订，PFOS 的限量为 0.005%（50mg/kg），而一般化学品的限量为 0.1%。同时对纺织品和涂层材料限量为 1μg/m²，其单位还需除以纺织品的克重，以区分厚织物和薄织物。

2005 年 7 月 6 日，瑞典政府发布 G/TBT/N/SWE/51 通报，规定 PFOS 和会降解为 PFOS 的物质禁止进入瑞典。挪威污染控制管理局提出的《消费品中有害物质的限用》（PoHS 法令）明确限制 PFOS 不超过 50mg/kg，2008 年 1 月 1 日生效。

美国环境保护署的研究表明，PFOA（全氟辛酸）及其盐也是一种难以降解的有机高聚物，它在环境中具有高持久性，会在环境中聚集，在人体和动物组织中积累，对人体健康和环境造成潜在危害。

2013 版 Oeko‐Tex® Standard 100 对 PFOS 和 PFOA 均作出了限制规定。PFOS 在所有纺织品上的限量为 1μg/m²，与 2006/122/EC 指令相同。PFOA 在婴幼儿用纺织品上限量为 0.1mg/kg，II 类和 III 类纺织品上限量 0.25mg/kg。

根据国际环境科学专家的预测，含 PFOS 的表面活性剂和整理剂将在全球范围限制使用和被完全禁用，因此研发 PFOS 和 PFOA 的替代品极具紧迫性。

（一）全氟烷基氟碳化合物

3M 公司的全氟丁基磺酸（PFBS），其氟碳链短，无明显的持久性和生物累积性，短时间可随人体新陈代谢排出体外，且降解物无毒无害。采用 PFBS 生产的新 Scotchgard Protectors 商品经大量测试，具有防护功能且对环境无害，并经美国 EPA 和世界其他环保机构批准使用。其商品有：具易去污功能的 Scotchgard PM2492，具防污和易去污功能的 Scotchgard PM2930，具超级拒水功能的 Scotchgard PM23622 和 PM23630 以及吸湿易去污的 Scotchgard FC2226 等。但是，PFBS 的产品以防水和易去污功能为主，由于氟碳链短，达不到 PFOS 的拒油水平。

杜邦公司利用调聚反应，以 C_6 基全氟己基磺酸（PFHS）生产全氟烷基单体，产品中没有 C_8 基组分，所以不含 PFOS，毒性比 C_8 小。日本大金公司和美国道康宁公司联手推出 C_6 基产品。浙江巨化集团 2004 年开始研究 C_6 和 C_9 含氟整理剂替代 C_8 基含氟整理剂。但是，C_6 基的 PFHS 的风险评估报告尚未公布，还不能证明 PFHS 对人体和环境没有危害。

（二）碳氢表面活性剂与含氟表面活性剂的复配增效

近年来，对氟硅表面活性剂与碳氢表面活性剂的混合体系的研究表明，在碳氢表面活性剂中加入很少量的含氟表面活性剂，其降低水表面张力的能力就会大幅提高，且可大大降低油/水界面张力，同时还能发挥含氟表面活性剂的独特性能，从而可大大减少含氟表面活性剂用量，降低产品成本，减少 PFOS 和 PFOA 的污染，使其在最终产品中的含量低于限量值。如将含氟防水拒油整理剂与吡啶类防水剂复配，不仅不影响拒油效果，还可提高织物的防水性和耐洗性。将含氟防水拒油整理剂与羟甲基三聚氰胺衍生物防水剂复配，不但可改善防水性，拒油性能也提高了 1 ~ 2 级。

（三）有机硅主链的含氟整理剂

硅氧烷和氟碳烷在涤纶薄膜上的临界表面张力分别为 27mN/m 和 6mN/m；在棉布上分别为 38 ~ 45mN/m 和 24 ~ 25mN/m；在水中分别为 20 ~ 35mN/m 和 12 ~ 16mN/m（在 CMC 浓度下）。前者可作为纺织品拒水整理剂，后者可作为拒水拒油整理剂。若将两者结合，含氟硅氧烷有望同时具有含硅和含氟整理剂的特点。硅氧烷作为主链，包绕在纤维四周，氟碳烷作为侧链整齐排列在纤维表面外层，可获得良好的拒水拒油效果。而且含氟硅氧烷比普通硅氧烷具有更特殊的性能，有很好的耐热稳定性和耐化学稳定性，具有更低的表面张力。

美国阿托费纳化学公司用含氟烯烃或含氟烷烃链烯基醚与含有烯基醚或烯基的有机硅氧烷共聚，制成含氟的有机硅氧烷。德国希尔公司在铂催化作用下，通过含氟烯烃与含氢有机硅反应，制得含氟的有机硅化合物。

国内，天津工业大学郑帼等用全氟烷基羧酸（C≤6），在浓硫酸或对甲苯磺酸催化下，与丙烯醇反应得到全氟烷基羧酸 – α – 丙烯酸，然后在氯铂酸催化下，与含氢硅油反应得到氟烃烷改性聚硅氧烷。武汉大学张先亮等首先合成三氟丙基甲基二氯硅烷和含聚醚低聚物的有机氯硅烷两个单体，然后与二甲基二氯硅烷及三甲基氯硅烷通过水解缩合，合成了含氟聚硅氧烷表面活性剂。中科院化学研究所研究了一种超双疏的氟代有机硅氧烷聚合物。这些产品都能用于纺织物的防水拒油整理。

思考题

1. 什么是环保型助剂？
2. 分析讨论 APEO 和 LAS 存在的生态问题和解决方法。
3. 为何新型表面活性剂 Gimini 具有很高的表面活性？
4. APG 与普通非离子表面活性剂相比有何特点？
5. 生物表面活性剂有何生态优势？
6. 讨论分析当前纺织品用阻燃剂存在的主要问题和发展趋势。
7. PFOS 和 PFOA 的生态危害性的主要表现有哪些，当前有何解决之道？

参考文献

[1] 王建平，陈荣圻，吴岚，等. REACH 法规与生态纺织品［M］. 北京：中国纺织出版社，2009.

[2] 金鲜花. APEO 的禁用与环保替代［J］. 纺织导报，2006（5）：77 – 80.

[3] 张天胜，等. 生物表面活性剂及其应用［M］. 北京：化学工业出版社，2005.

[4] 陈荣圻. 环保型有机螯合剂产品（一）［J］. 印染，2010（18）：43 – 46.

[5] 陈荣圻. 环保型有机螯合剂产品（二）［J］. 印染，2010（19）：40 – 43.

［6］宋肇棠,国晶.环境保护与环保型纺织印染助剂［J］.印染,1998,15(3):1-9.

［7］岑乐衍.世界新染料、新助剂发展动向(下)［J］.纺织导报,2003(3):70-74.

［8］吕家华.拜耳的绿色纺织化学品概念及其产品［J］.印染,2002(1):48-50.

［9］CITME-2002专栏.环保不总意味着增加成本 BASF推出新的环保型还原剂［J］.纺织导报,2002(5):4.

［10］崔小明.环保型阻燃剂的研究开发进展［J］.塑料制造,2007(12):100-104.

［11］陈荣圻.PFOS和PFOA替代品取向新进展(一)［J］.印染,2012(15):47-50.

［12］陈荣圻.PFOS和PFOA替代品取向新进展(二)［J］.印染,2012(16):49-53.

第八章　新型生态染整加工技术

本章学习指导

  1. 掌握新型生态染整技术的生态优势。

  2. 学习和了解新型生态染整技术的基本原理及相关设备。

  3. 了解新型生态染整技术的发展趋势和应用现状。

第一节　超声波技术的应用

  超声波是指频率在 $2 \times 10^4 \sim 2 \times 10^9 Hz$ 的声波,超出人类听觉范围 $17 \times 10^3 Hz$ 的频率振动。超声波在介质中传播产生机械效应、热效应和声空化作用。声空化作用是超声波机械效应的一种特殊现象,它直接导致了声化学的产生。

  超声波在液体介质中以纵波的方式传播产生交变的压缩相和稀疏相。在压缩相内分子的平均距离减小,而在稀疏相内分子的平均距离增大。如果声波足够强,使液体受到的相应负压力也足够强,那么分子间的平均距离就会增大到超过极限距离,从而破坏液体结构的完整性,导致出现空穴(又称气穴)或气泡。在随后而来的正压相内,这些空穴或气泡将完全崩溃或破灭,同时产生激波,这一现象称为空穴效应,即声空化。在这一作用过程中,极短时间内在空穴周围的极小空间内会产生极高的压力(约50MPa)和温度(5000K 以上),并引起局部极大的搅动,这正是超声波产生作用的独特之处。

  在纺织工业中存在利用超声波的许多可能性,例如退浆、煮练、漂白、染色、后整理与洗涤,以及助剂加工。超声波的应用可缩短加工时间,减少化学品的消耗,降低能量的损耗,改进产品质量。

一、超声波在纺织前处理中的应用

(一)超声波退浆、煮练

  在退浆过程中,超声波空穴效应引起的分散作用可以使大分子之间产生分离,促进浆料与纤维的黏着变松,使黏附在纤维上的污物表面张力降低,在各个表面上和低凹处起着清洁作用;同时声空化作用使污物和油垢得以乳化,使去除的浆料溶解性能提高,协助清除油垢和污物,使其具有较好的退浆效果。而且超声波的吸热效应可使反应保持在一定的温度,为反应提供能量,从而节省了其他能量。

Valu 等在关于织物超声波退浆的研究中发现,使用超声波退浆,可以提高精练剂在退浆过程中的反应活性,从而降低了退浆时烧碱的使用浓度,减轻了 NaOH 对纤维的降解;同时降低退浆温度和时间,节约了能源,降低了环境污染,处理后纺织品的白度和润湿性与传统退浆方法接近,甚至有所提高,而且对试样的机械强度无任何不利的影响。

超声波在煮练工艺中的作用与退浆相同,主要是源于声空化而引起的分散、乳化、洗涤以及解聚等作用。把超声波与果胶酶煮练相结合,可进一步强化酶的作用。因为超声波增加了果胶酶分子通过液体界面层向纤维表面的扩散速度,有利于果胶酶分子进入纤维内部,从而使酶处理更加均匀;加速除去反应区域内的果胶酶的水解产物,提高反应速率;排除纤维毛细管和纤维交叉处溶解和包在液体中的空气。超声波与生物酶煮练相结合克服了传统酶煮练时间长的缺点,减少废水排放量,可降低能耗以及综合成本。煮练后的试样润湿性、白度比无超声波作用的试样均有所提高,同时不降低棉织物的强度。

(二)超声波漂白

超声波的空穴效应及机械运动增加了分子的动能,一方面增加了单位时间内分子碰撞的个数及碰撞能量,降低反应活化能,同时使纤维内部的比表面积加大,增大了纤维吸附化学药剂的比表面积,从而加速漂白的速度与程度,漂白温度降低,漂白时间缩短;另一方面超声波的声空化作用有助于破坏发色体系,从而起到消色的作用。

比较过氧化氢在冷法、煮沸法和超声波法处理棉的效果发现,织物对过氧化氢的消耗,在一定程度上随着过氧化物浓度的增加而增加。在超声波环境下,漂白棉制品 1h,所耗费的过氧化氢高于冷却条件下漂白 16h,接近在煮沸条件下漂白 2.5h。超声波处理的温度(45℃)与煮沸法(100℃)相比显著降低。处理后织物的强力介于冷法和煮沸法之间,处理后纱线的白度增加,柔软性显著提高。同时,超声波处理后的漂白棉织物对于直接染料、活性染料的上染率与煮沸法相当,活性染料染色形成的纤维—染料的共价键良好、稳定。

(三)超声水洗

采用 50～100Hz 超声波振动源与水洗振荡槽配套,具有突出的洗涤效果。以棉织物去污洗涤作对比。在相同温度(100℃)洗液中洗涤,采用超声波水洗时间缩短至常规洗涤的 1/7;即使洗液温度降低 1/2(50℃),时间亦能缩短至常规洗涤的 1/4。

超声波的洗涤效率取决于超声波强度,在 129W/cm² 时达到最大洗涤效率。认为是快速空穴作用产生强烈冲击波并作用于被洗织物,这样的作用减弱了杂质粒子和织物之间的分子黏附力。这种情况下,污染织物表面的外来杂质就被分离并分散于洗涤溶液中。

二、超声波染色

染色中应用超声波技术的研究很多,无论低频或高频超声波都可用于提高染料分散效果,改善染料溶解度和纺织材料对染料的吸收性能。20 世纪 40～50 年代以来,人们几乎在所有纤维染色工艺中都进行了声化学的研究。

（一）超声波在染色体系中的作用

1. 脱气作用

超声波的空穴效应可将纤维毛细管或织物经纬纱交织点中溶解或滞留的空气排除掉,改善染液对纤维表面的渗透和润湿性,有利于染料与纤维的接触,从而提高纤维对染料的吸收。因此,超声染色对提高厚密织物的染色效果显著。

2. 扩散作用

在浴中超声波使极细的空化泡形成和破裂,因而在极小的范围内增加压力和温度,瞬间使分子动能增加,产生类似搅拌的作用,使染料的扩散边界层变薄破裂,加速染料与纤维表面的接触,有利于纤维内外染液的循环,加快染料上染速率,提高上染百分率。

另一方面,超声波的空穴效应可以穿透覆盖纤维的隔离层,促进染料向纤维内部的扩散。而且超声波的作用可能使纤维内无定形区分子链段的活动性增强或纤维内孔道增大,高分子的侧序度降低,纤维的结晶度和定向度下降,促使染料分子运动速度加快,显著改善透染和匀染效果。研究表明,超声染色与常规染色相比较,可提高扩散系数30%,染色活化能明显下降。

3. 分散作用

常温染液中染料分子或离子会形成聚集体,以胶束状存在,借助于超声波类似搅拌的作用能使染浴中的胶体和分子的缔合体粉碎,形成均匀的分散体;更可将分散染料的晶体颗粒击碎,获得粒度为1μm以下高稳定性的分散液,同时提高水溶性和难溶性染料在染液中的溶解度,增加染料单分子分散状态的染料数目。由于染料分散性的提高,必然导致染料扩散能阻和活化能的下降。

4. 超声波对纤维的作用

在染色过程中,凡是有利于纤维无定形区空隙增大或增多,纤维内外比表面积增大的因素,都有利于染色过程的顺利进行。研究发现,在超声波的作用下,纤维表面或纤维内部的微观结构发生了一定的变化,如棉纤维结晶的完整性受到了一定程度的破坏,纤维内部出现较多的孔洞,使得纤维的比表面积增大,无定形区含量增加。从而使原来不可及的分子变为可及,使染料分子的扩散能阻降低,扩散速率加快,活化能降低,染料平衡上染百分率提高。因此用超声波染色,完全可以采用较少的染料获得所需要的色泽深度。

5. 超声波的热效应

超声波与介质的相互作用尤其是介质的吸热效应是超声波染色的一个重要基础。在这一过程中,声波必然要与其周围的其他分子发生黏滞性的相互作用,产生类摩擦的效应,结果介质必然吸收一部分声能,把它转化为热能,使其自身温度升高,造成对声波的附加吸收。同时在介质中还存在一些离子或自由基、自由电子,在外电场存在的条件下,形成离子导电,也会产生热效应。

除了黏滞性的吸收之外,还需考虑介质热传导的贡献。当介质中有声波传播时,压缩区的温度将高于平均温度,稀疏区的温度将低于平均温度,因此有一部分热能将由压缩区转移到稀疏区,这导致压缩区在膨胀时所做的功小于压缩时声波对它所做的功,从而超声波可显著地使传播介质加热。

因此,采用超声波进行染色,利用染浴对之有较强的吸热效应,完全可以在较低的温度下就达到或超过所要求的染色效果,这正是超声波染色工艺的生态优势。

(二)超声波染色的主要工艺因素

1.超声波染色的频率

超声波染色的频率一般在 20~50kHz 之间,也是空穴效应发生最显著的波段。低于该频率的声波,不但不引起空穴效应,并且能量也较低,对染色作用效果不明显。频率过高,则声波膨胀时间相对短,空化核来不及增长至可产生空穴效应的空化泡,即使空化泡形成,声波的压缩相时间也短,空化泡可能来不及发生崩溃,因此频率变高将使空化效应变弱;另外,当频率超过 100kHz 以上时,有可能引起纤维聚合度下降,原纤化以至于熔融等物理化学过程。

2.超声波的强度

超声波的强度为 $0.8~1.0W/cm^2$(频率 20~50kHz)的条件下,染料对纤维的上染百分率可达到最大,同时还可使纱线或织物蓬松、纤维柔软,但不会引起纤维永久性的松弛和纤维形态的变化。当声波的强度为 $0.2W/cm^2$ 时,超声波染色的上染百分率与常规染色接近。而当声强超过 $1.0W/cm^2$ 时没有空穴产生。

3.超声波染色的温度

由于超声波产生空穴效应的最佳温度为 50℃,超声染色的温度一般选为 45~65℃,因此超声染色属于低温染色,可以避免由于高温染色对蛋白质纤维和部分化学纤维造成的损伤,有利于工艺的改善和产品质量的提高。又由于在染色过程中部分声能转换为热能,因此采用超声波染色的染浴无须外加热能,成为目前节能染色的最佳工艺方法之一。

4.染料和纤维对超声波染色的影响

与常规染色不同,超声波染色对于不同纤维和不同染料的作用不同。一般来讲,超声波对于非水溶性的染料染疏水性纤维,相对分子质量较高的染料染色,以及对于达到平衡所需要时间长的染色作用较为明显。例如分散染料对醋酯纤维的超声波染色,与常规染色相比,上染速率提高很显著。染料种类对超声波染色的影响尤为显著,即或是同类染料,超声波染色的效果影响也不同,因此拼色使用时尤其应注意。

第二节 微波技术的应用

微波是一种电磁波,波长从 1mm 至 1m 左右,频率从 300MHz 至 300GHz,被称为超高频电磁波。为了防止微波对无线通信和雷达等的干扰,国际上规定用于微波加热和微波干燥的频率有 L、S、C、K 等四段,家用微波炉用 L 段(890~940MHz)和 S 段(2400~2500MHz)。在现代应用中,作为一种新能源,在工农业中被用于加热、干燥等。

一、微波的作用机理

(一)微波的热效应

微波加热实际上是一种介质加热,当介质在微波中被加热时,由于介质的偶极子在微波的交变电场作用下发生"变极"效应,分子产生热运动和相互摩擦作用获得能量,并以热量的形式表现出来,介质的温度随之升高。

与传统加热方式不同,微波加热时热量是从物质内部产生,而不是物质因内外温度梯度差异以对流和传导的方式将热能传到材料的内部。因而微波能瞬间穿透被加热的物质,无须预热,也无余热,物质内外无温度差,加热均匀、速度快、没有热损失、热效率高。

微波是介电损耗发热,微波对介质的作用或介质对微波的吸收是有选择性的,在同样的微波频率和电场强度下,介质的相对介电常数或损耗角正切越大,它们的相互作用越大,则介质吸收微波的功率越大。

(二)微波的非热效应

在物质与微波相互作用过程中,微波除了有热效应之外还存在微波特有的效应,即非热效应。包括某些活化过程速率增强、化学反应途径改变等。但是并不是每个微波作用过程中都存在微波的非热效应,需看具体过程。

(三)微波与介质的相互作用

介质对微波的反射、吸收和穿透作用取决于材料本身的几个固有特性,如介电常数(ε_r)、介质损耗角正切($\tan\delta$)、比热容、形状、含水量等。

1. 微波与水的相互作用

水是纺织品染整加工中的重要介质,对纤维材料起溶胀、膨化、增塑和降低玻璃化温度的作用。水的相对介电常数约80,介质损耗约为0.2左右,比一般材料的大,所以水分子能强烈地吸收微波辐射的能量,在微波辐射下,存在于织物和溶液中的水分子吸收微波的能量加速运动,从而使纤维膨化,进而促进染料和助剂分子在织物内部的扩散,加速染料分子与纤维分子的结合,增大染料及助剂的扩散系数最终提高织物的加工质量。

2. 微波与染料和助剂的相互作用

在微波的作用下,一些染料分子可发生诱导升温,从而提高上染和固色的效率。大连工学院的苗蔚荣等在活性染料微波染色研究中探讨了微波加热对染料扩散速度的影响,发现微波不仅能使染料升温,而且能使它们吸收微波的能量,摆动加快,从而扩散速度大大增加,微波对染料的这一系列作用有助于染料向纤维内部扩散,从而缩短了染色时间、得到较高的上染率和很好的色牢度。

3. 微波与纤维的相互作用

干燥纤维材料的介电常数一般为 $2\sim5$,$\tan\delta$ 为 $0.001\sim0.05408$,纤维本身具有低介电常数和低介电损耗,所以采用微波进行纺织品加工时,水或其他损耗类的物质一定要存在。微波的能量首先是加热水,再通过水加热纤维,因此,水分既可以有利于染料的扩散,也可作为热量传递的一种介质。同时,在纤维上的水分是被均匀加热的,并不像汽蒸时那样传导加热。

此外,通过X射线衍射图、红外光谱图反映出经过微波辐照的棉织物的结晶度有所下降。说明微波对织物的辐照,既能引起介电损耗,分子运动加剧,又能引起离解;同时通过扫描电镜又发现经微波辐射后纤维变得蓬松,纤维的径向变粗,且表面粗糙,这一系列的变化非常有利于染色过程中的染料吸附、扩散和固着。

二、微波在纺织品前处理中的应用

(一)麻类纤维脱胶

微波照射能使麻类纤维本身发热,加快胶质的溶解,从而有效提高脱胶效果。用微波处理技术对未沤大麻在碱性条件下进行脱胶的结果表明,微波处理对纤维细度和亮度有显著影响,延长微波处理时间,纤维细度提高,亮度增加。

(二)丝织物的精练

丝织品的精练是脱去丝素表面丝胶的过程,传统的脱胶工艺有碱脱胶或酶脱胶。丝胶溶解缓慢,加工周期长,且需高温作业,工作环境差。微波用于精练工艺,是利用微波与丝胶分子键能的共振作用。当蚕丝的内部能级和微波频率间满足玻尔条件时,因共振而达到发热量最大。其关系式为:

$$\Delta W = h f$$

式中:ΔW 为物质内部状态变化;f 为微波频率;h 为普朗克常数 6.624×10^{-34} J·s。对于频率为 915MHz 和 2450MHz 的不同微波,分别算得:$\Delta W \approx 0.60 \times 10^{-24}$ J,$\Delta W \approx 1.62 \times 10^{-24}$ J。据测定,丝胶、丝素分子主键能大于 4×10^{-10} J,与微波能量相差很大,没有共振吸收作用,即微波对生丝强度、丝胶变性不会产生显著的影响。但丝胶大分子范德华键的能量为 1×10^{-24} J,能发生共振吸收作用。所以,微波辐射能加速丝胶溶解。相比于传统的精练脱胶,微波精练缩短了时间,节能降耗。

(三)漂白中的应用

当前研究微波用于制浆漂白的比较多,但还未见工业应用报道,而且实验室研究还处于初级阶段。在 H_2O_2 漂白中应用微波技术,能够改变纤维的漂白机理,加速一些影响织物白度的物质结构的改变,如木质素及有色物质,从而使整个漂白历程大大缩短,提高了漂白效果及效率,同时还能减少漂白剂用量、用水量,降低纤维的损伤及污染等,做到真正的节能降耗。

三、微波在纺织品染色中的应用

在微波辐射下,由于染色织物受热均匀,热效高,微波染色较之常规染色有许多突出的优点,不仅极大地缩短了染色时间,染色均匀性得到改善,而且染色深度和上染百分率也得到了提高。

微波在纺织品染色中的适用范围很广,纤维可以包括棉、麻、蚕丝和羊毛等天然纤维,也可以包括涤纶、腈纶等化学纤维,染料可以包括活性、还原、直接等水溶性染料,也可以包括分散染料等非水溶性染料。当然对于非极性或弱极性的纤维和非水溶性染料直接采用微波染色效果并不十分理想,若将微波用于它们的染色后处理,固色和干燥加工,将有利于染料在纤维上的进一步扩散,提高染料的上染百分率和织物的色牢度,并保证染色的均匀性。当前对于微波的染色应用更多地集中在天然纤维和亲水性染料的染色上。

四、微波在纺织品后整理中的应用

微波在纤维后整理加工中的重要应用就是干燥纺织品,充分利用微波快速加热的特性,加工品升温均匀且迅速,同时省去了预烘工序,又可利用湿态材料的升温能力,显著缩短整理时间,整理效率较常规烘箱加热要高。

微波辐射对纺织染整加工中的化学反应有着较好的促进作用,可引起激发分子的转动,对化学键的断裂做出一定的贡献。从动力学上说,分子一旦获得能量而跃迁就达到一种亚稳状态,此时分子状态极为活跃,分子间的碰撞频率和有效碰撞频率大大增加,从而促进反应的进行,可以认为微波对分子具有活化作用。因此用微波辐射含有整理剂的织物,可赋予整理剂分子更强的活化能力,同时微波还可解散纤维大分子间的物理连接,提高整理剂对纤维的可及度,促进整理剂向纤维内部的渗透,从而改善整理剂与纤维的反应性。微波辐射已广泛应用在织物的免烫整理、阻燃整理、防水防油整理、羊毛防毡缩整理等加工中。

第三节　低温等离子技术的应用

等离子体是等量的正电荷和负电荷载体的集合体,具有零总电荷。它是部分离子化的气体,可能是由电子、任一极性的离子、以基态或任何激发态形式的任何高能状态的气态原子、分子以及光量子组成的气态复合体。

等离子体有多种分类方法,大多数将其分为高温等离子体和低温等离子体。高温等离子体又称平衡等离子体,它的电子和粒子多具有非常高的温度。低温等离子体又称非平衡等离子体,它的电子和粒子各具有不同的温度,电子温度很高,各类粒子的温度却很低。纺织染整主要应用低温等离子体,低温等离子体中的各种粒子具有较高的化学活性,能在纤维表面发生各种化学反应,而且由于温度低对纤维几乎没有损伤。

一、低温等离子体产生的方法

(一)电晕放电

电晕放电即低频放电,指在大气压条件下,以空气为介质,对两个电极施加高电压,由高电压产生的弱电流引起放电,产生一种高电场强度、高气压(一个大气压)和低粒子密度的低温等离子体。在处理过程中,电子在通往被处理材料的途中与空气分子猛烈撞击,形成臭氧和三氧化二氮,它们与纤维材料表面作用产生相关的自由基,并对纤维材料氧化,形成极性基团,使纤维改性以及刻蚀作用。电晕放电电子能量高、作用渗透性强、游离基寿命较长。

(二)辉光放电

辉光放电是指在大气压 $1.33 \sim 66.7kPa$ 的条件下的高频放电,两个电极相互分开,同置于一个减压的容器中,当对这两个电极施加一定的电压时,就产生了一个辉光放电。辉光放电中压力低于大气压,不会与空气分子发生猛烈碰撞,并减少了等离子体之间的相互碰撞,致使电子的能量较电晕放电的更高,其活性和渗透性更强,对织物表面的作用更强烈。由于可以输入不同的气体,可使被处理物的表面按特定的化学方式得到改性。

二、低温等离子体技术在染整上的应用

低温等离子体技术在纺织上的应用始于 20 世纪 50 年代,在染整工业中的应用主要有:改善纺织品的机械性能,如提高毛织物的防缩性能,提高毛、棉、丝织物的抗皱性。改变织物的表面性能,赋予织物表面光滑或粗糙的手感和外观,提高合成纤维表面的吸湿性,或使本来表面吸湿性高的棉织物表面产生排水效果,对涤纶织物进行防污及抗静电整理。改进纺织品的印染加工性能,如通过提高棉、毛纤维的毛细管性能,提高它们的染色性;用氧或空气低温等离子体处理,对 PVA 进行退浆,产生的分解物为水和二氧化碳,较好地解决了 PVA 退浆困难和环境污染问题,可代替部分退浆、精练和漂白工艺。

(一)在棉退浆、煮练中的应用

通过氧化性气体(O_2、CO_2、H_2O 等)辉光放电对棉纤维进行表面改性,处理过程中,纤维表面亲水性的含氧基团 C—O、C=O 键含量增加,而疏水性的 C—H 键的含量减少,使纤维的吸水性得到很大改善。同时,纤维和纱线表面的浆料分子以及纤维表面的天然杂质的分子被氧化断裂,水溶性增大,而且部分被汽化除去。表 8-1 说明用氧或空气低温等离子体处理棉织物,去杂效果有明显提高。

表 8-1 低温等离子体去杂效果

名称	坯布	传统煮练法	低温等离子体法
含蜡量	0.73	0.23	0.15
含浆量	13.30	0.66	0.47

采用氧低温等离子体处理,棉织物前处理用药剂,特别是碱剂可大大减少。对于不太耐碱的蚕丝或羊毛及其混纺织物的精练,这一点是有利的,而不必担心蚕丝或羊毛受到损伤。对于合成纤维织物,用氧或空气低温等离子体处理后,就不再需要进行湿退浆,可节省药水、药剂、热能,减少废水排放。

(二)羊毛的等离子体处理

1. 改善羊毛的防毡缩性能

羊毛表面存在鳞片结构,在加工和使用中会产生定向摩擦效应,又由于羊毛纤维天然的优良卷曲性能,使得纤维在伸缩过程中极易发生相互咬合,发生严重的毡缩,造成织物尺寸稳定性差。用低温等离子体处理羊毛,其产生的高能粒子轰击纤维表面,使得羊毛表面鳞片层的顺、逆两向摩擦均有增加。但两者之差较未处理的有减少的趋势,而润湿性比未处理的有显著的提高。低温等离子体处理后的羊毛表面已被氧化,具有一定的亲水性。在洗涤的时候,在水中充分舒展,防止了纤维间的直接接触。

表 8-2 是空气等离子体处理后羊毛的防缩效果。如用氧、氮、氢、氯和二氧化碳气体辉光处理也可取得与空气等离子体处理相同的结果。等离子体处理后再经树脂或柔软剂等整理,可进一步提高羊毛纤维的防毡缩性能,改善手感,并有利于提高其持久性。因为等离子处理后纤维的表面能提高,有利于树脂在纤维表面的润湿和渗透。

表8-2 空气等离子体处理后羊毛的防缩效果

功率（W）	滞留时间（s）	平均面积收缩率（%）
未处理	—	44.5
10	1.0	12.5
20	1.0	9.2
30	0.7	8.3
30*	1.2	4.1
30*	1.2	3.0

注 *用宽幅反应器。

2. 改善羊毛的染色性能

羊毛鳞片的最外层含有一层很薄的疏水层，使染液不易润湿，也阻碍了染料的吸附和扩散，需用较高的温度、较长的时间，促使染料上染。然而，剧烈的染色条件会使如活性染料等发生水解，而且也会损伤纤维。

表8-3 低温等离子体处理对羊毛半染时间的影响

染料	半染时间 $t_{1/2}$（min）				
	未处理	去鳞片	O_2等离子体	CF_4等离子体	CH_4等离子体
C.I.酸性橙7	59	18	45	15	90
C.I.酸性蓝40	112	47	53	43	167
C.I.酸性蓝83	7276	1011	4556	5806	7709
C.I.酸性蓝113	906	228	474	744	1616

表8-3是日本京都工艺纤维大学柳章美等的研究结果。羊毛经 O_2 和 CF_4 等离子体处理，与未处理羊毛比较，半染时间都有所缩短。只有 CH_4 等离子体处理的羊毛，其半染时间不仅未缩短反而增加。这也说明上染速率的增加，主要不是其表面润湿性改善的缘故。有研究报告指出，上染速率的增加是羊毛鳞片层中的胱氨酸二硫键受氧化而断裂，使染料易于向纤维内部扩散，从而上染速率和吸附量都有所提高。从表中也可看出，经等离子体处理后的羊毛的半染时间与去鳞片羊毛的半染时间接近，说明等离子体在提高和改善羊毛纤维染色性能方面，其主要作用是破坏羊毛的鳞片层结构。

另一方面，等离子体处理会使纤维的表面形态发生变化。等离子体中的高能粒子对纤维表面轰击，使其表面发生刻蚀，形成大量的微小凹坑或裂纹，不仅成为染料的通道，而且增加羊毛的比表面积，使上染速率加快，上染率增大。

（三）合成纤维的等离子体改性

低温等离子体在涤纶织物上的应用已取得较好的效果，主要有：对半制品织物进行等离子体处理，以改善和提高染整加工性能；染色和整理后进行等离子体处理，如表面刻蚀，改善颜色深度，提高处理后的反应性，还可改善黏着性、抗静电性和亲水性等。

1. 涤纶亲水性的改善

低温等离子体处理后的纤维,表面产生的游离基能与空气中的氧发生作用,以致在纤维表层导入—OH、$C=O$、—COOH 和—O—O—等亲水性基团,这些基团的存在是涤纶润湿性和渗透性提高的主要原因。研究发现,涤纶经 CO_2、O_2、N_2 和空气等离子体处理,水滴在试样上的渗透时间由未处理时的 600s,减少到 8.2 ~ 12s,润湿性得到显著改善。且低温等离子对纤维表面的刻蚀作用会同时发生,使纤维表面增大,对提高纤维润湿性也有一定的贡献。但是,大部分试样的润湿性在几天内会有明显的退化,若用中性洗涤剂进行 20min 的家庭洗涤,经反复洗涤后,其润湿性进一步退化。因此,单独采用低温等离子进行吸湿吸汗功能整理还不能达到满意的要求。

2. 改善涤纶的染色性和表面色深

涤纶是疏水性纤维,纤维不含有强亲水基团,同时纤维结构较紧密,造成染色较困难。用低温等离子体处理后,由于纤维表面分子链受到等离子体活性粒子的攻击,会发生氧化、裂解等作用,形成一定数量的极性基团,润湿渗透性增加,对分散染料的吸附性和结合力也相应增加,从而提高分散染料在纤维上的上染率和染色效果。但是,如果极性基团过多,反而会降低对分散染料的结合,特别是形成亲水性的离子基团后,对非离子性的分散染料的结合会大大降低(亲合力降低),上染染料数量减少,颜色反而变浅。

涤纶等离子处理后的染色效果与许多因素有关,包括纤维和织物的结构、等离子体的气体种类、真空度、功率、处理时间以及染料等,尤其是气体种类。表 8 - 4 是用不同气体的等离子体处理白涤纶织物后,用分散染料染色的效果。可以看出,经氩和氨气等离子体改性的织物染色后颜色增深,而四氟化碳和氦及氧气等离子体处理后的织物,和未处理的织物相比,颜色反而变浅,而以氧气等离子体处理的颜色最浅。

表 8 - 4　不同气体的等离子体处理后涤纶织物的染色效果

气体种类	流量(mL/min)	压力(Pa)	功率(W)	处理时间(min)	DE 值
CF_4	30	66.65 ~ 79.98	100	1	1.1
Ar	100	26.66 ~ 39.99	100	1	1.0
He	50	79.98 ~ 106.64	100	1	-2.3
O_2	80	26.66 ~ 39.99	100	1	-2.6
NH_3	50	66.66	100	1	0.7

对未染色纤维处理主要通过改善润湿性来提高染色性,增加染料的上染量,加深颜色。虽然纤维表面也会形成微坑,有一定的增深作用,但不是主要的。而对染色后织物进行等离子体处理,则是通过表面刻蚀,降低对光的反射来达到增深的目的。

等离子技术是非传统的干法物理加工技术,是一种不需要水和化学药品的干法加工。可以大幅度节水,减少环境污染。作为传统湿法加工的替代技术,将促进纺织染整清洁生产技术的进步。

第四节 超临界 CO_2 染色技术

超临界 CO_2 染色技术是以超临界状态 CO_2 流体为介质代替以水为介质的染色技术。该技术可以避免大量废水对环境带来的严重污染问题。上染速率快(10min 内即可完成),匀染性和透染性好,无须还原清洗,无须烘干,CO_2 可循环再利用。在实验室中,此技术已应用于涤纶等合成纤维染色,效果良好,并已有人展开中试。对于天然纤维,由于染料系统问题,目前尚处于研究探索阶段。

一、超临界 CO_2 的特性

CO_2 是最常用的超临界流体,超临界 CO_2 是指温度超过 31℃、压力超过 7.2MPa 时的 CO_2 流体。它是无臭、不燃、价廉的化学惰性流体,具有非常独特的理化性质(表 8 − 5)。黏度较低,可以像气体均匀分布在整个容器中,扩散系数高,传质速率快,混合性能好。通过调整压力,又可以达到液体大小的密度,它对物质有很强的渗透作用,对物质的溶解能力远远高于气体,甚至高于液体。由于 CO_2 是非极性分子,在化学性质方面与非极性有机溶剂相似,对非极性和低极性的物质(如分散性染料)有较高的溶解能力,而对极性物质(如离子性染料)溶解度很低。

表 8 − 5 气体、液体、超临界流体的物理性质

物理性质	气体 ($9.8 \times 10^4 Pa, 25℃$)	液体 ($9.8 \times 10^4 Pa, 25℃$)	超临界流体 (Pc, Tc)
密度(g/cm³)	0.62×10^{-3}	$0.6 \sim 1.6$	$0.2 \sim 0.5$
扩散系数(cm²/s)	$0.1 \sim 0.4$	$0.2 \times 10^{-5} \sim 2 \times 10^{-5}$	$0.5 \times 10^{-3} \sim 4 \times 10^{-3}$
黏度(Pa · s)	$1 \times 10^{-3} \sim 3 \times 10^{-3}$	$0.02 \sim 0.3$	$1 \times 10^{-3} \sim 3 \times 10^{-3}$

二、超临界 CO_2 中分散染料上染涤纶的机理

(一)分散染料在超临界 CO_2 中的状态

超临界流体对溶质的溶解度取决于其密度,密度越高溶解度越大。当改变压力和温度时,密度即发生变化,从而导致溶解发生变化。超临界二氧化碳对有机物的溶解性随溶质极性、相对分子质量、密度等不同而不同,容易溶解非极性或极性弱、相对分子质量小的有机物。

超临界 CO_2 为非极性分子,对分散染料的溶解能力,类似于低极性溶剂,比水溶液高得多,对于相对分子质量($M \leqslant 400$)不大、极性较弱的分散染料具有很好的溶解能力。故分散染料在超临界 CO_2 中都是以单分子的分散状态存在,不会出现在水中由于分散染料的分散稳定性降低而引起的各种问题。

此外,由于超临界 CO_2 的黏度低,染料所受扩散阻力小,容易扩散传送到纤维或纤维束的细孔和毛细管中,匀染性和透染性大大提高,上染量增加。

（二）超临界 CO_2 对涤纶作用

超临界 CO_2 流体分子小，黏度极低，扩散性好，分子间不会形成水中的"冰山结构"或簇状体，在疏水性纤维中的渗透要比水中容易得多，容易进入纤维结构致密的区域，当 CO_2 渗入纤维内部时，它就充当一个"假介质的作用"，起到了类似载体的增塑作用，增加纤维分子链的活动性和扩散自由体积。纤维增塑后，无定形区的分子链段运动更加容易，致使纤维的玻璃化温度降低，其他物理性能也发生显著的变化，分散染料可在比常规更低的温度下染色，更短的时间内上染。并且 CO_2 具有极高的扩散系数，可使染料分子快速地扩散到纤维的孔隙中，以达到对纤维均匀染色的效果。

三、涤纶超临界 CO_2 染色工艺

在超临界 CO_2 染色中，分散染料的溶解度和扩散性能至关重要，因此染色的温度、压力和染料的结构是重要的工艺参数。已开发的超临界 CO_2 染色系统和设备工艺流程如图 8-1 所示。

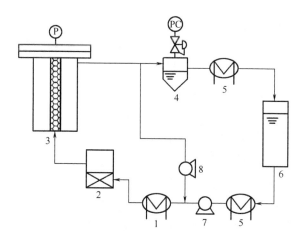

图 8-1　超临界染色设备工艺流程
1—加热器　2—溶解槽　3—染色槽　4—分离器
5—冷却器　6—CO_2 储罐　7—升压泵　8—循环泵

（一）温度和压力

温度升高可提高染料的溶解度和扩散速度，而染料的溶解度又与溶剂密度有关，溶剂密度的升高有利于染料溶解度的增大。低压时，溶剂密度随温度升高而下降，使得染料的溶解度随着温度的上升而下降；高压时，溶剂的密度受温度的影响小，染料溶解度随着温度的升高而升高。

染色温度越高，吸收的染料越多。130℃条件下染色，纤维吸收的染料量比70℃下染色纤维吸收的染料量要多40~50倍。因为染色温度必须越过聚酯纤维玻璃化转变点，才能使染料成功地扩散进入纤维。较高的温度，对于具有较高分子量的染料作用会较大。故超临界 CO_2 染色工艺温度：80~160℃，压力：20~30MPa，时间：5~20min。

（二）分散染料的结构和极性

在超临界 CO_2 中分散染料的溶解度与常规染色不同，极性小的染料溶解度大，这是由超临

界 CO_2 的非极性所决定的。在苯环上添加卤素如 Cl、Br、I 等基团有助于提高分散染料的溶解度。而染料分子上的—OH、—NH_2、—NO_2、—OCH_3、—COOH 等基团不仅增加了染料的极性,而且使染料分子通过氢键形成大分子团,降低染料在超临界 CO_2 中的溶解度和扩散能力。因此,在未开发出适用于超临界 CO_2 染色的新型分散染料前,对于现有分散染料需经过筛选后使用。

（三）CO_2 与纤维的质量比

染色过程中 CO_2 与纤维的最佳质量比为 5～10,质量比过大将引起染料分子扩散系数下降及操作费用提升;反之,则不能为染色过程提供充足的溶解染料。

（四）分散染料中的添加剂

常规用于水相染色的分散染料,由于含有大量的分散剂在临界 CO_2 中只能得到浅色。原因之一是染料中的助剂,如分散剂、稀释剂、油剂、抗尘剂、抗静电物质的存在,严重影响了染色条件下染料从超临界 CO_2 中分离出来。有些研究者倾向在超临界 CO_2 中应用纯分散染料。但是使用纯染料时,会出现染料熔融。所以,汽巴精化公司开发了含有特殊添加剂的系列染料产品。

（五）还原净洗

超临界 CO_2 的物理、化学特性,是随着温度、压力而变化的。和染色时的超临界 CO_2 条件相比,将染色后超临界 CO_2 条件变化到提高染料溶解度的条件,能够去除附着或凝聚在纤维表面上的染料。而且,超临界 CO_2 染色染料的固着率高（约98%）。用超临界 CO_2 在 60℃,25MPa 的条件下处理被染物,有洗涤效果。

根据汽巴公司的观点,在实际应用中还原净洗也是必要的。因为,染色物的色浓度是各种各样的。从浅色到浓色,如果考虑实用性能,染浓色时还原净洗还是必要的。不过,染色温度从130℃降低到净洗温度60℃,需要花费时间,有可能降低生产效率。

表 8-6 是超临界 CO_2 染色与常规染色工艺比较的结果。可以看出,超临界 CO_2 染色可从源头上解决水污染问题,真正实现无水染色。染色过程中无须添加分散剂、匀染剂、净洗剂等表面活性剂,残余染料可回用,无染料浪费,有利于环境保护。染后一般不必进行还原清洗,染色周期短,可大大提高生产效率。由于可省去染色后的烘干工序,可显著降低能耗。而且 CO_2 本身无害,且可循环使用。可以说超临界 CO_2 染色是一种环保、节能、节水、经济、高效的染色工艺。

表 8-6　超临界 CO_2 染色与常规工艺比较

项目		常规水溶液染色	超临界 CO_2 染色
物理参数	温度	130℃	130℃
	压力	0.27～0.4MPa	25MPa
	密度	1g/cm³	0.5g/cm³
化学参数	溶解的染料	20～200mg/L	10～100mg/L
	微细分散的染料	高达5g/L	—
染色过程	染料转移	溶解和分散	只是溶解
最终操作	表面洗净	水溶液（还原）→需要干燥	60℃,25MPa,0.8g/cm³,无须干燥
环境影响		废水中有染料和分散剂	不需要淡水,没有废水

第五节　微胶囊技术的应用

微胶囊技术在纺织工业中的应用从 20 世纪 90 年代开始,主要是应用在纺织品各种功能整理中,如留香整理、抗菌整理等,以提高产品的附加值。近年来,微胶囊技术在纺织染整加工中的应用不断拓宽,在染色、印花和功能化后整理均有应用。如静电染色、转移印花、立体发泡印花、热敏变色印花、多色点印花,织物的自动调温功能、阻燃整理等。

一、微胶囊的构成

微胶囊技术是一种特殊的包装技术,采用物理机械或化学方法用成膜材料包覆固体或液体,制成颗粒直径为 $0.1 \sim 500 \mu m$,常态下稳定的固体微粒,即微胶囊,而被包覆的物质原有的性质不受损失,在适当条件下它又可以释放出来。微胶囊由壁材(包覆材料)和芯材(被包覆的材料)构成,壁材厚度一般为 $0.1 \sim 10 \mu m$,芯材占微胶囊总质量的 20% ~95%。

微胶囊壁材主要为具有成膜性的天然的或合成的高分子化合物,如明胶、果胶、淀粉、聚氨基酸、聚乳酸、聚乙烯等。壁材的选择对于微胶囊的性质至关重要,也是制备微胶囊成功与否的关键因素。首先,壁材不能与芯材发生反应;其次,壁材的成膜性和稳定性要好;再次,壁材要无毒且价格适中。一般来说,对于亲水性的芯材,选用疏水性的壁材;而对于疏水性的芯材,选用亲水性的壁材。

微胶囊芯材可是固体小颗粒、液体微滴或气体。纺织染整中应用的芯材包括染料(如分散染料、光致变色染料、热致变色染料、有机颜料),各种功能整理剂和加工助剂(包括阻燃剂、抗菌剂、驱蚊剂、化学消毒剂、漂白剂、黏合剂等)。

二、微胶囊的生产技术

从文献资料来看,生产微胶囊的方法很多,有化学法、物理法和物理化学法。化学法主要有:界面聚合法、原位聚合法和锐孔—凝固浴法等;物理法有:空气悬浮法、喷雾干燥法、真空蒸发沉积法、静电结合法等;物理化学法有:相分离凝聚法、干燥浴法、熔化分散冷凝法和粉末床法等。在纺织染整中主要有界面聚合法、原位聚合法和相分离凝聚法。

(一)界面聚合法

界面聚合法是通过两种亲疏水性不同的单体在油/水界面反应制备胶囊的一种方法。将两种能发生聚合反应的单体分别溶于水和有机溶剂中,并把囊芯溶于分散相溶剂中,将这两种不相混溶的液体混入乳化剂以形成水包油或者油包水体系。两种聚合单体分别从两相内部向乳化液滴的界面扩散,并迅速在相界面上反应生成聚合物将囊芯包裹形成微胶囊。

界面聚合法的优点是反应物从液相进入聚合反应区比从固相进入更容易,所以通过该法制备的微胶囊适于包裹液体,制得的微胶囊致密性好。在界面聚合法制备微胶囊时,分散状态在很大程度上决定着微胶囊的性能,搅拌速度、溶液黏度以及乳化剂和稳定剂的种类、用量对微胶囊的性质也有很大的影响。

(二)原位聚合法

原位聚合法是一种和界面聚合法密切相关的微胶囊化技术。界面聚合参加反应的单体一种是水溶性的,一种是油溶性的。在原位聚合中,是把单体和引发剂全部加入分散相或连续相中,即单体和引发剂全部溶于囊芯的内部或者外部。由于单体在一相中是可溶的,而生成的聚合物在整个体系是不溶的,聚合物就会沉积在芯材液滴的表面。如何让单体在芯材表面形成聚合物,是该方法需要控制的重点。

(三)相分离凝聚法

相分离凝聚法是将芯材乳化或分散在溶有壁材的连续相中,然后采用改变温度、加入无机盐电解质、成膜材料的非溶剂或加入与芯材相互溶解性更好的第二种聚合物等方法,使壁材溶解度降低,从而从连续相中分离出来,形成黏稠的液相(不是沉淀)包覆在芯材上形成微胶囊。相分离步骤是制备这种微胶囊的关键。

根据包囊材料在水中的溶解性的不同,可以将相分离凝聚法分为水相相分离法和有机相相分离法。以水为介质的水相分离法适用于以疏水性囊芯分散成水包油型乳液,并用水溶性壁材进行包覆形成胶囊;而以水溶性固体或液体作囊芯则不能用水做介质进行分散,只能用有机溶剂分散成油包水的溶液,再用油溶性壁材进行包覆形成胶囊。此法既可制备水溶性囊芯纳米胶囊,也可制备油溶性囊芯纳米胶囊,且工艺方便、简单,反应速度快、效果好、设备价廉。

三、微胶囊的应用

(一)微胶囊染料的应用

微胶囊染料是芯材为染料的微胶囊。壁材是各种天然或合成的高分子。胶囊的粒径一般在 $10 \sim 200 \mu m$,其壁膜的厚度视工艺要求而定。微胶囊染料有三种类型:单芯、多芯和复合型。芯材只含一种染料的为单芯型;多种染料各自被囊膜包裹并包在一个囊壳内的为多芯型;由多层囊膜构成的为复合型。微胶囊的形状主要是球形的也有多面体。染料类别包括分散、酸性、阳离子、还原、活性及油溶性染料等。其制造方法主要是界面聚合法和相分离凝聚法。

1. 微胶囊染料在印花中的应用

微胶囊转移印花是一种新型的有利于环境保护的印花方法。它是将染料微胶囊构成的图案印在转移纸上,然后使纸与织物紧密结合通过加热和施加压力等物理方法使微胶囊染料破裂并附着在织物上。该方法适用于有明显玻璃化温度的合成纤维织物,如涤纶、锦纶、腈纶等。与传统的热转移印花相比,微胶囊染料转移印花具有染色温度低、匀染性好、上染速度快、节省材料等优点。更重要的是减少了废水污染,是一种对环境友好的技术。

多色微粒子印花又叫多色多点印花。它是利用微胶囊技术制成含有多种不同颜色染料的微胶囊,在黏合剂作用下涂在织物纤维上,经过汽蒸作用使染料胶囊破裂并在布上印花,形成一种特殊的多色雪花状花纹。这种印花技术已发展到双面多色微点印花。

微胶囊静电印花是在对纸张进行静电印刷的工艺基础上发展起来的。这种方法使用具有介电性能的壁材将染料颗粒密封起来,在封闭成微胶囊之前,先将染料分散在一种高介电常数的溶液中,这样得到的微胶囊可以较精确地移向织物,从而可以得到较清晰的印花图案。这种印花方法通常不使用分散剂和溶剂,如果需要也可以将其同介电液体一同微胶囊化。该法要求壳材应具有高电阻且适合染料转移的特性。用于静电印花的织物面很广,选用合适的染料,天然的和合成的纤维织物均可用这种方法染色或印花。

2. 微胶囊染料在染色中的应用

把分散染料制成直径为 $10 \sim 60mm$ 的小颗粒,并被囊壁严密包裹形成微胶囊,胶囊壁材对染料亲和性很弱,具有半透膜特性;同时耐热、坚固,在染色条件下不破裂、不软化。微胶囊化使分散染料在染色介质水中孤立存在。当其与织物接触时,由于微胶囊的隔离作用不会污染织物或形成斑点。

在高温染色条件下,水的表面张力很低,易于渗透进入微胶囊内,使其中的分散染料溶解形成饱和溶液,胶囊壁内外染料形成浓度梯度,使得溶解的染料分子在扩散推动力的作用下,穿过胶囊壁向外扩散进入染浴,同时水进一步渗透进入胶囊,直至平衡。当染浴中存在涤纶时,扩散进入染浴的单分子染料会向涤纶表面吸附,并向纤维内部扩散上染。由于微胶囊的优良缓释性能,染浴中分散染料的溶解度很小,染浴中染料浓度极低,从而保证了良好的匀染性。染色过程中升温速度可不加控制,在升至预设温度后保温 $30 \sim 40min$ 即可。这使得工艺控制的风险大大降低。

依据分散染料在水中的标准化学位远高于其在纤维中的标准化学位。染色结束后断绝染料来源,再在染浴中进行"饥饿染色" $10 \sim 20$ min,促使纤维表面的吸附染料完全进入纤维,可以达到提高色牢度的目的。因而,微胶囊化分散染料染色的涤纶表面沾色很少,具有良好的水洗牢度。

由于染浴中无任何助剂(特别是表面活性剂)及胶束存在,染色完成之后,染浴中除了完整的空胶囊和浓度极低的溶解染料外,再没有其他物质。染色残液经分离过滤出微胶囊壳后,几乎无色,废水中的 COD 和 BOD 负荷也大大降低。如果将此染浴回收用于织物前处理,即可实现染色废水的"零排放",实现真正的无污染清洁染色。表 8-7 是微胶囊染色与传统染色方法废水的比较。

表 8-7　PET 染色废水指标

染色工艺	COD	BOD	外观
传统分散染料	1.45×10^3	971	蓝黑色
微胶囊化分散染料	50	14.7	无色

(二)微胶囊功能整理剂的应用

为了提高纺织品的舒适性和增加其功能性,利用微胶囊技术对纺织品进行功能整理,可以获得传统功能整理所无法获得的效果。根据用于织物功能整理的微胶囊的不同形式,可将其分为以下三种类型:

(1)胶囊破裂型。微胶囊在织物整理过程中发生破裂,将功能性物质全部释放。如用于涤/棉织物阻燃整理的阻燃剂微胶囊等。

（2）胶囊缓释型。微胶囊在织物整理过程中破裂的很少，在织物使用过程中缓慢释放功能性物质。如用于织物卫生除臭整理的香味微胶囊、杀菌剂微胶囊、驱虫剂微胶囊等。

（3）胶囊密封型。微胶囊在织物整理过程及织物使用过程中几乎不发生破裂，活性物质被密封在微胶囊内部。如用于有温度调节功能的相变材料微胶囊。

第六节　泡沫技术的应用

泡沫加工技术是将染化助剂的承载介质由水改为泡沫。由于空气代替了部分水，使得纺织品加工过程中水的耗用量得到了降低，用水量可以减少65%~75%。这里空气作为组成泡沫的重要成分，无毒，将染整助剂带到织物上面后，即自行逸去，而无须特殊处理，不像水、有机溶剂等介质需要吸收大量热量，汽化除去。因此，泡沫技术不仅可节省大量的水，而且能更好地节省烘燥过程所需的能源，同时减少对环境的污染。

泡沫加工的一般过程是将含有一定发泡助剂的染整溶液，用机械方法打入空气，通过机械搅拌后使形成的泡沫达到一定的密度（发泡比）、黏度及大小，然后施加于织物上，泡沫即瞬时渗透到全部纤维表面，达到一定深度的范围，再通过挤轧或真空抽吸，使泡沫全部破裂，溶液就渗透进入纤维；再加以烘干、固着和水洗。因此，泡沫加工属于低给液率加工技术。

一、泡沫的形成和特性

泡沫是由大量气体分散在少量液体之中形成的微气泡聚集体，具有一定的几何形状，是一种微小、多相、胶状、不稳定的体系。纯液体不能产生泡沫，当向溶液中加入表面活性剂后，溶液中的气泡被一层表面活性剂的单分子膜包围，当该气泡冲破了表面活性剂溶液与空气的界面时，第二层表面活性剂包围着第一层表面活性剂膜，而形成一种含有中间液层的泡沫薄膜层，在这种泡沫薄层中含有纺织品整理所需的化学品液体，当相邻的气泡聚集在一起时，就成为泡沫。

泡沫主要有球形和多面体两大类，球形泡沫是气泡在水中一个接一个地分布，气泡之间被液体隔开较远，气体含量少于74%，是液体分散剂内成堆的独立气泡。当气泡超过最致密的球形分布（气体含量高于74%）时，就变成多面体泡沫。因此，多面体泡沫是气体聚集群体。

泡沫是不稳定的，由于空气和水具有相反的特性，因此它们最终是要分离的。一般球形泡沫不稳定，排液很快，寿命较短；多面体泡沫，属亚稳态泡沫，排液速度较慢。泡沫随着放置时间增加发生变化，直至最后消失。可通过以下指标评价泡沫体系的发泡性和稳定性。

（一）发泡比

发泡比表示一定质量（1kg）的液体可以产生的泡沫体积（L）。如密度为$0.05g/cm^3$的泡沫，发泡比为1:20。发泡比越低，则泡沫含液量越高；发泡比越高，则泡沫含液量越低。一般发泡比的大小由被加工织物种类、车速等因素确定。

（二）泡沫破灭半衰期

泡沫是亚稳系统。泡沫破灭半衰期指一定体积泡沫排液到泡沫质量一半所需的时间。泡沫的稳定性是纺织品加工工艺的重要参数。如果稳定时间过短，由泡沫发生器形成的泡沫未输送到织物表面就已中途破裂，加工助剂不能发挥作用；若稳定时间太长，施加到织物上的泡沫又不能很快均匀破裂，也会造成均匀性差等问题。影响泡沫不稳定的因素很多，主要有：由于重力作用液膜厚度减小，泡沫的再分布即大小气泡的兼并，泡沫破裂等。而这些与发泡剂的选择相关。一般发泡比高，半衰期长；发泡比低，半衰期短。所以要找到一个符合工艺要求的泡沫，需要掌握好发泡比与半衰期的关系。

（三）泡沫润湿性

泡沫润湿性又称泡沫排液性，泡沫在施加到织物上时必须处于稳定状态。但是，泡沫施加到织物上以后，泡沫与织物接触时，泡沫应在织物表面迅速破裂，包含在泡沫内的染整助剂，必须马上释放出来，并且从施加器上转移到纤维，润湿纤维，让纤维吸收。泡沫的这种特性称为润湿性。

泡沫润湿性受很多因素影响，如发泡比、半衰期、发泡剂类型、渗透剂、织物组织规格、前处理等。由泡沫或者泡沫破裂以后释放的液体所产生的良好润湿性对于那些尚未经充分前处理的或者是组织很紧密的织物尤为重要。

（四）泡沫大小和均匀性

泡沫要尽量地小而均匀，泡沫直径越小，发泡比越大，越接近多面体结构，也就越稳定。泡沫起着载体的作用，泡沫壁的厚度以及泡沫的大小直接影响着泡沫携载染化料的能力，一般气泡大小宜控制在 $10 \sim 100 \mu m$。

泡沫大小分布与发泡比及发泡设备、发泡液组分有密切关系。当发泡比太高时，剪切不足会造成泡沫大小分布不均匀，虽然呈多面体但泡沫大小相差很大，易造成施加不匀。发泡比太低时气泡呈球形，不够稳定，使施加到织物上的给液率较高。

（五）泡沫的流变性

泡沫的流变性与泡沫的黏度有关，受原液黏度和发泡比的影响。泡沫黏度大时流动性差，给泡沫输送带来一定困难。实际应用中泡沫流变性如同泡沫的稳定性一样是重要的参数。

二、发泡剂的选择

发泡剂多为表面活性剂。主要有离子型和非离子型两类。阳离子型有烷基叔胺、季铵盐、甜菜碱及其衍生物；阴离子型有月桂醇硫酸酯钠盐、十二烷基磺酸钠和十二烷基硫酸钠；非离子型有 $C_{11} \sim C_{15}$ 直链仲醇、$C_{10} \sim C_{16}$ 直链伯醇和 $C_8 \sim C_{12}$ 烷基苯酚的聚氧乙烯醚。一般阳离子型的表面活性剂发泡能力差，阴离子型和非离子型的表面活性剂发泡能力较好。阴离子型发泡剂形成泡沫速度慢，形成泡沫较为稳定，而非离子型发泡剂的发泡性好，润湿性也好，但泡沫稳定性差。为了改善泡沫的不稳定性，可通过添加泡沫稳定剂与增稠剂来延长泡沫的寿命，常用的泡沫增稠剂有羟乙基纤维素、甲基纤维素、合成龙胶和甘油等。泡沫稳定剂有硬脂酸铵、十二醇、N – 十八烷基琥珀酰胺磺酸盐等。对于不同的泡沫整理，应采用相应类型的发泡剂，而且需注意发泡剂与整理剂的相容性。

三、泡沫整理设备

泡沫整理设备由发泡装置和泡沫施加装置两大部分组成。发泡装置分为三大类:填料式静态发泡器,多级网式静态发泡器和动态泡沫发生器。泡沫施加装置大致可以归纳为六种:刮刀式、辊筒式、橡毯真空抽吸式、网带式、圆网式和狭缝式。

国外已有三十多家公司开发了泡沫染整设备,比较著名的有美国加斯顿染色机公司(Gaston county)的 FFT 体系,德国屈斯特尔斯(Kusters)的单面、双面泡沫染整机,德国蒙福茨(Monforts)的真空泡沫染整设备,荷兰斯托克・布拉班特(Stork Brabant)公司的圆网泡沫印花机,奥地利的齐默(Zimmer)磁棒泡沫印花系统等,以及国内研制的 SP、SP2 型双面施泡机,YJ－200－800 型发泡剂,上印机及誉辉公司等。

Datacolor 公司生产的 Autofoam 自动控制泡沫整理机是一种新型的泡沫整理设备。整个系统由控制装置、泡沫发生装置、泡沫施加装置三部分构成。

Autofoam 的全自动控制器配备有磁感的液体流速计及气体质量流速计,准确控制发泡比。另外,化学溶液泵的快慢速度,亦受控制器所控制。当输入布重及带液率,再连上布速表后,化学溶液的消耗率实时被计算及准确控制,布边探测器与封边挡板联动,以控制加工宽度。泡沫发生装置采用独特的双转盘动态式发泡机,属于辐射式的设计,其齿片是垂直轴心方向以同心圆方式辐射排列的。而两个转盘有左右两面的齿片丛,再配合四个静止的齿片丛盘,合起来共形成四个混合加工区。由于流体经过加工区的路径,与转盘旋转时所产生离心力方向一致,所以不同质量的泡沫不会被离心力分层,产生细致而均匀的泡沫。带有四种泡沫施加装置。

(1)标准型定管输送式。用于一般布料的化学品整理。

(2)标准型导管往返式。用于高黏度或高固体含量的浆料,如地毯的背胶、PU 或聚丙烯酸酯涂层、装饰布的阻燃整理等。

(3)高级地毯型。使用独特的泡沫吹压式整理,可使地毯绒毛达到 100% 渗透率,用于长毛地毯的防污、防水、防虫和防菌等整理。

(4)非织造布型。直接将发泡的黏合剂,如聚丙烯酸酯溶液施加在轧车辊筒上,进行非织造布的纤维黏结加工。

四、泡沫加工技术的应用

(一)泡沫上浆

泡沫上浆是以泡沫为介质对经纱进行上浆的一种新工艺。黏附于经纱的泡沫浆经压浆辊时,泡沫在轧点处破裂,浆料均匀地分布在经纱上。泡沫上浆与普通上浆比较,减少调浆用水和所需浆料,烘燥时所需能源相应减少;由于浆料较少地渗透到纱线内部,易于退浆,减轻了后加工工序的负担;纱线毛羽少,磨浆少,开口清晰,织造率较高。

(二)泡沫丝光

泡沫丝光是指使用泡沫的方法对织物进行丝光处理,与常规丝光相比可减少碱的用量,碱液可以更好地渗透到织物内部;对部分厚重织物可以进行单面丝光处理,降低碱用量;可以更好地控制织物尺寸;可以覆盖“死棉”,达到均匀染色;对某些印花织物,可以对织物印花的一面进行丝光处理,这样不仅可以保证印花质量,同时碱的用量比常规方法低。

但是泡沫丝光也存在一定的问题需注意。采用泡沫丝光,由于泡沫丝光时织物上的碱量较少,要达到与常规丝光相同的效果,必须加大碱液的浓度,一般应大于 250g/L。在如此高浓度的碱中,常规起泡剂和增稠剂大多会沉淀,很难形成泡沫。必须选择耐碱起泡剂和耐碱渗透剂。

(三)泡沫染色印花

泡沫印花是 20 世纪 80 年代国际上继泡沫整理之后迅速发展起来的印染加工新技术,最早应用在地毯中,进而推广到绒类织物印花及一般纺织品。泡沫印花借助于空气,使少量的液体形成泡沫携载着染料或涂料及各种助剂,并使施加的泡沫足以均匀地覆盖全部织物的程度,从而以较低的给湿量完成整个印花过程,形成表面印花效果,进而达到节省能源、染化料,改善织物手感的目的。

泡沫染色是继泡沫印花之后发展的新工艺,采用泡沫染色,由于浴比小,可以大大节约用水量;显著降低各种助剂(如盐、碱和染料)的用量;缩短加工时间;减少染料泳移,提高织物的匀染性;降低染色废水量。常规染色织物的带液量一般为 60%~80%,泡沫染色织物的带液量一般为 10%~40%,可减少染色废水处理量,降低对环境的污染。提高织物表面得色量。泡沫染色的染液对织物的渗透性较小,当泡沫与纤维表面接触后,因泡沫内的染料浓度高而水分少,染料泡沫来不及渗透到纤维内部就均匀地破裂于纤维表面,因此泡沫染色不适用于渗透印花,染色产品可能存在白芯现象。但利用这一特性可进行双面染色和印花,得到异色效果。

泡沫悬浮体染色即利用泡沫染色法进行还原染料悬浮体染色,可使悬浮体均匀地分布,提高悬浮体染色的匀染性能。发泡剂一般为表面活性剂,不仅可以发泡,同时还具有分散作用。将泡沫染色与常规染色比较发现,前者赋予织物更好的匀染性,织物的摩擦牢度、汗渍牢度、水洗牢度以及日晒牢度两者基本相同。

(四)泡沫整理

1.泡沫树脂整理

棉和涤棉织物经过树脂整理可获得满意的折皱回复角,但是这种满意的折皱回复角是以牺牲织物的强力和耐磨性为代价的。研究发现,树脂整理剂施加的不均匀性是造成织物强力损失的主要原因之一。而产生这种不均匀性的主要原因是烘干过程中整理剂发生泳移,对于浸轧→预烘→焙烘过程,纯棉织物上会有约 28% 的溶液发生泳移。

泡沫整理带液量减小,织物烘干时水分蒸发减少,织物毛细管中的整理液就不会随着表面液体减少产生的液差泳移到织物表面上,从而可大大降低或消除泳移现象,改善织物上树脂分布的均匀性,从而提高织物的强力。同时,对于相同整理效果,泡沫整理较常规浸轧法可节省树脂及助剂约 10%,还可改善织物手感。

2.拒水、吸湿双面整理

目前,对衬衫等薄型织物,采用常规浸轧法进行拒水整理,织物两面都有拒水性,其吸汗性下降,穿着时会感到不舒适。为了达到使织物正面拒水,反面吸湿的效果,应用泡沫整理技术,首先对织物施加拒水整理,把起泡后的拒水整理剂泡沫均匀地施加到织物的正面,使拒水整理剂仅浸透到织物的一半厚度,再在织物反面按同样的泡沫整理方法施加吸湿剂,也仅渗透到织物的一半厚度,这样织物就会同时具有拒水和透湿两种功能。

3. 防缩、拒水/拒油多功能整理

美国羊毛局、Union – Carbide 公司和 Gaston – County 印染机械制造公司曾共同协作,采用泡沫整理工艺(FFT)对纯毛和毛混纺织物进行了防缩、拒水/拒油整理的研究。在纤维的吸液率为 15% ~ 30% 的条件下,用 Farbenfabriken Bayer 公司生产的津塔普雷特 BAP、Impranil DLH 防缩整理剂和泽泼尔 RN 拒水/拒油性整理剂,采用双面泡沫施加工艺处理试样,织物整理后拒水/拒油性能良好,缩水率有了很大的改善。

思考题

1. 阐述超声波的声空化作用的产生原理及影响超声波声空化效应的因素。

2. 阐述超声波退浆、煮练的原理,超声波在染色中的主要作用。

3. 分析讨论微波在染整加工中的主要作用。

4. 什么是等离子体、低温等离子体? 各有何独特的性质? 低温等离子体产生的方法是什么?

5. 等离子体在棉改性、退浆、煮练,羊毛防缩加工、染色,涤纶改性中的作用原理,效果如何?

6. 超临界 CO_2 的特性,染色过程中,它与染料和纤维的相互作用是怎样的?

7. 比较涤纶的超临界 CO_2 染色与常规染色工艺的异同,指出超临界 CO_2 染色的生态优势。

8. 简述微胶囊的基本结构和常用的制备方法。

9. 探讨微胶囊技术在纺织品生产中可能的各种应用。

10. 简述泡沫形成的原理和泡沫的基本特性。

11. 泡沫染整的生态优势,分析影响泡沫染整工艺稳定性和质量的主要因素。

参考文献

[1] 高淑珍,赵欣. 生态染整技术[M]. 北京:化学工业出版社,2003.

[2] 阮慎孚. 超声波在纺织品加工中的应用[J]. 印染译丛,1991(6):93 – 99.

[3] 彭华峰,汪少朋,黄关葆. 超声波处理后纤维素结构的变化及在 NMMO 中的溶解性能[J]. 纤维素科学与技术,2008,16(4):48 – 52.

[4] 吴赞敏. 纺织品清洁染整加工技术[M]. 北京:中国纺织出版社,2007.

[5] 展义臻,赵雪. 微波技术在纺织品染整加工中的应用[J]. 印染助剂,2009,26(7):6 – 10.

[6] 赵雪,何瑾馨,展义臻. 微波在纺织染整加工中的机理研究[J]. 现代纺织技术,2009(3):73 – 76.

[7] 张建英,赵云国,王炳,等. 微波技术在纺织品染色中的应用(Ⅰ)[J]. 纺织导报,2011(10):124 – 126.

［8］张建英,赵云国,王炳,等.微波技术在纺织品染色中的应用(Ⅱ)［J］.纺织导报,2011(11):46－50.

［9］宋心远,沈煜如.新型染整技术［M］.北京:中国纺织出版社,1999.

［10］孙丹梅.等离子体技术与植物处理［J］.国外纺织技术,2001(12):17.

［11］吕晶.等离子体及其在纺织染整工业内的应用［J］.丝绸,2001(12):19－21.

［12］朱若英,滑钧凯,黄故,等.羊毛低温等离子体处理后的染色性能研究［J］.天津工业大学学报,2002,21(4):22－27.

［13］韦朝海,吴锦华,李平,等.超临界二氧化碳染色过程［J］.化工进展,2003,22(4):341－344.

［14］李志义,胡大鹏,张晓冬,等.关于超临界流体染色的工艺基础研究［J］.现代化工,2003(5):5－8.

［15］钟毅,王晓文,罗艳,等.分散染料微胶囊的无助剂清洁染色技术［J］.纺织导报,2007(1):87－89.

［16］邓春雨,徐卫林.微胶囊技术及其在纺织领域中的应用［I］针织工业,2005(6):40－43.

［17］顾德中.泡沫形成和特性的研究［J］.纺织学报,1985(6):372－377.

［18］刘夺奎,董振礼,潘煜标.纺织品泡沫染整加工［J］.印染,2005(17):26－29.

［19］潘煜标.Autofoam 泡沫整理系统［J］.印染,2003(增刊):60－62.

［20］陈立秋.泡沫染整技术的节能(一)［J］.染整技术,2010,32(9):49－55.

书目：纺织专业

书　名	作　者	定价(元)
【纺织高等教育"十二五"部委级规划教材】		
纺织科学入门	武继松　张如全	25.00
纺织概论	张昌	38.00
纺织机械概论	陈革　杨建成	45.00
纺织服装企业项目管理	吴建华　王珍义	42.00
织造质量控制与新产品开发	郭嫣	32.00
羊毛衫生产工艺与CAD应用	姚晓林	32.00
【普通高等教育"十一五"国家级规划教材】		
针织物组织与产品设计(第二版)附盘	宋广礼　蒋高明	42.00
针织学(附盘)	龙海如	40.00
纺纱学(附盘)	郁崇文	39.80
织物结构与设计(第四版)附盘	荆妙蕾	38.00
机织学(附盘)	朱苏康	39.80
纺织材料学(第3版)	姚穆	42.00
非织造布后整理(附盘)	焦晓宁　刘建勇	42.00
纺织服装商品学(附盘)	王府梅	39.00
纺织CAD/CAM(附盘)	祝双斌	39.80
纺织材料学(附盘)(双语)	刘妍　熊磊	38.00
【纺织高等教育教材】		
数码纺织技术与产品开发	周赳　周华　李启正	40.00
纺织现代设计方法	武志云	39.00
羊毛衫生产实际操作	李华　张伍连	36.00
针织服装缝制工艺与设备	刘艳君	35.00
成形针织产品设计与生产	宋广礼	30.00
针织英语(第二版)	刘正芹　汪黎明	38.00
床品设计与制作	侯东昱　马芳	28.00
纺织面料设计	黄翠蓉	38.00
纺织应用化学	魏玉娟	42.00
纺织加工化学	邵宽	30.00
纺织材料实验教程	赵书经	28.00
纺织产品开发学(第二版)	滑钧凯	38.00
织物组织与纹织学(第二版)上册	浙丝院等	28.00
织物组织与纹织学(第二版)下册	浙丝院等	28.00
家用纺织品检测手册	吴坚	40.00
简明纺织材料学	李亚滨	18.00
纺织材料学习题集	蒋素婵	20.00
非织造布学	郭秉臣	58.00
纺织服装营销学	王金泉	36.00

书目：纺织专业

书 名	作 者	定价(元)
【纺织高职高专"十二五"部委级规划教材】		
针织概论(第3版)	贺庆玉	35.00
织物结构与设计(第2版)	沈兰萍	32.00
纺织检测技术	瞿才新	36.00
羊毛衫设计与生产实训教程	徐艳华　袁新林	35.00
会计基础(第2版)	张慧	35.00
实用纺织商品学(第2版)	朱进忠	35.00
羊毛衫生产工艺	丁钟复	39.00
纺织品外贸操作实务	林晓云　翁毅	29.00
家用纺织品艺术设计	李波	39.80
纺纱产品质量控制	常涛	36.00
创意时装立体裁剪	龚勤理	32.00
服装英语与跟单理单实训	龙炳文	29.00
机织面料设计	朱碧红	48.00
纺织材料基础	瞿才新	38.00
纺织新材料的开发及应用	梁冬	35.00
纺织品检测实务	翁毅	35.00
纺织服装外贸双语实训教程	龙炳文	39.80
纺织面料(第2版)	邓沁兰	35.00
【纺织高职高专教育教材】		
纺织品经营与贸易	闫志俊	30.00
纺织材料学(第二版)	姜怀等	35.00
纺织实验技术	夏志林	34.00
纺织测试仪器操作规程	翟亚丽	38.00
机织学(第二版)下册	毛新华	36.00
纺织工艺与设备(上册)	任家智	40.00
纺织工艺与设备(下册)	毛新华	48.00
纺织染概论	刘森	26.00
纺材实验	姜怀	18.00
亚麻纺纱.织造与产品开发	严伟	36.00
纺织厂空调工程(第二版)	陈民权	37.00
针织工艺学(经编分册)	沈蕾	22.00
针织工艺学(纬编分册)	贺庆玉	28.00
【全国纺织高职高专教材】		
纺织品检验	田恬	36.00
机织技术	刘森	48.00
纺织材料	张一心	48.00
纺织品设计	谢光银	46.00
纺纱技术	孙卫国	36.00
非织造工艺学	言宏元	25.00

书　名	作　者	定价（元）
【纺织生产技术问答丛书】		
纺织品服装选购与保养 245 问	张弦	19.80
服装生产技术 230 问	范福军	22.00
纺织企业管理 240 问	张体勋	25.00
织物设计技术 188 问	李枚尊	19.80
毛纺生产技术 275 问	余平德　张益霞	32.00
环境保护知识 450 问	张树春	26.00
棉纺生产技术 350 问	任欣贤　薛少林	25.00
纺织空调空压技术 500 问	董惠民	29.80
机织生产技术 700 问	黄柏龄	34.00
针织生产技术 380 问	沈大齐	32.00
纺织印染电气控制技术 400 问	孙同鑫	26.00
【牛仔布工业丛书】		
实用牛仔产品染整技术	刘瑞明	30.00
牛仔布生产与质量控制	香港理工	34.00
服装舒适性与产品开发	香港理工	30.00
服装起拱与力学工程设计	香港理工	30.00
【纺织产品开发丛书】		
高性能防护纺织品	霍瑞亭	29.00
新型服用纺织纤维及其产品开发	王建坤	30.00
产业用纺织品	杨彩云	28.00
仿真与仿生纺织品	顾振亚　田俊莹	25.00
针织大圆机新产品开发	李志民	28.00
健康纺织品开发与应用	王进美　田伟	30.00
纬编针织新产品开发	黄学水	36.00
【纺织检测知识丛书】		
出入境纺织品检验检疫 500 问	仲德昌	38.00
纺织品质量缺陷及成因分析－显微技术法（第二版）	张嘉红	45.00
织疵分析（第三版）	过念薪	39.80
纺织品检测实务	张红霞	30.00
棉纱条干不匀分析与控制	刘荣清	25.00
纱疵分析与防治	胡树衡　刘荣清	18.00
电容式条干仪在纱线质量控制中的应用	李友仁	38.00
服用纺织品质量分析与检测	万融　邢声远	38.00
电容式条干仪波谱分析实用手册	肖国兰	65.00
国外纺织检测标准解读	刘中勇	68.00
纺织纤维鉴别方法	邢声远	32.00
纱疵分析与防治（第 2 版）	王柏润　刘荣清　刘恒琦　肖国兰	32.00
纤维定性鉴别与定量分析	吴淑焕　潘伟　李翔　杨志敏	30.00

注　若本书目中的价格与成书价格不同，则以成书价格为准。中国纺织出版社图书营销中心销售电话：
（010）87155894。或登录我们的网站查询最新书目：中国纺织出版社网址：www.c－textilep.com